卓越工程师培养系列

GD32微控制器原理与应用

张沛昌　郭文波　主　编

唐　浒　董　磊　副主编

清華大学出版社

北　京

内 容 简 介

GD32F3 苹果派开发板(主控芯片为 GD32F303ZET6)配套有多种教材，分别介绍微控制器基础外设、微控制器复杂外设、微机原理、操作系统等知识。本书为微机原理教程，通过 15 个实验分别介绍汇编语言基础、基于汇编的数据处理、程序流控制、存储器访问、函数封装、GPIO 与流水灯、GPIO 与独立按键、外部中断、定时器、SysTick、RCU、串口通信、ADC 和 DAC 的原理与应用。全书程序代码的编写均遵循统一规范，且各实验采用模块化设计，以便将各模块应用于实际项目和产品中。

本书配有丰富的资料包，涵盖 GD32F3 苹果派开发板原理图、例程、软件包、PPT 等。资料包将持续更新，下载链接可通过微信公众号“卓越工程师培养系列”获取。

本书既可以作为高等院校电子信息、自动化等专业微控制器相关课程的教材，也可以作为微控制器系统设计及相关行业工程技术人员的入门培训用书。

图书在版编目(CIP)数据

GD32 微控制器原理与应用 / 张沛昌，郭文波主编. —北京：清华大学出版社，2023.6
(卓越工程师培养系列)
ISBN 978-7-302-63593-2

Ⅰ. ①G… Ⅱ. ①张… ②郭… Ⅲ. ①微控制器 Ⅳ.①TP368.1

中国国家版本馆 CIP 数据核字(2023)第 090254 号

责任编辑：王　定
封面设计：周晓亮
版式设计：思创景点
责任校对：马遥遥
责任印制：杨　艳

出版发行：清华大学出版社
网　址：http://www.tup.com.cn，http://www.wqbook.com
地　址：北京清华大学学研大厦 A 座　　邮　编：100084
社 总 机：010-83470000　　邮　购：010-62786544
投稿与读者服务：010-62776969，c-service@tup.tsinghua.edu.cn
质 量 反 馈：010-62772015，zhiliang@tup.tsinghua.edu.cn
印 装 者：北京同文印刷有限责任公司
经　销：全国新华书店
开　本：185mm×260mm　　印　张：19.25　　字　数：451 千字
版　次：2023 年 8 月第 1 版　　印　次：2023 年 8 月第 1 次印刷
定　价：79.80 元

产品编号：100914-01

前言

习近平总书记在党的二十大报告中指出，“教育、科技、人才是全面建设社会主义现代化国家的基础性、战略性支撑”“必须坚持科技是第一生产力、人才是第一资源、创新是第一动力，深入实施科教兴国战略、人才强国战略”“坚持教育优先发展、科技自立自强、人才引领驱动”“加快建设教育强国、科技强国、人才强国”“全面提高人才自主培养质量，着力造就拔尖创新人才”。本书作为“卓越工程师培养系列”丛书之一，以快速提升工程人才实践能力为目标，通过大量实践，让读者对微控制器底层原理和应用有深入的理解和思考，全面掌握微控制器的基础知识。只有这样，才有可能设计出性能优异的产品。

本书主要介绍微控制器原理与应用，采用的硬件平台为GD32F3苹果派开发板，其主控芯片为GD32F303ZET6(封装为LQFP144)，由兆易创新科技集团股份有限公司(以下简称“兆易创新”)研发并推出。兆易创新的GD32 MCU是中国高性能通用微控制器领域的领跑者，主要体现在以下几点：①GD32 MCU是中国最大的ARM MCU产品家族，已经成为中国32位通用MCU市场的主流之选；②兆易创新在中国第一个推出基于ARM Cortex-M3、Cortex-M4、Cortex-M23和Cortex-M33内核的MCU产品系列；③全球首个RISC-V内核通用32位MCU产品系列出自兆易创新；④在中国32位MCU厂商排名中，兆易创新连续五年位居第一。

“微机原理”作为高等院校工科电子类、信息类等专业的一门重要课程，旨在加强学生对计算机系统架构、汇编语言及计算机组成原理的了解。然而，市面上的多数书籍对架构知识涉及较少，或内容晦涩难懂，不利于读者全面了解系统架构知识并加以应用。此外，市面上针对国产32位微控制器的微机原理教材较少。为此，我们希望通过编写本书，使读者能够快速学习汇编语言，从而探索和了解CPU的工作方式，进一步提高编程技术。

“微机原理”教材的发展未来必将走向32位微控制器，这是不争的事实，但是否使用汇编语言，见仁见智。根据产业界的反馈，要理解计算机体系架构，就要了解指令系统。另外，现在很多产品都会涉及操作系统，如果没有汇编语言基础，就很难深入理解操作系统，更谈不上在操作系统上编写高性能、稳定、小尺寸的应用程序。我们建议先基于C语言学习32位微控制器，再基于汇编语言学习32位微控制器。前者可通过GD32系列教材中的《GD32F3开发基础教程——基于GD32F303ZET6》来学习，后者可使用本书学习。两本书在实验编排上有一定的相似性，旨在通过不同的语言来实现同样的功能。读者可以在对比中掌握两种语言的差异性和共性，从而夯实基础，加深对微控制器底层原理的理解。

GD32F303ZET6微控制器采用了最新Cortex-M4内核，同主频下的代码执行效率相比市场同类Cortex-M4产品提高10%～20%，相比Cortex-M3产品提高30%。Cortex-M4内核基于ARM-v7架构。ARM架构为32位精简指令集(RISC)中央处理器架构，广泛应用于嵌入式系统设计中，因此，学习 ARM 架构是嵌入式系统设计的重要环节之一。

人才是推动行业发展的核心力量，而常年来硬件领域人才缺口大，企业难以招聘到合适的人才。一方面，硬件学习门槛高、周期长；另一方面，难有完善的培养体系可以系统性地建立初学者的硬件知识体系，提升硬件水平。本书希望通过一系列实验，手把手带着读者一起学架构、学指令、学调试，丰富读者知识体系，提高其对嵌入式系统设计的兴趣，并在硬件开发道路上持之以恒、深入钻研，成为国家社会需要的人才。

本书各章内容安排如下：

第 1、2 章简要介绍本书所用开发平台和工具，以及开发工具的安装与配置，然后介绍微机工作原理和 GD32F30x 系列微控制器。

第 3～8 章以仿真实验为主线，对 Keil 软件的使用，工程的建立、编译和程序下载，以及汇编语言的基础知识进行介绍。

第 9～17 章介绍 GPIO、外部中断、定时器、SysTick、RCU、串口通信、ADC 和 DAC 的原理及相关寄存器，并通过实验进行验证。

本书特点如下：

(1) 本书内容对有一定微控制器基础的读者来说较为友好，建议先学习“卓越工程师培养系列”教材中的《GD32F3 开发基础教程——基于 GD32F303ZET6》，再学习本书。

(2) 本书适合具有 ARM 基础的嵌入式工程师学习，也可以作为高等院校电子类专业的教材。

(3) 本书注重理论与实践相结合，对于高深晦涩的原理涉及较少，大多采用通俗易懂的语言深入浅出地进行介绍。原理介绍之后再进行实验，将理论运用到实际工程中，以巩固所学知识。

(4) 书中的所有例程按照统一的工程架构设计，每个子模块都按照统一标准设计，以方便读者后续使用书中所学知识进一步开发，或将其应用于项目当中。

(5) 本书配有丰富的资料包，包含例程、软件包、教学课件、教学视频、参考资料等。这些资料会持续更新，读者可通过扫描二维码获取。

资料包

本书由张沛昌、郭文波任主编，唐浒、董磊任副主编，其中，张沛昌和郭文波共同策划编写思路，指导并参与编写，最后对全书进行了统稿。本书配套的 GD32F3 苹果派开发板和例程由深圳市乐育科技有限公司开发。兆易创新科技集团股份有限公司的金光一、徐杰、王霄同样为本书的编写提供了充分的技术支持。清华大学出版社编辑为本书的出版做了大量的编辑和审校工作。在此一并致以衷心的感谢！

由于编者水平有限，书中难免有不足之处，恳请读者批评指正。读者反馈问题、获取相关资料或遇实验平台技术问题，可发邮件至邮箱：ExcEngineer@163.com。

编　者

2023 年 5 月

目　录

第1章 GD32开发平台和工具

本章首先介绍GD32F3苹果派开发板及GD32F30x系列微控制器，并解释为什么选择 GD32F3 苹果派开发板作为本书的实验载体；然后介绍 GD32 微控制器开发工具的安装和配置；最后对GD32F3苹果派开发板上可以开展的实验及本书配套的资料包进行介绍。

1.1 为什么选择 GD32

兆易创新的 GD32 MCU 是中国高性能通用微控制器领域的领跑者，是中国首个 ARM Cortex-M3、Cortex-M4 及 Cortex-M23 内核通用 MCU 产品系列，现已发展成为中国 32 位通用 MCU 市场的主流之选。其所有型号在软件和硬件引脚封装方面都相互兼容，全面满足各种高中低端嵌入式控制系统的需求和升级，具有高性价比、完善的生态系统和易用性优势，全面支持多层次开发，可缩短设计周期。

自 2013 年兆易创新推出中国第一个 ARM Cortex 内核 MCU 以来，目前 GD32 已经成为中国最大的 ARM MCU 家族，提供 38 个产品系列 450 余个型号选择。各系列都具有很高的设计灵活性且软硬件相互兼容，允许用户根据项目开发需求在不同型号间自由切换。

GD32 产品家族以 Cortex-M3 和 Cortex-M4 主流型内核为基础，由 GD32F1、GD32F3 和 GD32F4 系列产品构建，并不断向高性能和低成本两个方向延伸。GD32F303 系列通用 MCU 基于 120MHz Cortex-M4 内核并支持快速 DSP 功能，持续以更高性能、更低功耗、更方便易用和更具灵活性的优势为工控消费及物联网等市场主流应用注入澎湃动力。

“以触手可及的开发生态为用户提供更好的使用体验”是 GD32 支持服务的理念。GD32 丰富的生态系统和开放的共享中心，既与用户需求紧密结合，又与合作伙伴互利共生，在蓬勃发展中使多方受益，惠及大众。

GD32 联合全球合作厂商推出了多种集成开发环境(IDE)、开发套件(EVB)、图形化界面(GUI)、安全组件、嵌入式 AI、操作系统和云连接方案，并打造全新技术网站 GD32MCU.com，提供多个系列的视频教程和短片，可任意点播在线学习，产品手册和软硬件资料也可随时下载。此外，GD32 还推出了多周期全覆盖的 MCU 开发人才培养计划，从青少年科普到高等教育全面展开，为新一代工程师提供学习与成长的沃土。

1.2 GD32F3 系列芯片介绍

在以往的微控制器选型过程中，工程师常常会陷入这样一个困局：一方面为 8 位/16 位微控制器的指令和性能有限，另一方面为 32 位处理器的成本高、功耗高。能否有效地解决这个问题，让工程师不必在性能、成本、功耗等因素中做出取舍和折中？

GD32F3 系列通用 MCU 基于 120MHz Cortex-M4 内核并支持快速 DSP 功能，具有更高性能、更低功耗、更方便易用的特性。

GD32F3 系列 MCU 提供六大系列(F303、F305、F307、F310、F330 和 F350)，共 80 个产品型号，包括 LQFP144、LQFP100、LQFP64、LQFP48、LQFP32、QFN32、QFN28 和 TSSOP20 共 8 种封装类型。以便以前所未有的设计灵活性和兼容度轻松应对飞速发展的产业升级挑战。

GD32F3 系列 MCU 最高主频可达 120MHz，并支持 DSP 指令运算；配备了 128～3072KB 的超大容量 Flash 及 48～96KB 的 SRAM，内核访问闪存高速零等待。芯片采用 2.6～3.6V 供电，I/O 口可承受 5V 电平；配备了 2 个支持三相 PWM 互补输出和霍尔采集接口的 16 位高级定时器，可用于矢量控制；还拥有多达 10 个 16 位通用定时器、2 个 16 位基本定时器和 2 个多通道 DMA 控制器。芯片还为广泛的主流应用配备了多种基本外设资源，包括 3 个 USART、2 个 UART、3 个 SPI、2 个 I^2C、2 个 I^2S、2 个 CAN2.0B 和 1 个 SDIO，以及外部总线扩展控制器(EXMC)。

其中，全新设计的 I^2C 接口支持快速 Plus(Fm+)模式，频率最高可达 1MHz(1MB/s)，是以往速率的两倍，从而能够以更高的数据传输速率来适配高带宽应用场合。SPI 接口也已经支持四线制，方便扩展 Quad/SPI/NOR Flash 并实现高速访问。内置的 USB 2.0 OTG FS 接口可提供 Device、HOST、OTG 等多种传输模式，还拥有独立的 48MHz 振荡器，支持无晶振设计以降低使用成本。10/100Mb/s 自适应的快速以太网媒体存取控制器(MAC)可协助开发需要以太网连接功能的实时应用。芯片还配备了 3 个采样率高达 2.6MSPS 的 12 位高速 ADC，提供多达 21 个可复用通道，并新增了 16bit 硬件过采样滤波功能和分辨率可配置功能，还拥有 2 个 12 位 DAC。多达 80%的 GPIO 具有多种可选功能，还支持端口重映射，并以增强的连接性满足主流开发应用需求。

由于采用了最新的 Cortex-M4 内核，GD32F3 系列主流型产品在最高主频下的工作性能可达 150DMIPS，CoreMark 测试可达 403 分。同主频下的代码执行效率相比市场同类 Cortex-M4 产品提高 10%～20%，相比 Cortex-M3 产品更是提高了 30%。不仅如此，全新设计的电压域支持高级电压管理功能，使得芯片在所有外设全速运行模式下的最大工作电流仅为 380μA/MHz，电池供电时的 RTC 待机电流仅为 0.8μA，在确保高性能的同时实现了最佳的能耗比，从而全面超越 GD32F1 系列产品。此外，GD32F3 系列与 GD32F1 系列保持了完美的软件和硬件兼容性，并使得用户可以在多个产品系列之间方便地自由切换，以前所未有的灵活性和易用性构建设计蓝图。

兆易创新还为新产品系列配备了完整丰富的固件库，包括多种开发板和应用软件在内的 GD32 开发生态系统也已准备就绪。线上技术门户(www.GD32MCU.com)已经为研发人员提供了强大的产品支持、技术讨论及设计参考平台。得益于广泛丰富的 ARM 生态体系，包括 Keil MDK、CrossWorks 等更多开发环境和第三方烧录工具也均已全面支持。这些都极大程度地简化了项目开发难度并有效缩短产品上市周期。

由于 GD32 拥有丰富的外设、强大的开发工具、易于上手的固件库，在 32 位微控制器选型中，GD32 已经成为许多工程师的首选。而且经过多年的积累，GD32 的各种开发资料非常完善，这也降低了初学者的学习难度。因此，本书选用 GD32 系列微控制器作为载体，GD32F3 苹果派开发板上的主控芯片就是封装为 LQFP144 的 GD32F303ZET6 芯片，其最高主频可达 120MHz。

GD32F303ZET6 芯片拥有的资源包括 64KB SRAM、512KB Flash、1 个 EXMC 接口、1 个 NVIC、1 个 EXTI(支持 20 个外部中断/事件请求)、2 个 DMA(支持 12 个通道)、1 个 RTC、2 个 16 位基本定时器、4 个 16 位通用定时器、2 个 16 位高级定时器、1 个独立看门狗定时器、1 个窗口看门狗定时器、1 个 24 位 SysTick、2 个 I^{2}C、3 个 USART、2 个 UART、3 个 SPI、2 个 I^{2}S、1 个 SDIO 接口、1 个 CAN、1 个 USBD、112 个通用 I/O、3 个 12 位 ADC(可测量 16 个外部和 2 个内部信号源)、2 个 12 位 DAC、1 个内置温度传感器和 1 个串行调试接口 JTAG 等。

使用 GD32 系列微控制器可以开发各种产品，如智能小车、无人机、电子体温枪、电子血压计、血糖仪、胎心多普勒、监护仪、呼吸机、智能楼宇控制系统和汽车控制系统等。

1.3 GD32F3 苹果派开发板电路简介

本书将以 GD32F3 苹果派开发板为载体对 GD32 系列微控制器程序设计进行介绍。那么，到底什么是 GD32F3 苹果派开发板？

GD32F3 苹果派开发板如图 1-1 所示，是由电源转换电路、通信－下载模块电路、GD-Link 调试－下载模块电路、LED 电路、蜂鸣器电路、独立按键电路、触摸按键电路、外部温湿度电路、SPI Flash 电路、EEPROM 电路、外部 SRAM 电路、NAND Flash 电路、音频电路、以太网电路、RS-485 电路、RS-232 电路、CAN 电路、SD Card 电路、USB Slave 电路、摄像头接口电路、LCD 接口电路、外扩引脚电路、外扩接口电路和 GD32 微控制器电路组成的电路板。

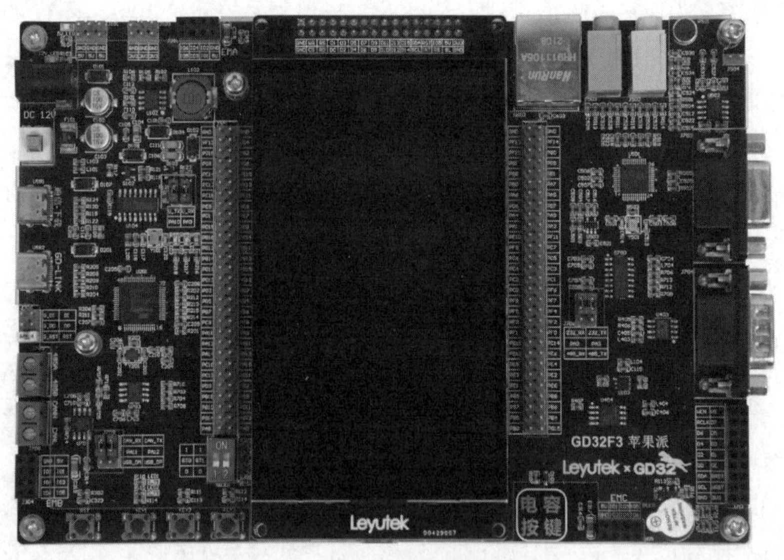

图 1-1　GD32F3 苹果派开发板

利用 GD32F3 苹果派开发板开展本书配套的实验，还需要搭配两条 USB 转 Type-C 型连接线。开发板上集成了通信－下载模块和 GD-Link 调试－下载模块。这两个模块分别通过一条 USB 转 Type-C 型连接线连接到计算机。通信－下载模块除了可以用于向微控制器下载程序，还可以实现开发板与计算机之间的数据通信；GD-Link 调试－下载模块既能下载程序，又能进行断点调试。GD32F3 苹果派开发板与计算机的连接图如图 1-2 所示。

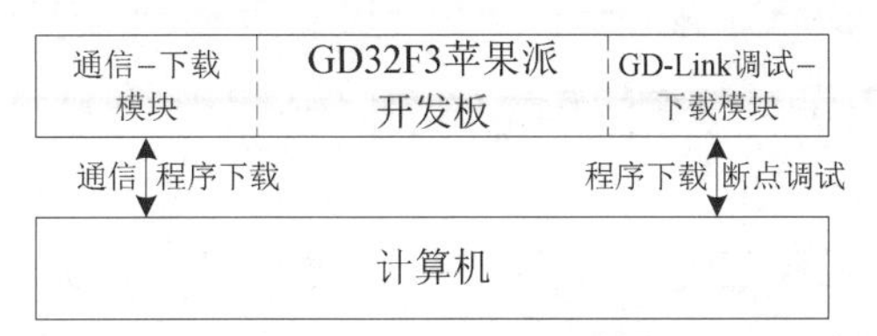

图 1-2　GD32F3 开发板与计算机连接图

1.3.1　通信－下载模块电路

工程师编写完程序后，需要通过通信－下载模块将.hex(或.bin)文件下载到微控制器中。通信－下载模块通过一条 USB 转 Type-C 型连接线与计算机连接，通过计算机上的 GD32 下载工具(如 GigaDevice MCU ISP Programmer)，就可以将程序下载到 GD32 系列微控制器中。通信－下载模块除了具备程序下载功能外，还担任着“通信员”的角色，即可以通过通信－下载模块实现计算机与 GD32F3 苹果派开发板之间的通信。此外，除了使用 12V 电源适配器供电，还可以用通信－下载模块的 Type-C 接口为开发板提供 5V 电源。注意，开发板上的 PWR_KEY 为电源开关，通过通信－下载模块的 Type-C 接口引入 5V 电源后，还需要按下电源开关才能使开发板正常工作。

通信－下载模块电路如图 1-3 所示。USB_1 为 Type-C 接口，可引入 5V 电源。编号为 U_{104} 的芯片 CH340G 为 USB 转串口芯片，可以实现计算机与微控制器之间的通信。J_{104} 为 2×2Pin 双排排针，在使用通信－下载模块之前应先使用跳线帽分别将 CH340_TX 和 USART0_RX、CH340_RX 和 USART0_TX 连接。

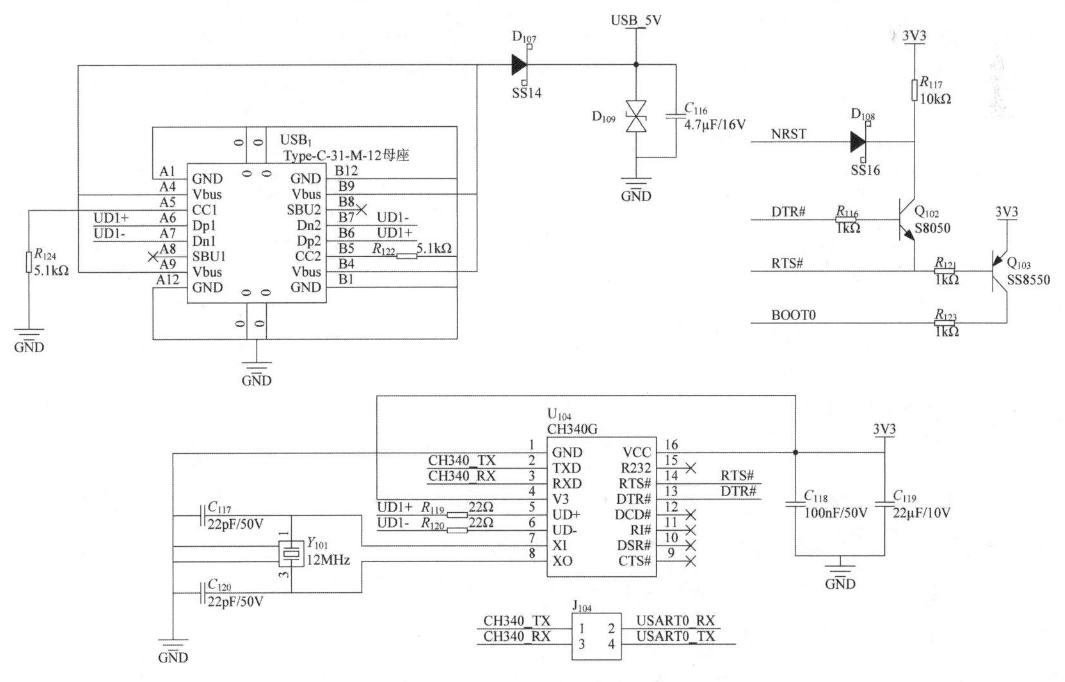

图 1-3　通信－下载模块电路

1.3.2 GD-Link 调试－下载模块电路

GD-Link 调试－下载模块不仅可以下载程序，还可以对 GD32F303ZET6 微控制器进行断点调试。GD-Link 调试－下载模块电路如图 1-4 所示，USB_2 为 Type-C 接口，同样可引入 5V 电源，USB_2 上的 UD2+和 UD2−通过一个 22Ω 电阻连接到 GD32F103RGT6 芯片，该芯片为 GD-Link 调试－下载模块电路的核心，可通过 SWD 接口对 GD32F303ZET6 进行断点调试，或程序下载。

虽然 GD-Link 既可以下载程序，又能进行断点调试，但是无法实现 GD32 微控制器与计算机之间的通信。因此，在设计产品时，除了保留 GD-Link 接口，还建议保留通信－下载接口。

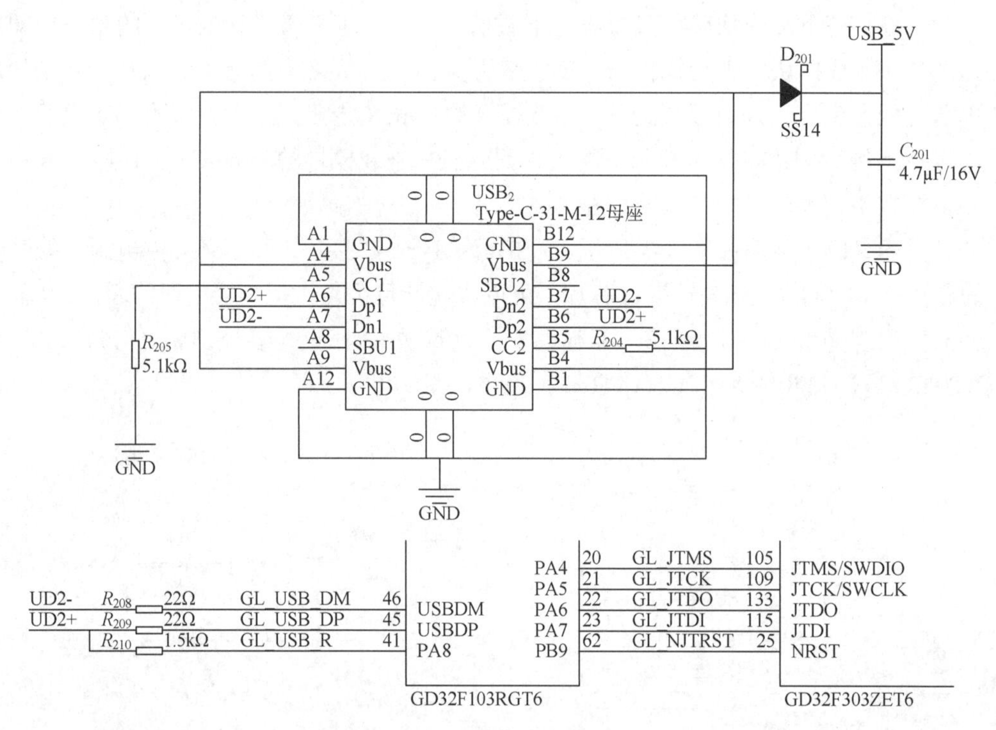

图 1-4 GD-Link 调试－下载模块电路

1.3.3 电源转换电路

5V 转 3V3 电源转换电路如图 1-5 所示，其功能是将 5V 输入电压转换为 3.3V 输出电压。通信－下载模块和 GD-Link 调试－下载模块的两个 Type-C 接口均可引入 5V 电源(USB_5V 网络)。由 12V 电源适配器引入 12V 电源后，通过 12V 转 5V 电路同样可以得到 5V 电压(VCC_5V 网络)。然后，通过电源开关 PWR_KEY 控制开发板的电源，开关闭合时，USB_5V 和 VCC_5V 网络与 5V 网络连通，并通过 AMS1117-3.3 芯片转出 3.3V 电压，微控制器即可正常工作。D_{103} 为瞬态电压抑制二极管，功能是防止电源电压过高时损坏芯片。U_{101} 为低压差线性稳压芯片，可将 Vin 端输入的 5V 转化为 3.3V 在 Vout 端输出。

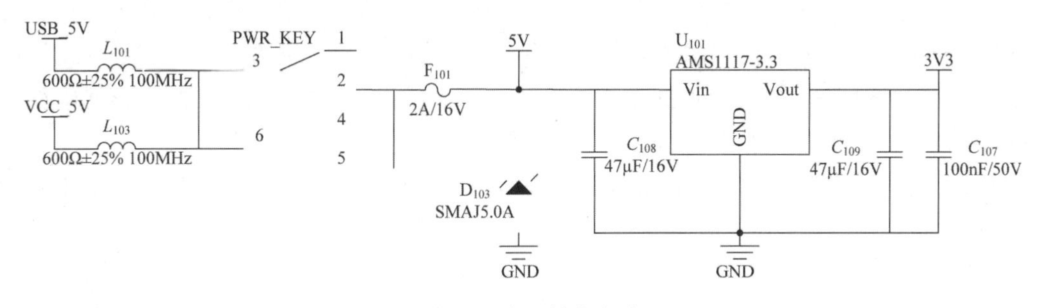

图 1-5 电源转换电路

GD32F3 苹果派开发板上的其他模块电路将在后续对应的实验中进行详细介绍。

1.4 GD32F3 苹果派开发板可以开展的部分实验

基于本书配套的 GD32F3 苹果派开发板，可以开展的实验非常丰富：基于微控制器片上外设开发的基础实验；基于开发板上其他模块外设开发的进阶实验；基于微控制器原理的应用实验；基于 emWin 开发的应用实验；基于 μC/OS-III和 FreeRTOS 操作系统开发的应用实验。这里仅列出基于微控制器原理的 15 个实验，如表 1-1 所示。

表 1-1 基于微控制器原理的实验清单

序 号	实 验 名 称	序 号	实 验 名 称
1	基准工程实验	9	外部中断实验
2	汇编语言初探	10	定时器实验
3	数据处理实验	11	SysTick 实验
4	程序流控制实验	12	RCU 实验
5	存储器访问实验	13	串口通信实验
6	函数封装实验	14	ADC 实验
7	GPIO 与流水灯实验	15	DAC 实验
8	GPIO 与独立按键输入实验		

1.5 GD32 微控制器开发工具的安装与配置

自从兆易创新于 2013 年推出 GD32 系列微控制器至今，与 GD32 配套的开发工具有很多，如 Keil 公司的 Keil、ARM 公司的 DS-5、Embest 公司的 EmbestIDE、IAR 公司的 EWARM 等。目前国内使用较多的是 EWARM 和 Keil。

EWARM(Embedded Workbench for ARM)是 IAR 公司为 ARM 微处理器开发的一个集成

开发环境(简称 IAR EWARM)。与其他 ARM 开发环境相比较，IAR EWARM 具有入门容易、使用方便和代码紧凑的特点。Keil 是 Keil 公司开发的基于 ARM 内核的系列微控制器集成开发环境，它适合不同层次的开发者，包括专业的应用程序开发工程师和嵌入式软件开发入门者。Keil 包含工业标准的 Keil C 编译器、宏汇编器、调试器、实时内核等组件，支持所有基于 ARM 内核的芯片，能帮助工程师按照计划完成项目。

本书的所有例程均基于 Keil μVision5 软件，建议读者选择相同版本的开发环境进行实验。

1.5.1 安装 Keil 5.30

(1) 双击运行本书配套资料包“02.相关软件\MDK5.30”文件夹中的 MDK5.30.exe 程序，在弹出的如图 1-6 所示的对话框中，单击 Next 按钮。

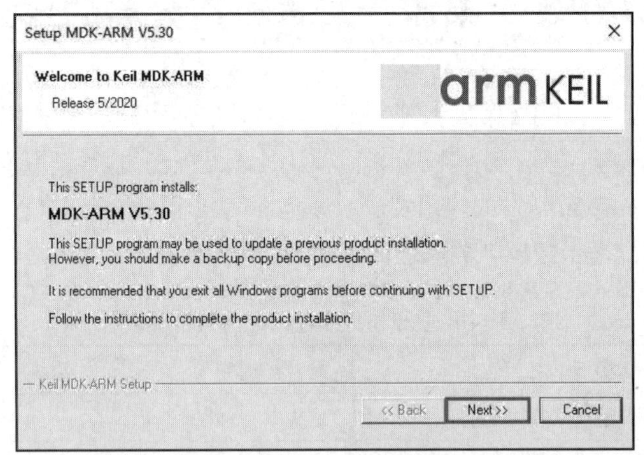

图 1-6 Keil 5.30 安装步骤 1

(2) 系统弹出如图 1-7 所示的对话框，勾选 I agree to all the terms of the preceding License Agreement 项，然后单击 Next 按钮。

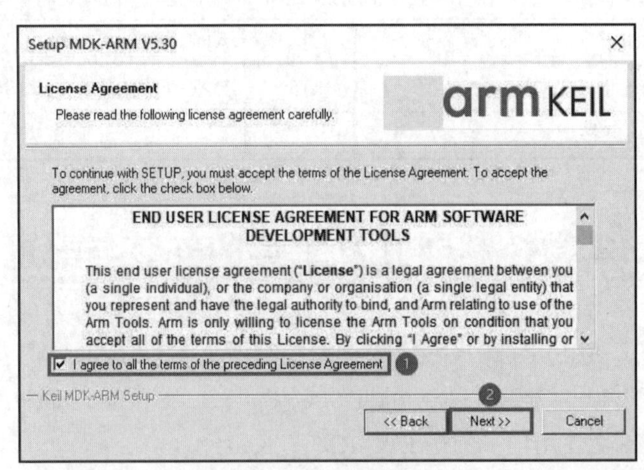

图 1-7 Keil 5.30 安装步骤 2

(3) 如图 1-8 所示，选择安装路径和包存放路径，这里建议安装在 D 盘。然后单击 Next 按钮。读者也可以自行选择安装路径。

图 1-8　Keil 5.30 安装步骤 3

(4) 系统弹出如图 1-9 所示的对话框，在 First Name、Last Name、Company Name 和 E-mail 栏输入相应的信息，然后单击 Next 按钮。软件开始安装。

图 1-9　Keil 5.30 安装步骤 4

(5) 在软件安装过程中，系统会弹出如图 1-10 所示的对话框，勾选“始终信任来自 "ARM Ltd"的软件(A)”项，然后单击“安装(I)”按钮。

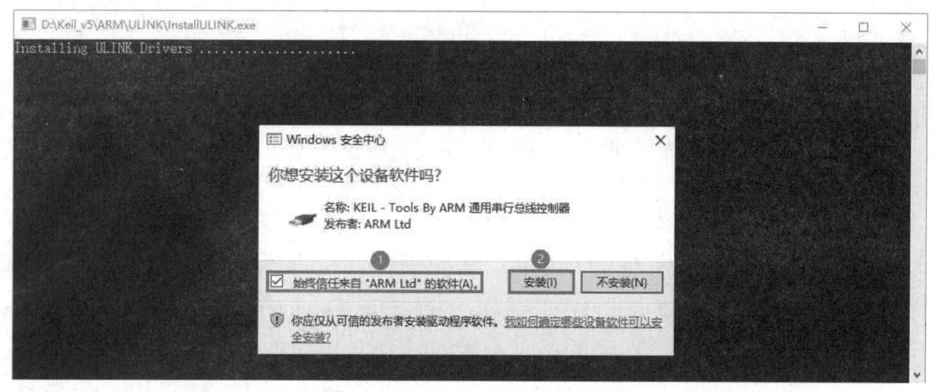

图 1-10　Keil 5.30 安装步骤 5

(6) 软件安装完成后，系统弹出如图 1-11 所示的对话框，取消勾选 Show Release Notes 项，然后单击 Finish 按钮。

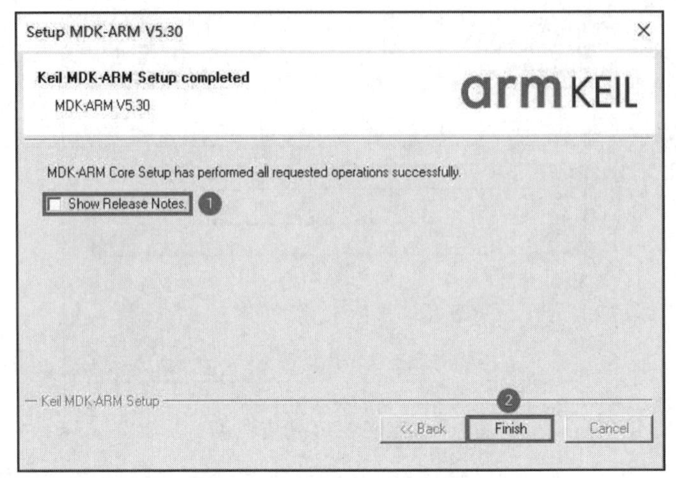

图 1-11　Keil 5.30 安装步骤 6

(7) 在如图 1-12 所示的对话框中，取消勾选 Show this dialog at startup 项，然后单击 OK 按钮，关闭 Pack Installer 对话框。

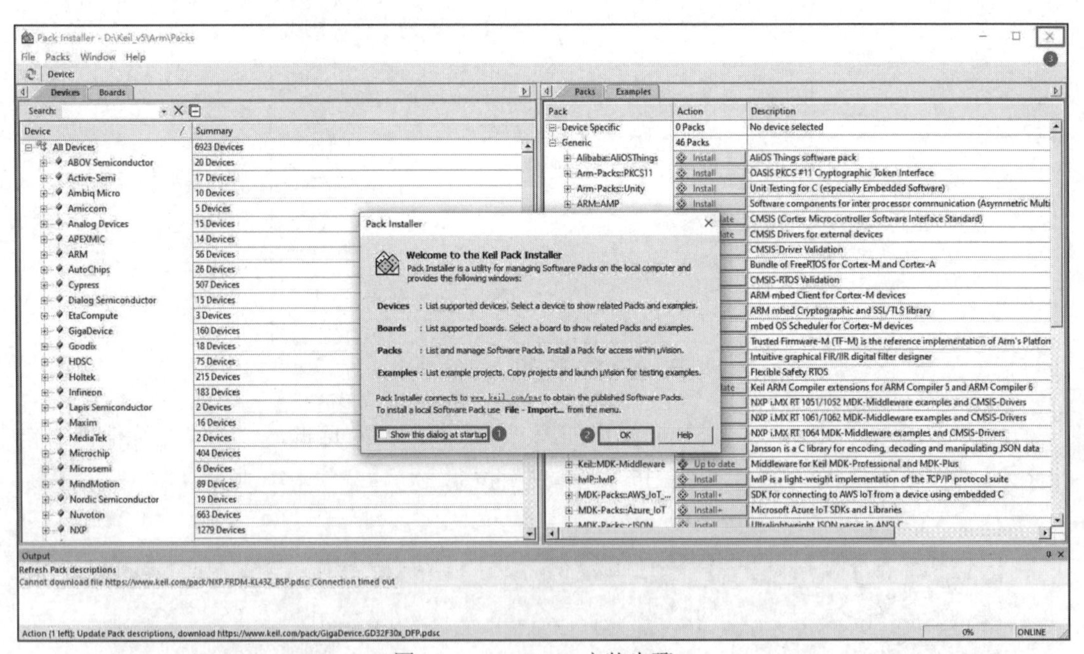

图 1-12　Keil 5.30 安装步骤 7

在资料包的“02.相关软件\MDK5.30”文件夹中，还有 1 个名为 GigaDevice.GD32F30x_DFP.2.1.0.pack 的文件，该文件为 GD32F30x 系列微控制器的固件库包。如果使用 GD32F30x 系列微控制器，则需要安装该固件库包。双击运行 GigaDevice.GD32F30x_DFP.2.1.0.pack，打开如图 1-13 所示的对话框，直接单击 Next 按钮，固件库包即开始安装。

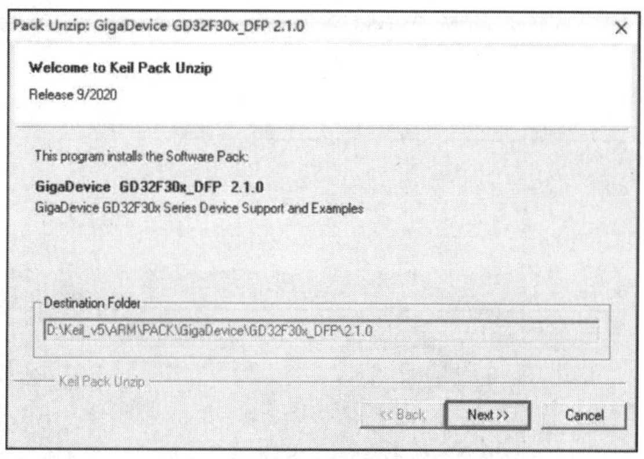

图 1-13　安装固件库包步骤 1

固件库包安装完成后，弹出如图 1-14 所示的对话框，单击 Finish 按钮。

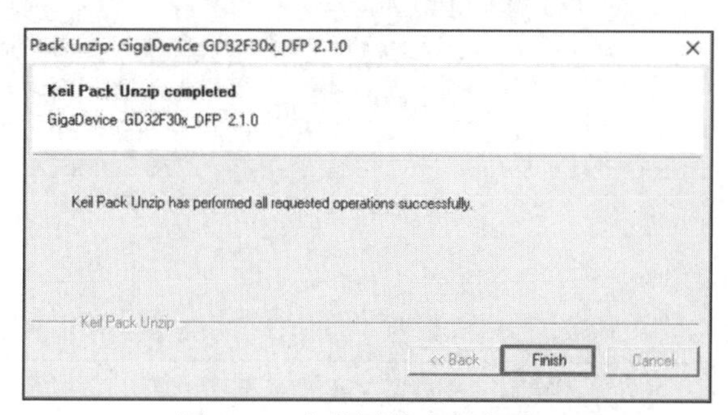

图 1-14　安装固件库包步骤 2

1.5.2　设置 Keil 5.30

Keil 5.30 安装完成后，需要对 Keil 软件进行标准化设置。

(1) 在“开始”菜单找到并单击 Keil μVision5，软件启动之后，在弹出的如图 1-15 所示对话框中单击“是”按钮。

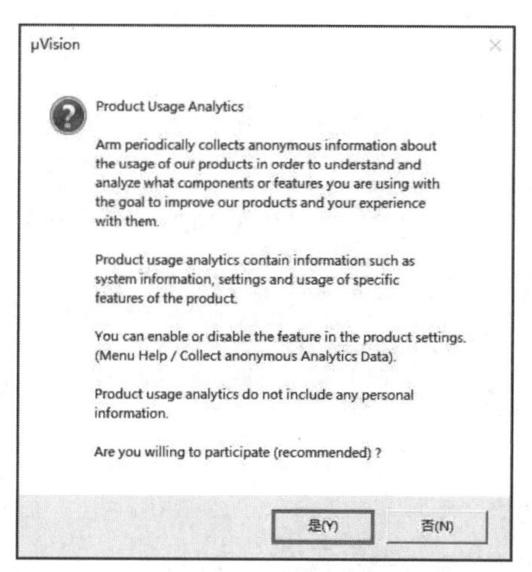

图 1-15　设置 Keil 5.30 步骤 1

(2) 在打开的 Keil μVision5 软件界面中，执行菜单栏命令 Edit→Configuration，如图 1-16 所示。

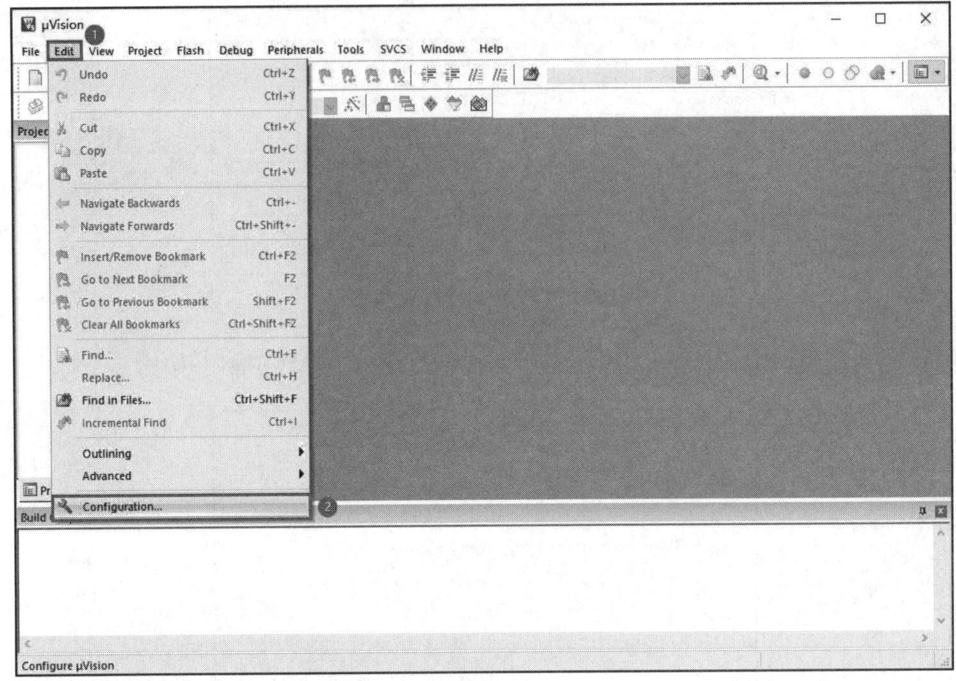

图 1-16　设置 Keil 5.30 步骤 2

(3) 系统弹出如图 1-17 所示的 Configuration 对话框，在 Editor 标签页的 Encoding 栏选择 Chinese GB2312(Simplified)。将编码格式改为 Chinese GB2312(Simplified)可以防止在代码文件中输入中文乱码；在 C/C++ Files 栏勾选所有选项，并在 Tab size 栏输入 2；在 ASM Files 栏勾选所有选项，并在 Tab size 栏输入 2；在 Other Files 栏勾选所有选项，并在 Tab size 栏输入 2。将缩进的空格数设置为 2 个空格，同时将 Tab 键也设置为 2 个空格，这样可以防止使用不同的编辑器阅读代码时出现代码布局不整齐的现象。设置完成后，单击 OK 按钮。

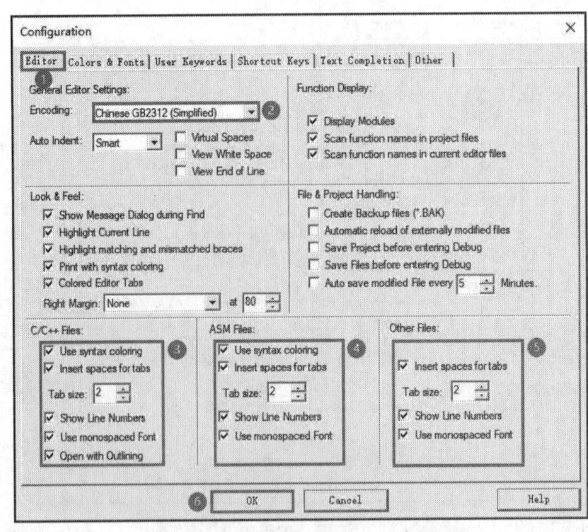

图 1-17　设置 Keil 5.30 步骤 3

本章任务

学习完本章后，下载本书配套的资料包，准备好配套的开发套件，熟悉 GD32F3 苹果派开发板的电路原理及各模块功能。

本章习题

1. 简述兆易创新和 ARM 公司的关系。

2. GD32F3 苹果派开发板使用了一个蓝色 LED(5V_LED)作为电源指示，请问如何通过万用表检测一个 LED 的正、负端？

3. 什么是低压差线性稳压电源？请结合 AMS1117-3.3 的数据手册，简述低压差线性稳压电源的特点。

4. 低压差线性稳压电源的输入端和输出端均有电容(C_{108}、C_{109}、C_{107})，请解释这些电容的作用。

第 2 章

微机原理与简介

在微控制器开发中，常使用 C 语言进行编程，并结合微控制器配套的固件库函数进行程序开发。由于固件库函数对硬件底层逻辑进行了封装，虽然使用方便，但不利于初学者理解微控制器底层硬件的运行方式。而理解微控制器的控制原理及底层运行逻辑是硬件工程师的基本素养，因此本章将基于 GD32F3 苹果派开发板，介绍微控制器的基本架构及控制原理。本章首先简要介绍微型计算机的组成和工作原理，然后解释为什么选择汇编语言进行编程，最后介绍 GD32F30x 系列微控制器的架构。

2.1 微机工作原理

2.1.1 微机的基本组成

微机即微型计算机，是由大规模集成电路组成的、体积较小的电子计算机，包括常见的台式机、笔记本等。计算机通常由运算器、控制器、存储器、输入设备、输出设备五部分组成。微型计算机硬件系统一般把运算器和控制器集成在同一个单元中，这个单元就是微处理器，也称为中央处理单元(Central Processing Unit，CPU)。CPU 通过系统总线与存储器和输入/输出接口电路相连。

微型计算机硬件系统结构示意图如图 2-1 所示，其中系统总线分为三类：AB 地址总线(Adress Bus)、DB 数据总线(Data Bus)及 CB 控制总线(Control Bus)。AB 地址总线用于传送地址信息，是 CPU 输出的单向总线。地址总线的位数决定了 CPU 可以直接寻址的内存空间。CB 控制总线是双向的，用于传输控制信息，如读/写信号或中断信号等。DB 数据总线是双向的，用于 CPU 和设备之间传输数据，数据总线的位数和 CPU 位数一致。

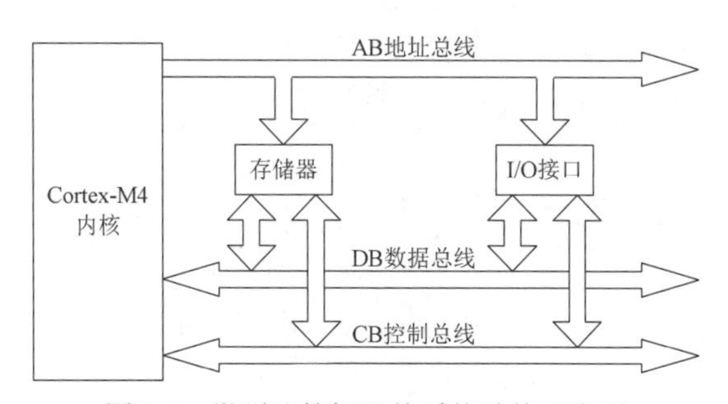

图 2-1　微型计算机硬件系统结构示意图

I/O 接口即输入(Input)/输出(Output)接口。I/O 接口用于连接外部设备，如键盘、鼠标等输入设备和显示器、打印机等输出设备。由于外部设备的结构、工作原理和速率等特性不同，因此在与 CPU 进行交互时需要增加输入/输出适配器，即 I/O 接口。

主流的计算机结构可分为两类：冯·诺依曼结构和哈佛结构。冯·诺依曼结构由数学家冯·诺依曼提出，是应用最为广泛的结构，图 2-2 为冯·诺依曼结构示意图。该结构有 3 大特征：①由运算器、控制器、存储器、输入设备和输出设备组成；②数据和指令都以二进制代码的形式表示，并且不加区别地存放在同一存储器中；③控制器根据存放在存储器中的指令序列工作，并且控制器具有判断能力，能够根据计算结果选择不同的动作流程。

哈佛结构对冯·诺依曼结构进行了改进，示意图如图 2-3 所示。哈佛结构将数据和指令分开存储，并且使用各自的总线进行访问，这样可以使数据和指令的存/取同时进行，提高运行效率。

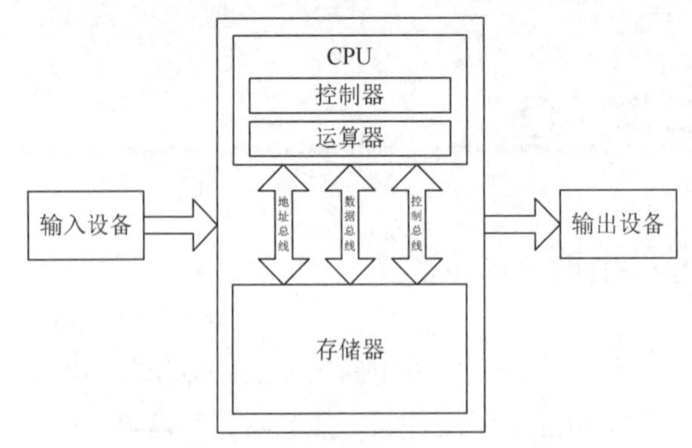

图 2-2　冯·诺依曼结构示意图

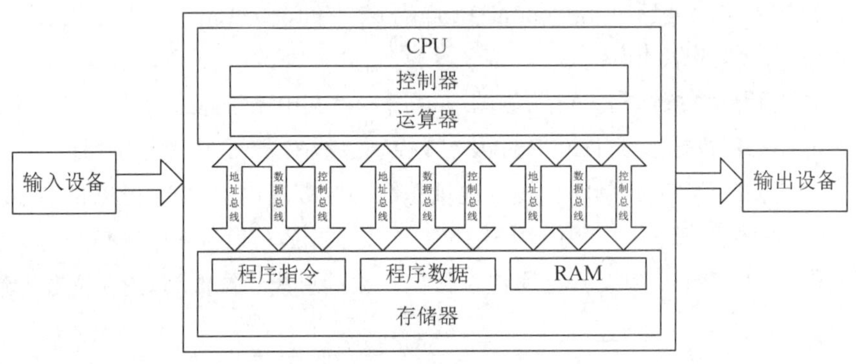

图 2-3　哈佛结构示意图

2.1.2　汇编语言与汇编过程简介

不管是冯·诺依曼结构，还是哈佛结构，存储器中的数据和指令均为二进制代码。指令在程序运行时起控制作用，这种具有控制作用的二进制代码就是机器码。但机器码通常较为复杂，不便于编写与阅读，因此可以使用某些助记符来表示这些机器码，即指令。助记符是表示相应操作的英文字母缩写，便于识别和记忆。类似地，还可以使用标号来代替程序地址。这种使用助记符和标号等符号形式来编写程序的设计语言称为汇编语言。

汇编语言指令与机器码一一对应，而机器码是由微处理器结构决定的，因此不同的处理器所支持的汇编语言指令通常不同。各个处理器都有对应的指令系统或指令集。使用汇编语言编写程序时需要参考处理器对应的指令系统。正是由于这种特性，相比于 C 语言之类的高级语言，汇编语言的兼容性和可移植性更低。但由于汇编语言最接近机器语言，因此使用汇编语言编写的源程序通常比高级语言编写的源程序运行速度更快，且所需要的存储空间更小。同时使用汇编语言进行编程时，对底层硬件工作原理的理解要更为深刻。

GD32F30x 系列微控制器使用的是 ARM 微处理器，因此对应的汇编语言源程序应使用 ARM 指令系统进行编写。根据指令集的复杂程度，可以把计算机体系结构分为两类：复杂指令集计算机(Complex Instruction Set Computer，CISC)和精简指令集计算机(Reduced Instruction Set Computer，RISC)。ARM 微处理器属于 RISC 结构，早期的 ARM 微处理器支持名为 ARM 的 32 位指令集。ARM 的体系架构从高到低经历了多个版本，不同体系架构下的指令系统功能不断发展。从版本 1 发展到版本 8 架构的指令系统(指令集)，其功能不断增强和扩展。后来 ARM 发布了 ARM7TDMI 处理器，该处理器支持一种 16 位的指令集，名叫 Thumb 指令集。GD32F30x 系列微控制器使用的 Cortex-M4 内核采用了 Thumb-2 技术，能够同时支持 16 位和 32 位指令集，不过它的 32 位指令编码与 ARM 指令集不同，因此 Cortex-M4 处理器不支持传统的 ARM 指令集。

使用汇编语言编写的程序称为汇编语言源程序，存放在.s 文件中。汇编语言源程序不能直接被硬件电路执行，需要转换成机器码才能运行。这个转换过程称为“汇编”，由开发工具中的汇编器自动完成。如图 2-4 所示，.s 后缀的汇编源代码文件通过汇编器转换成.o 后缀的目标文件，然后由链接器将文件组合成.elf/.hex/.axf 后缀文件的可执行映射代码，即机器码。最后通过编程器或调试器烧录到微控制器的存储器中即可运行。在下一章将会进一步介绍程序编译、汇编及下载过程。

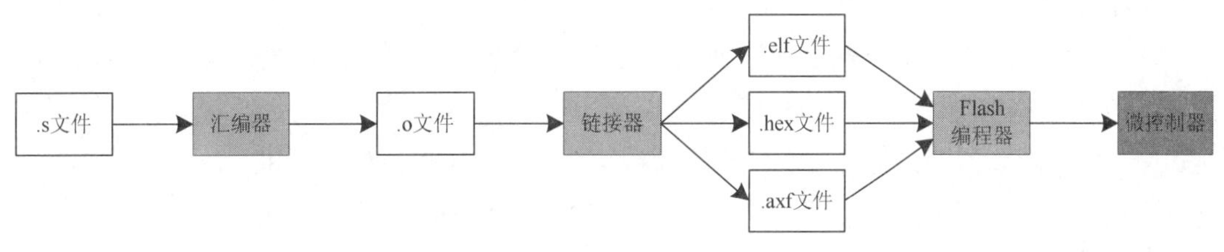

图 2-4　程序汇编过程

2.1.3　微机工作过程

微机的运算与控制在 CPU 内进行，工作过程示意图如图 2-5 所示。其中 CPU 由运算器、指令取出单元、指令译码器、内部寄存器组及内部总线构成。运算器负责对数据进行加工、处理及运算；指令取出单元负责取出保存在存储器中的指令代码；内部寄存器组由多个功能不同的寄存器组成，负责存放运算的操作数、中间结果及最终结果等，分为专用寄存器和通用寄存器；内部总线将上述功能部件连接在一起。

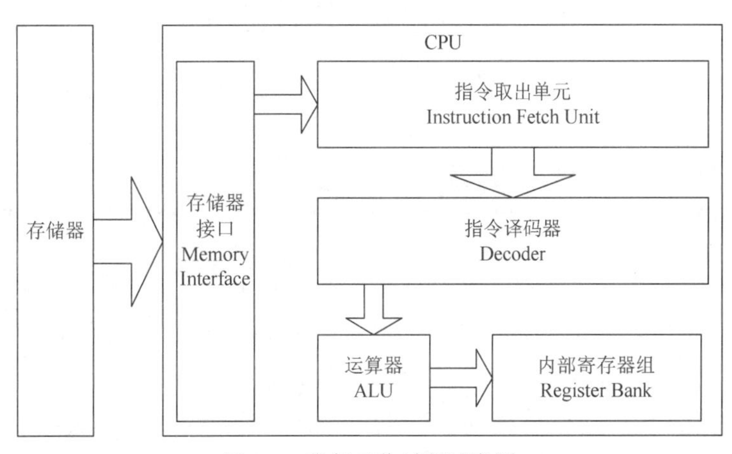

图 2-5　微机工作过程示意图

通用寄存器用来保存参加运算的数据和运算的中间结果，如R0～R12。除通用寄存器外，CPU还有一些专用寄存器，如程序计数器PC、堆栈指针SP和状态寄存器等。程序计数器 PC 用于存放下一条要执行的指令地址，它控制着程序的执行流程。由于指令通常是按照地址顺序存放在存储器中的，所以 PC 具有自动增加的功能。在 Cortex-M4 内核中，当程序顺序运行时，每取出一条指令，根据 16 或 32 位机器码的不同，PC 会自动加 2 或 4。如果程序需要发生转移和跳转，则需要将待跳转的目标地址存放在PC寄存器中，程序会自动从目标地址开始运行。堆栈指针SP用于存放栈顶地址，堆栈是一种特殊的存储区域，按照“先进后出”的原则存储数据。状态寄存器用于保存 ALU 运算结果的特征和处理状态，如进位、溢出等。具体寄存器将在第 4 章详细介绍。

微机工作过程如下。

(1) 程序以二进制代码的形式存放在存储器中。PC 寄存器中保存了第一条指令的地址。

(2) 程序开始执行后，指令取出单元将 PC 中的地址对应的存储单元中的内容读出，并送至指令译码器中。

(3) 指令译码器对指令进行译码处理，并送至 ALU 进行运算，ALU 输出运算结果并按需修改状态寄存器。

(4) 程序计数器 PC 根据指令自动加 2 或 4，为下一条指令执行做准备。

上述过程可以总结为3个步骤：取指令、译码指令和执行指令。传统的CPU每个指令周期都需要按顺序进行这3个步骤。为了提高CPU的工作效率，现代微处理器普遍采用指令流水线技术，即各个部件能够并行工作，不同的指令能够并行执行，这样每一时刻都有多条指令重叠执行，减少了指令的平均执行时间。Cortex-M4 处理器采用了三级流水线的处理方式，如图 2-6 所示，执行第一条指令的同时译码第二条指令，并从存储器中取出第三条指令。

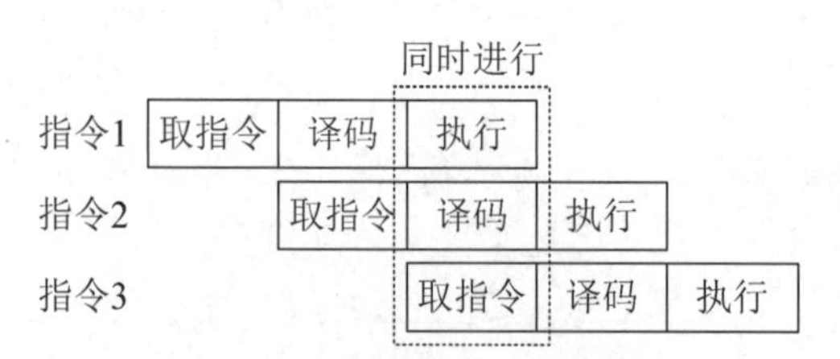

图 2-6　三级流水线操作示意图

2.2 GD32F30x 系列微控制器概述

将微型计算机的基本组成部分集成在一个芯片上而构成的计算机称为单片机，单片机也称为微控制器(Micro Controller Unit，MCU)。根据数据总线宽度的不同，可以将微控制器分为 4 位机、8 位机、16 位机和 32 位机。GD32F30x 系列微控制器为 32 位机。

在后面的实验中，将深入学习 GD32F30x 系列微控制器的各种片上外设。在学习这些外设之前，先了解 GD32F30x 系列微控制器的系统架构和存储器映射。

2.2.1 GD32F30x 系统架构

GD32F30x 系列微控制器的系统架构如图 2-7 所示。GD32F30x 系列微控制器采用 32 位多层总线结构，该结构可使系统中的多个主机和从机之间进行并行通信。多层总线结构包括一个 AHB 互联矩阵、一个 AHB 总线和两个 APB 总线。

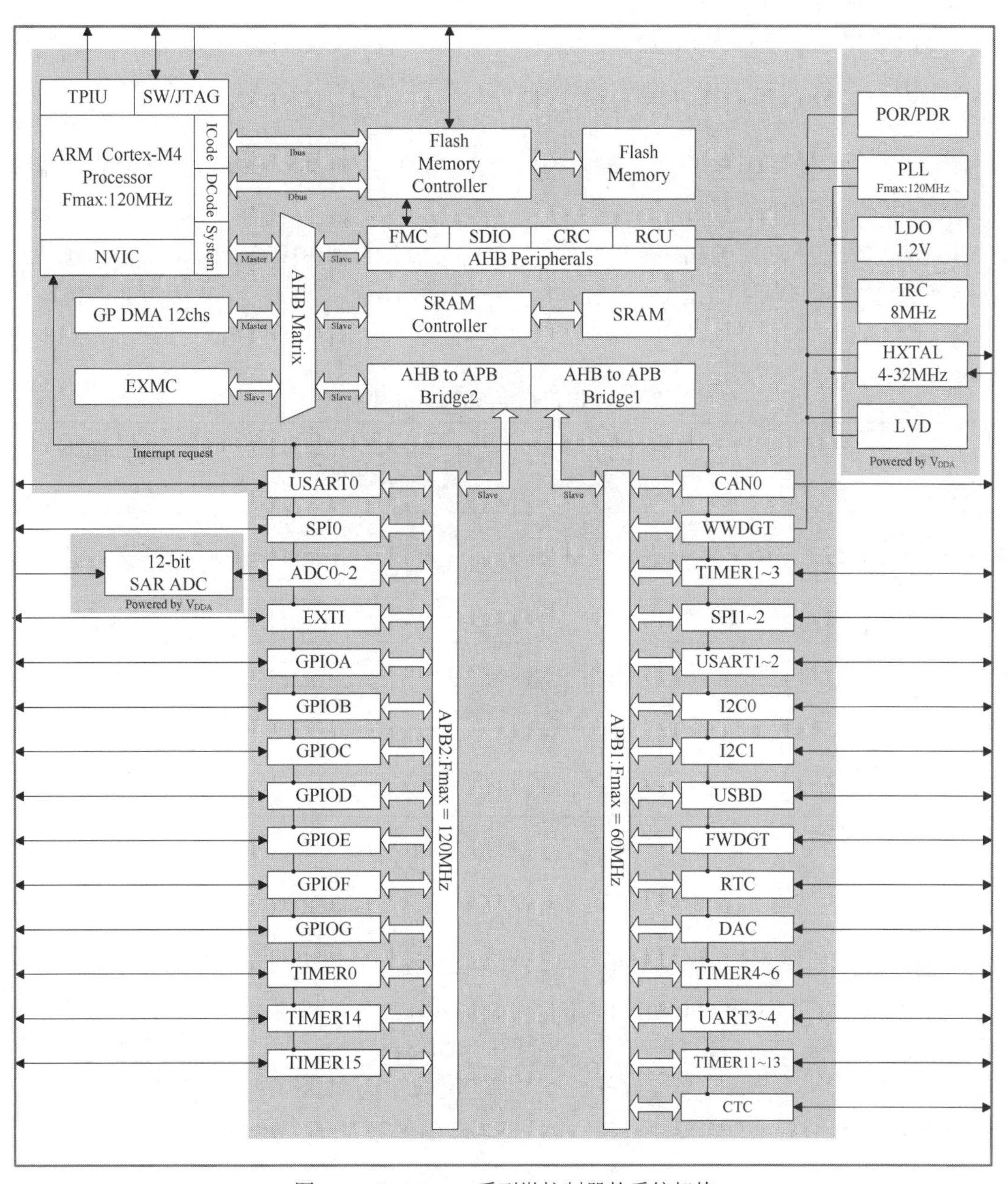

图 2-7 GD32F30x 系列微控制器的系统架构

AHB 互联矩阵连接了几个主机，分别为 IBUS、DBUS、SBUS、DMA0、DMA1 和 ENET。IBUS 是 Cortex-M4 内核的指令总线，用于从代码区域(0x0000 0000～0x1FFF

FFFF)中取指令和向量。DBUS 是 Cortex-M4 内核的数据总线，用于加载和存储数据，以及代码区域的调试访问。SBUS 是 Cortex-M4 内核的系统总线，用于指令和向量获取、数据加载以及存储和系统区域的调试访问。系统区域包括内部 SRAM 区域和外设区域。DMA0 和 DMA1 分别是 DMA0 和 DMA1 的存储器总线。ENET 是以太网。

AHB 互联矩阵也连接了几个从机，分别为 FMC-I、FMC-D、SRAM、EXMC、AHB、APB1 和 APB2。FMC-I 是闪存存储器控制器的指令总线，FMC-D 是闪存存储器控制器的数据总线，SRAM 是片上静态随机存取存储器，EXMC 是外部存储器控制器。AHB 是连接所有 AHB 从机的 AHB 总线，APB1 和 APB2 是连接所有 APB 从机的两条 APB 总线。两条 APB 总线连接所有的 APB 外设。APB1 操作速度最大能达到 60MHz，APB2 操作速度最大能达到全速(GD32F30x 系列微控制器的最高主频可高达 120MHz)，即 120MHz。

AHB 互联矩阵的互联关系列表如表 2-1 所示。“1”表示相应的主机可以通过 AHB 互联矩阵访问对应的从机，空白的单元格表示相应的主机不可以通过 AHB 互联矩阵访问对应的从机。

表 2-1　AHB 互联矩阵的互联关系列表

主机 从机	IBUS	DBUS	SBUS	DMA0	DMA1	ENET
FMC-I	1					
FMC-D		1		1	1	
SRAM	1	1	1	1	1	1
EXMC	1	1	1	1	1	1
AHB			1	1	1	
APB1			1	1	1	
APB2			1	1	1	

2.2.2　存储器映射

Cortex-M4 处理器采用哈佛结构，可以使用相互独立的总线来读取指令和加载/存储数据。指令和数据都位于相同的存储器地址空间内，但在不同的地址范围。程序存储器、数据存储器、寄存器和 I/O 端口都在同一个线性的 4GB 地址空间之内。这是 Cortex-M4 的最大地址范围，因为它的地址总线宽度为 32 位(2^{32}B=4GB)。另外，为了降低不同客户在相同应用时的软件复杂度，存储映射是按 Cortex-M4 处理器提供的规则预先定义的。同时，一部分地址空间由 Cortex-M4 的系统外设所占用。表 2-2 为 GD32F30x 系列微控制器的存储器映射表，显示了 GD32F30x 系列微控制器的存储器映射，包括代码、SRAM、外设和其他预先定义的区域。几乎每个外设都分配了 1KB 的地址空间用于存放操作该外设的相关寄存器，这样就可以简化每个外设的地址译码。

表 2-2　GD32F30x 系列微控制器的存储器映射表

预定义的区域	总线	地址范围	外设
片外外设	AHB3	0xA000 0000 – 0xA000 0FFF	EXMC - SWREG
外部 RAM		0x9000 0000 – 0x9FFF FFFF	EXMC - PC CARD
		0x7000 0000 – 0x8FFF FFFF	EXMC - NAND
		0x6000 0000 – 0x6FFF FFFF	EXMC - NOR/PSRAM/SRAM
片上外设	AHB1	0x5000 0000 – 0x5003 FFFF	USBFS
		0x4002 A000 – 0x4FFF FFFF	保留
		0x4002 8000 - 0x4002 9FFF	ENET
		0x40023400 - 0x4002 7FFF	保留
		0x4002 3000 - 0x4002 33FF	CRC
		0x4002 2400 - 0x4002 2FFF	保留
		0x4002 2000 - 0x4002 23FF	FMC
		0x4002 1400 - 0x4002 1FFF	保留
		0x4002 1000 - 0x4002 13FF	RCU
		0x4002 0800 - 0x4002 0FFF	保留
		0x4002 0400 - 0x4002 07FF	DMA1
		0x4002 0000 - 0x4002 03FF	DMA0
		0x4001 8400 - 0x4001 FFFF	保留
		0x4001 8000 - 0x4001 83FF	SDIO
	APB2	0x4001 5800 - 0x4001 7FFF	保留
		0x4001 5400 - 0x4001 57FF	TIMER10
		0x4001 5000 - 0x4001 53FF	TIMER9
		0x4001 4C00 - 0x4001 4FFF	TIMER8
		0x4001 4000 - 0x4001 4BFF	保留
		0x4001 3C00 - 0x4001 3FFF	ADC2
		0x4001 3800 - 0x4001 3BFF	USART0
		0x4001 3400 - 0x4001 37FF	TIMER7
		0x4001 3000 - 0x4001 33FF	SPI0
		0x4001 2C00 - 0x4001 2FFF	TIMER0
		0x4001 2800 - 0x4001 2BFF	ADC1
		0x4001 2400 - 0x4001 27FF	ADC0
		0x4001 2000 - 0x4001 23FF	GPIOG
		0x4001 1C00 - 0x4001 1FFF	GPIOF

(续表)

预定义的区域	总线	地址范围	外设
片上外设	APB2	0x4001 1800 - 0x4001 1BFF	GPIOE
		0x4001 1400 - 0x4001 17FF	GPIOD
		0x4001 1000 - 0x4001 13FF	GPIOC
		0x4001 0C00 - 0x4001 0FFF	GPIOB
		0x4001 0800 - 0x4001 0BFF	GPIOA
		0x4001 0400 - 0x4001 07FF	EXTI
		0x4001 0000 - 0x4001 03FF	AFIO
	APB1	0x4000 CC00 - 0x4000 FFFF	保留
		0x4000 C800 - 0x4000 CBFF	CTC
		0x4000 7800 - 0x4000 C7FF	保留
		0x4000 7400 - 0x4000 77FF	DAC
		0x4000 7000 - 0x4000 73FF	PMU
		0x4000 6C00 - 0x4000 6FFF	BKP
		0x4000 6800 - 0x4000 6BFF	CAN1
		0x4000 6400 - 0x4000 67FF	CAN0
		0x4000 6000 - 0x4000 63FF	Shared USBD/CAN SRAM 512 Bytes
		0x4000 5C00 - 0x4000 5FFF	USBD
		0x4000 5800 - 0x4000 5BFF	I^2C1
		0x4000 5400 - 0x4000 57FF	I^2C0
		0x4000 5000 - 0x4000 53FF	UART4
		0x4000 4C00 - 0x4000 4FFF	UART3
		0x4000 4800 - 0x4000 4BFF	USART2
		0x4000 4400 - 0x4000 47FF	USART1
		0x4000 4000 - 0x4000 43FF	保留
		0x4000 3C00 - 0x4000 3FFF	SPI2/I^2S2
		0x4000 3800 - 0x4000 3BFF	SPI1/I^2S1
		0x4000 3400 - 0x4000 37FF	保留
		0x4000 3000 - 0x4000 33FF	FWDGT
		0x4000 2C00 - 0x4000 2FFF	WWDGT
		0x4000 2800 - 0x4000 2BFF	RTC
		0x4000 2400 - 0x4000 27FF	保留
		0x4000 2000 - 0x4000 23FF	TIMER13
		0x4000 1C00 - 0x4000 1FFF	TIMER12

(续表)

预定义的区域	总线	地址范围	外设
外设	APB1	0x4000 1800 - 0x4000 1BFF	TIMER11
		0x40001400 - 0x4000 17FF	TIMER6
		0x4000 1000 - 0x4000 13FF	TIMER5
		0x4000 0C00 - 0x4000 0FFF	TIMER4
		0x4000 0800 - 0x4000 0BFF	TIMER3
		0x4000 0400 - 0x4000 07FF	TIMER2
		0x4000 0000 - 0x4000 03FF	TIMER1
SRAM	AHB	0x2001 8000 - 0x3FFF FFFF	保留
		0x2000 0000 - 0x2001 7FFF	SRAM
代码	AHB	0x1FFF F810 - 0x1FFF FFFF	保留
		0x1FFF F800 - 0x1FFF F80F	Options Bytes
		0x1FFF B000 - 0x1FFF F7FF	Boot loader
		0x0830 0000 - 0x1FFF AFFF	保留
		0x0800 0000 - 0x082F FFFF	Main Flash
		0x0030 0000 - 0x07FF FFFF	保留
		0x0010 0000 - 0x002F FFFF	Aliased to Main Flash or Boot loader
		0x0002 0000 - 0x000F FFFF	
		0x0000 0000 - 0x0001 FFFF	

本章任务

Keil提供了C编译器、汇编器和链接器等工具，尝试在Keil的安装路径下找到这些工具的位置。另外，查阅资料，了解常用汇编指令的名称、功能和用法。

本章习题

1. 简述冯・诺依曼结构的工作原理，以及与哈佛结构的区别。
2. 微机的基本组成部分有哪些？它们之间是如何协调工作以使程序正常运行的？
3. ARM指令、Thumb-1指令及Thumb-2指令的区别是什么？
4. 简述汇编过程。

第 3 章

基准工程实验

本书所有实验均基于 Keil μVision5 开发环境。在开始 GD32F30x 系列微控制器程序设计之前，本章先以一个基准工程的创建为主线，分 15 个步骤，对 Keil 软件的使用以及工程的编译和程序下载进行介绍。读者通过学习本章，主要掌握软件的使用和工具的操作。

3.1 实验内容

通过学习实验原理，了解基于Keil的开发过程和Keil工程中的选项配置，按照实验步骤创建和编译工程，最后将编译生成的.hex 和.axf 文件下载到 GD32F3 苹果派开发板，验证以下基本功能：两个 LED(编号为 LED_1 和 LED_2)每 500ms 交替闪烁；计算机上的串口助手每秒打印一次字符串。

3.2 实验原理

3.2.1 Keil 编辑和编译及程序下载过程

GD32 的集成开发环境有很多种，本书使用的是 Keil。首先，用 Keil 建立工程、编写程序；然后，编译工程并生成二进制或十六进制文件；最后，将二进制或十六进制文件下载到 GD32 微控制器上运行。

1. Keil 编辑和编译过程

Keil 的编辑和编译过程与其他集成开发环境类似，如图 3-1 所示，可分为以下 4 个步骤：①创建工程，并编辑程序，程序包括 C/C++代码(存放于.c 文件)和汇编代码(存放于.s 文件)；②通过编译器 armcc 对.c 文件进行编译，通过汇编器 armasm 对.s 文件进行编译，这两种文件编译之后，都会生成一个对应的目标程序(.o 文件)，.o 文件的内容主要是从源文件编译得到的机器码，包含代码、数据及调试使用的信息；③通过链接器 armlink 将各个.o 文件及库文件链接生成一个映射文件(.axf 或.elf 文件)；④通过格式转换器 fromelf，将.axf或.elf文件转换成二进制文件(.bin 文件)或十六进制文件(.hex 文件)。编译过程中使用到的编译器 armcc、汇编器 armasm、链接器 armlink 和格式转换器 fromelf 均位于 Keil 的安装目录下，如果 Keil 默认安装在 C 盘，这些工具就存放在 C:\Keil_v5\ARM\ARMCC\bin 目录下。

2. 程序下载过程

通过 Keil 生成的映射文件(.axf 或.elf 文件)或二进制/十六进制文件(.bin 或.hex 文件)可以使用不同的工具下载到 GD32 微控制器上的 Flash 中。通电后，系统将 Flash 中的文件加载到片上 SRAM，运行整个代码。

本书使用了两种下载程序的方法：①使用 Keil 将.axf 文件通过 GD-Link 下载到 GD32 微控制器上的 Flash 中；②使用 GigaDevice MCU ISP Programmer 将.hex 文件通过串口下载到 GD32 微控制器上的 Flash 中。

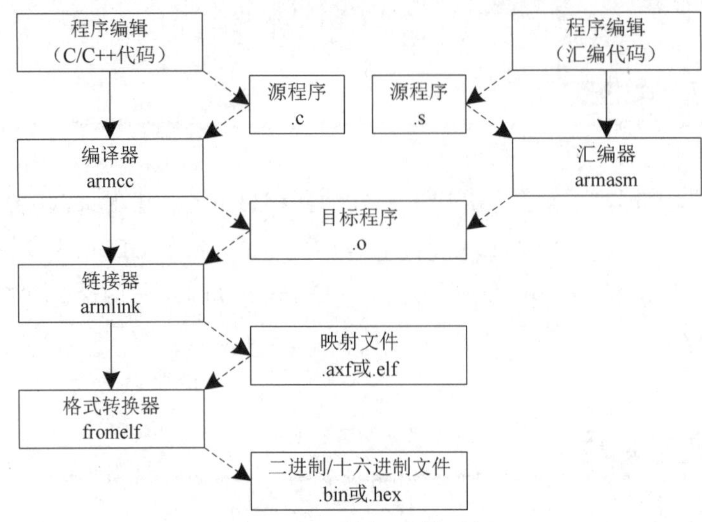

图 3-1　Keil 编辑和编译过程

3.2.2　Keil 工程选项

创建好一个 Keil 工程后，可以修改工程选项。具体做法是单击工程选项按钮，即可打开如图 3-2 所示的工程选项对话框，对话框里各标签页的具体功能如表 3-1 所示。

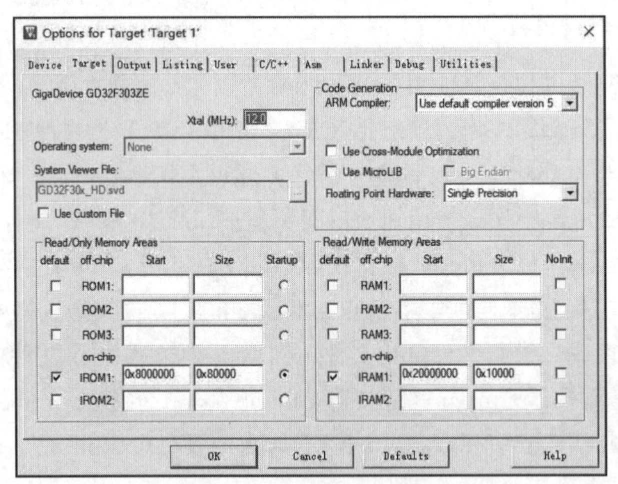

图 3-2　工程选项对话框

表 3-1　工程选项功能

选项	描述	选项	描述
Device	工程使用的芯片型号设置	C/C++	C编译器的相关设置
Target	存储器映射、C库相关设置	Asm	汇编器的相关设置
Output	输出文件相关设置	Linker	链接器的相关设置
Listing	列表文件输出相关设置	Debug	调试器的相关设置
User	用户可执行程序相关设置	Utilities	Flash编程的相关设置

1. Device 设备选项

Device 设备选项用于设置当前工程所使用的芯片型号，这里选择的是 GD32F303ZE 型号。注意，如果列表中没有所需要的芯片型号，则需要先安装具体的芯片包。Device 标签页如图 3-3 所示。

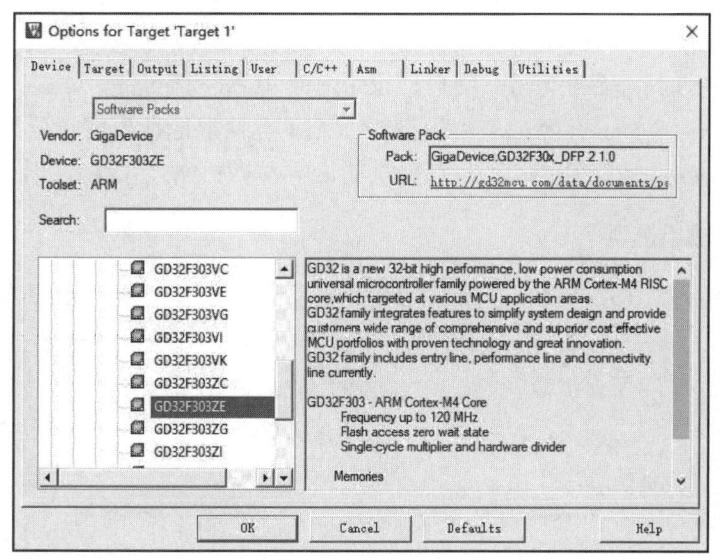

图 3-3 Device 标签页

2. Target 目标选项

Target 标签页如图 3-4 所示，有以下选项可设置。

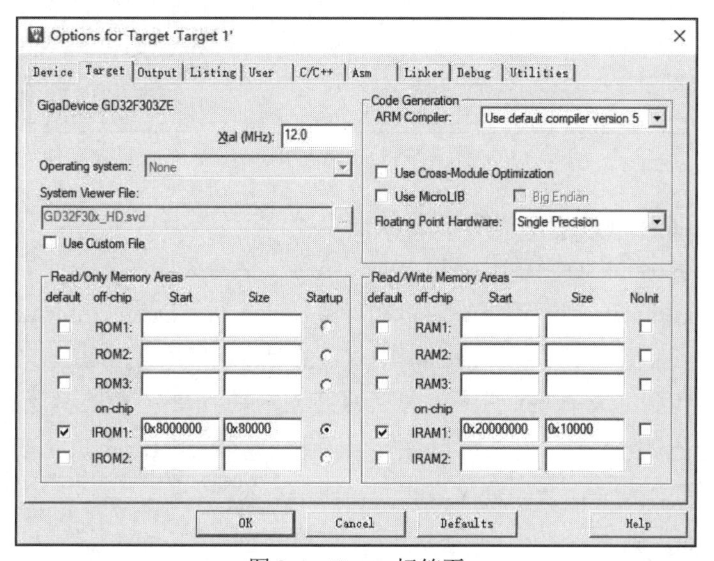

图 3-4 Target 标签页

(1) Xtal 用于设置仿真调试时使用的晶振频率；Operating system 用于设置是否选择 Keil 自带的 RTX 操作系统；System Viewer File 用于设置选择系统预览文件，系统预览文件为硬件描述脚本，提供各个寄存器、内存空间等信息，在仿真时使用。

(2) ARM Compiler 用于设置编译代码使用的编译器版本；Use Cross-Module Optimization 用于设置是否开启交叉模块优化，一般不开启；Use Micro LIB 用于选择是否使用微型 C 库，在需要使用 printf 语句时需要勾选该项；Floating Point Hardware 用于选择是否使用浮点运算单元，选择 Single Precision 为开启单精度 FPU 功能(需要内核支持)。

(3) Read/Only Memory Areas 用于设置 ROM 存储器地址映射，分为片外和片内两种。一般在 Device 中选择好芯片型号后会自动设定内部 ROM 的存储映射。

(4) Read/Write Memory Areas 用于设置 RAM 存储器地址映射，分为片外和片内两种。一般在 Device 中选择好芯片型号后会自动设定内部 RAM 的存储映射。

3. Output 输出选项

Output 标签页如图 3-5 所示，用于设置编译后输出的文件，可以输出可执行文件或库。

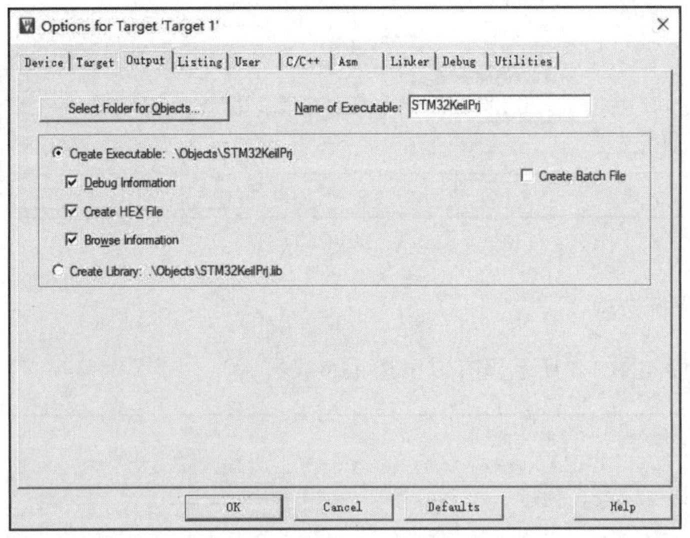

图 3-5 Output 标签页

(1) Select Folder for Objects 用于设置输出路径。

(2) Name of Executable 用于设置输出的可执行文件的文件名。

(3) Create Executable 用于设置输出可执行文件的参数。Debug Information 为输出调试信息，勾选后可以使用调试功能。Create HEX File 为输出可执行 HEX 文件，勾选后可以在设置的路径下找到生成的.hex 文件，然后使用对应的 ISP 下载工具进行烧录。Browse Information 为输出浏览信息，勾选可以进行代码跟踪。Create Batch File 勾选后，每次编译都会对整个工程进行编译，会耗费很多时间，通常不勾选。

4. Listing 列表选项

Listing 标签页如图 3-6 所示，用于设置输出列表文件。

(1) Select Folder for Listings 用于设置文件生成路径；Page Width 和 Page Length 用于设置文件页面的宽度和长度。

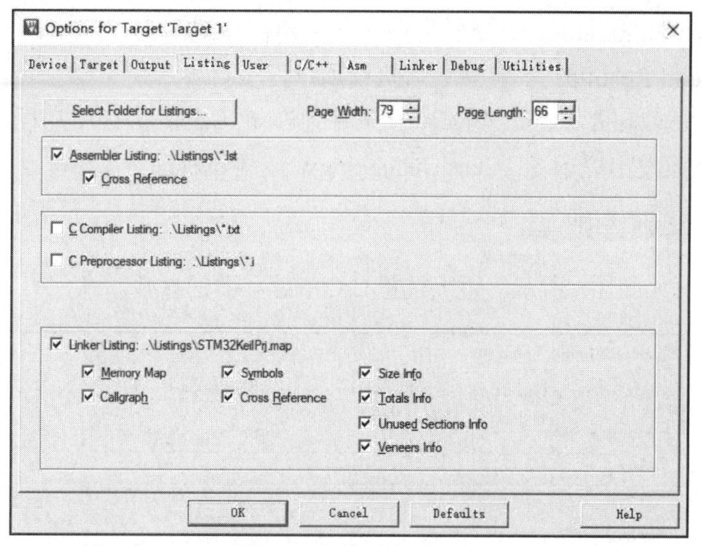

图 3-6　Listing 标签页

(2) Assembler Listing 用于设置输出汇编列表文件，勾选后会输出.lst 汇编列表信息文件。

(3) C Compiler Listing 用于设置输出 C 编译列表文件，勾选后会输出.txt 和.i 后缀的列表信息文件。

(4) Linker Listing 用于设置输出链接列表文件，其中使用最多的是 Memory Map 输出选项，勾选后会输出.map 后缀的链接列表文件。

5. User 用户选项

User 标签页如图 3-7 所示，用于执行用户程序。

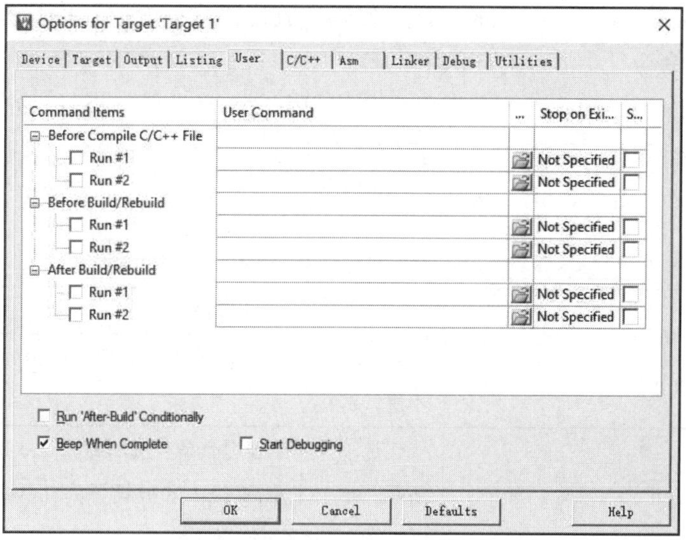

图 3-7　User 标签页

(1) Before Compile C/C++ File：在编译 C/C++文件之前执行用户程序。

(2) Before Build/Rebuild：在链接之前执行用户程序。

(3) After Build/Rebuild：在链接之后执行用户程序。

(4) Run ‘After-Build’ Conditionally 有条件地在链接之后执行用户程序；Beep When Complete 编译完成发出提示音；Start Debugging 启动调试程序。

6. C/C++编译器选项

C/C++标签页如图 3-8 所示，用于设置 C/C++编译器的参数。

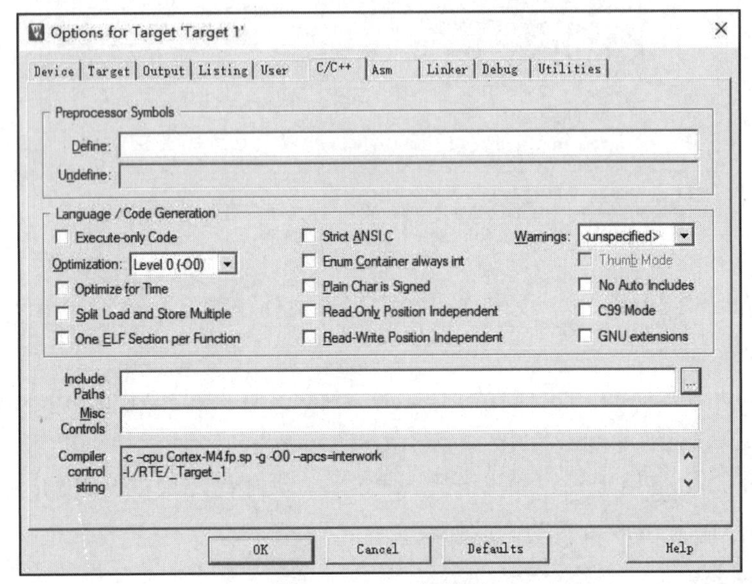

图 3-8　C/C++标签页

(1) Define：预处理功能，可以在 Define 中填写对应的代码，功能相当于#define。

(2) Language/Code Generation：语言/代码生成设置，每项功能如表 3-2 所示，功能启动后会在编译器命令行中添加对应的字符串。

(3) Include Paths：包含头文件路径，在使用多文件时需要选择对应的头文件路径。

(4) Misc Controls：多功能控件，指定没有单独的对话框控件。

(5) Compiler control string：编译器控制字符串，显示(2)中对应的字符串指令。

表 3-2　Language/Code Generation 选项功能

序号	名称	描述	命令行字段
1	Execute-only Code	只生成执行的代码，即不用的变量或函数不进行链接	--execute_only
2	Optimization	优化选项，用于设置代码优化等级，表 3-3 所示为具体优化等级，一般设置为 Level 0(-O0)，即使用最低优化	-O0/1/2/3
3	Optimize for Time	优化时间，勾选后部分代码运行速度加快	-Otime

(续表)

序号	名称	描述	命令行字段
4	Split Load and Store Multiple	指示编译器将涉及大量寄存器的 LDM 和 STM 指令拆分为两个或多个 LDM 和 STM 指令，以减少延时，此选项可以提高系统的总体性能	--split_ldm
5	One ELF Section per Function	ELF 代码段通常包含许多函数的代码，此选项告知编译器将所有函数放入它们自己的ELF段，这允许链接器删除未使用的ELF段(而不是未使用的函数)	--split_sections
6	Strict ANSI C	勾选后，编译时严格按照标准的 ANSI C 规范进行检查	--strict
7	Enum Container always int	枚举总是 int 型数据	--enum_is_int
8	Plain Char is Signed	纯字符标记为字符	--signed_chars
9	Read-Only Position Independent	为只读数据和代码生成独立的代码空间	--apcs=/ropi
10	Read-Write Position Independent	为可读可写数据生成独立的代码空间	--apcs=/rwpi
11	Warnings	警告。 No Warnings：不会有警告提示和输出； All Warnings：所有警告提示和输出	-W
12	Thumb Mode	Thumb 模式，Cortex-M4 内核默认为 Thumb 模式	无
13	No Auto Includes	不自动添加头文件，不勾选该选项，编译器会在 Keil 安装路径中寻找工程的.h 文件，勾选后命令行字符串中的路径会删除	无
14	C99 Mode	C99 标准模式	--c99
15	GNU extensions	GNU 编译器扩展	--gnu

表 3-3　优化等级参考表

优化等级	描述
-O0	使用最低优化。多数优化都被关闭，生成的代码具有最多的调试信息
-O1	使用有限优化。未使用的内联函数、未使用的静态函数及冗余代码都会被移除，指令会被重新排序以避免互锁的情况。生成的代码会被适度优化，并且比较适合调试
-O2	使用高度优化。根据处理器的特定行为优化程序代码，生成的代码为高度优化的，并且具有有限的调试信息
-O3	使用极端优化。根据时间/空间选项进行优化，默认为多文件编译，它可以提供最高等级的优化，但编译时间较长，软件调试信息也较少

7. Asm 汇编器选项

Asm 标签页如图 3-9 所示，用于设置汇编器的参数。

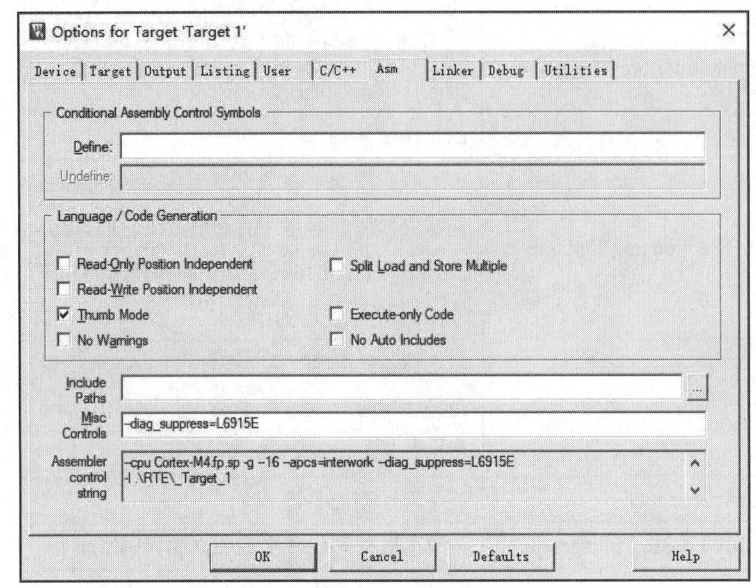

图 3-9　Asm 标签页

(1) Define：与 C/C++编译器选项中的预处理类似。

(2) Language/Code Generation：语言/代码生成设置，每项功能如表 3-4 所示，功能启动后会在汇编器命令行中添加对应的字符串。大部分与 C/C++选项类似。

(3) Include Paths：包含头文件路径，在使用多文件时需要选择对应的头文件路径。

(4) Misc Controls：多功能控件，指定没有单独的对话框控件。

(5) Assembler control string：汇编器控制字符串，显示(2)中对应的字符串指令。

表 3-4　Language/Code Generation 选项参考

序号	名称	描述	命令行字段
1	Read-Only Position Independent	为只读数据和代码生成独立的代码空间	--apcs=/ropi
2	Read-Write Position Independent	为可读可写数据生成独立的代码空间	--apcs=/rwpi
3	Thumb Mode	Thumb 模式	--16
4	No Warnings	取消警告	--nowarn
5	Split Load and Store Multiple	指示汇编器将涉及大量寄存器的 LDM 和 STM 指令拆分为两个或多个 LDM 和 STM 指令	--split_ldm
6	Execute-only Code	只生成执行的代码，即不用的变量或函数不进行链接	--execute_only
7	No Auto Includes	不自动添加头文件	无

8. Linker 链接器选项

Linker 标签页如图 3-10 所示，用于设置链接器的参数。

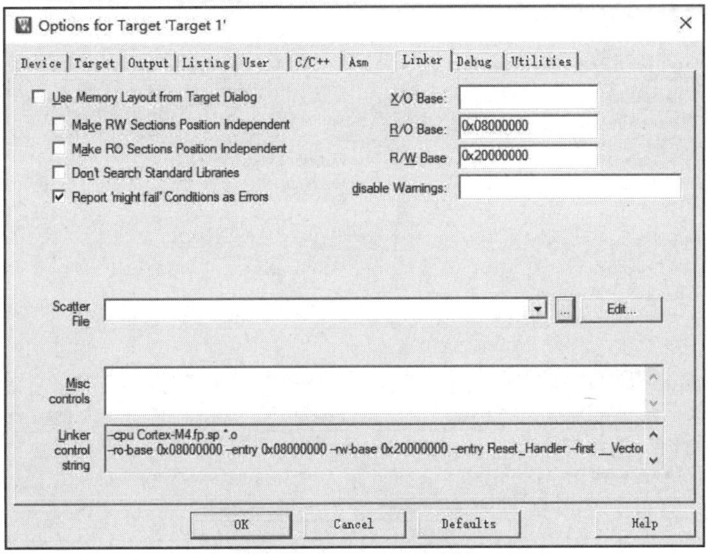

图 3-10 Linker 标签页

(1) 每项功能如表 3-5 所示，功能启动后会在编译器命令行中添加对应的字符串。

(2) Scatter File：用于加载、查看和编辑分散加载描述文件，分散加载描述文件用于指定内部各区域的存储器地址划分。

(3) Misc controls：多功能控件，指定没有单独的对话框控件。

(4) Linker control string：编译器控制字符串，显示(1)中对应的字符串指令。

表 3-5 Linker 选项参考

序号	名称	描述	命令行字段
1	Use Memory Layout from Target Dialog	使用 Target 选项中设置的存储器布局	无
2	Make RW Sections Position Independent	使 RW 段(变量区域)具有独立地址	--rwpi
3	Make RO Sections Position Independent	使 RO 段(常量和代码区域)具有独立地址	--ropi
4	Don't Search Standard Libraries	禁用默认编译器运行时库的扫描	--noscanlib
5	Report 'might fail' Conditions as Errors	报告 'might fail' 条件时当作错误	--stric
6	X/O Base	X/O 基址	--xo_base=address
7	R/O Base	R/O 基址	--ro_base=address
8	R/W Base	R/W 基址	--rw_base=address
9	Disable Warnings	禁用警告	--diag_suppress

9. Debug 调试选项

Debug 标签页如图 3-11 所示，用于设置调试参数。调试分为软件仿真和硬件调试。使用软件仿真时选择左边的 Use Simulator，硬件调试选择右边的调试器型号。注意，使用 Keil 软件仿真时不支持访问 GD32 芯片外设地址，因此如果要对外设功能进行调试，则只能使用硬件调试。由于软件仿真和硬件调试相关选项类似，下面对硬件调试部分进行介绍。

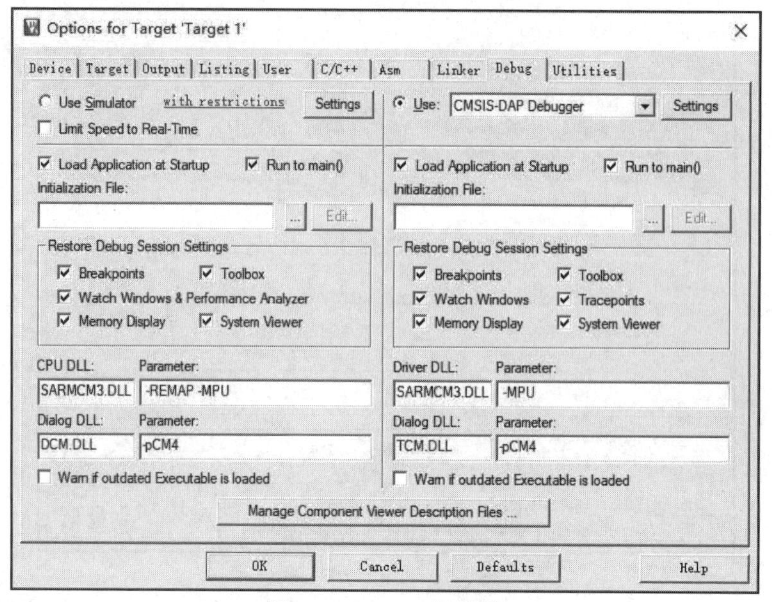

图 3-11 Debug 标签页

(1) 选择硬件调试器型号，Settings 是调试器的详细设置。GD32F3 苹果派开发板板载 GD-Link，因此这里选择 CMSIS-DAP Debugger。Setting 设置界面如图 3-12 所示，不同的调试器设置界面也会有区别。

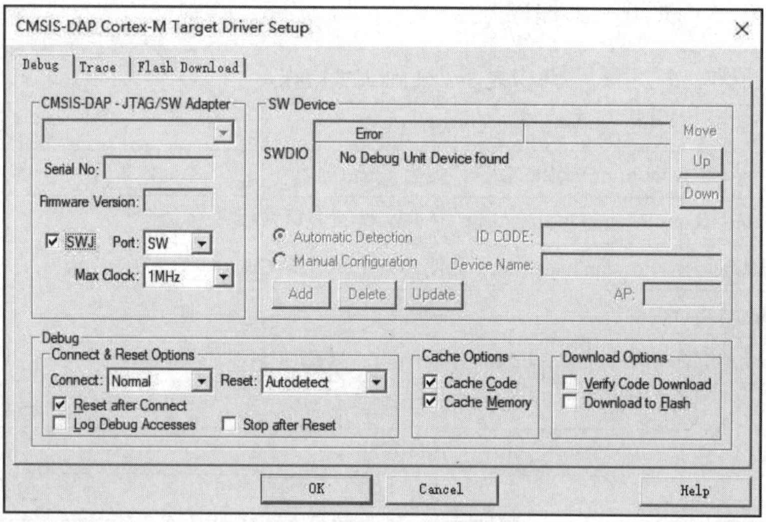

图 3-12 Setting 设置界面

(2) Load Application at Startup 表示启动时加载应用程序；Run to main()表示程序自动运行到 main 函数处；Initialization File 表示加载初始化文件。

(3) Restore Debug Session Settings 表示复位调试窗口的组件，勾选对应选项后，调试时对应的窗口和状态会恢复默认值。

(4) DLL 文件设置区，用于使用不同芯片进行调试时 Keil 能够提供对应的支持，一般保持默认选择。

10. Utilities 公共选项

Utilities 标签页如图 3-13 所示，用于设置 Flash 下载相关内容。

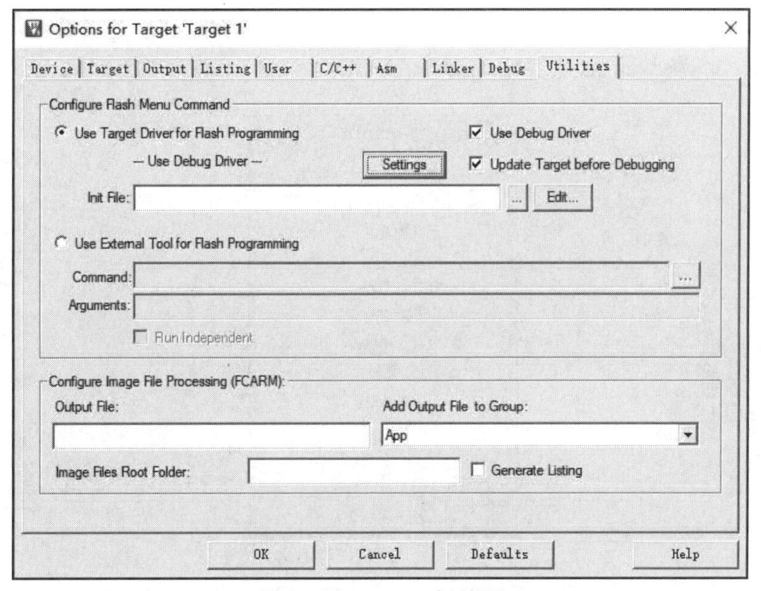

图 3-13　Utilities 标签页

(1) Use Target Driver for Flash Programming 表示使用目标驱动器进行 Flash 编程，即使用调试器进行程序烧录。可以在 Setting 选项中对编程进行详细设置，如图 3-14 所示。注意，勾选 Reset and Run 选项后，烧录完程序不用手动复位；在安装了芯片包后，需要在 Programming Algorithm 栏选择芯片对应的编程算法文件才能正常烧录，一般会自动设置。

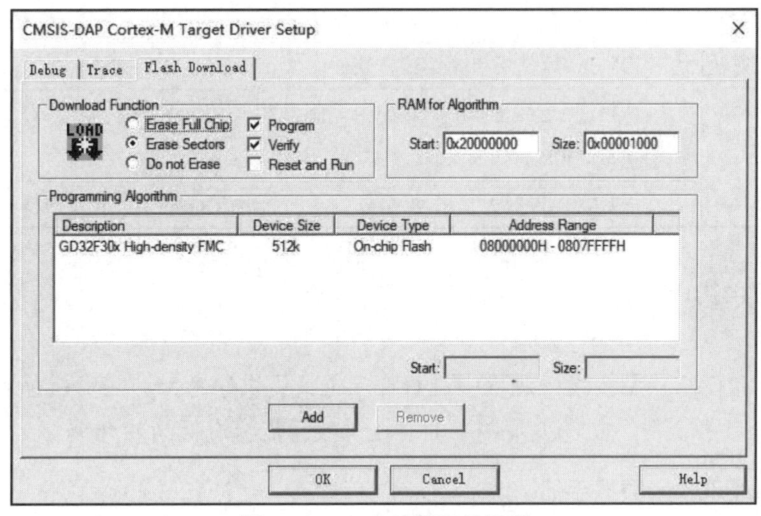

图 3-14　Flash 编程相关设置

(2) Use External Tool for Flash Programming 表示使用外部的工具进行 Flash 编程，一般不使用此功能。

3.2.3 GD32 工程模块名称及说明

工程建立完成后，可以包含的模块有 App、Alg、HW、OS、TPSW、FW 和 ARM，如图 3-15 所示。各模块名称及说明如表 3-6 所示。

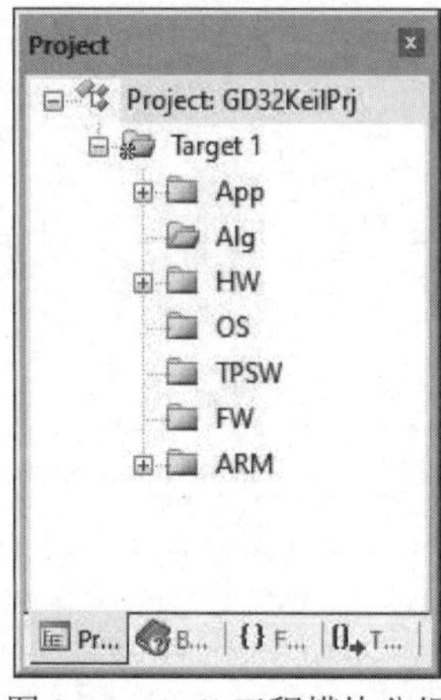

图 3-15　Keil 工程模块分组

表 3-6　GD32 工程模块名称及说明

模　块	名　称	说　明
App	应用层	应用层包括 Main、硬件应用和软件应用文件
Alg	算法层	算法层包括项目算法相关文件，如心电算法文件等
HW	硬件驱动层	硬件驱动层包括 GD32 微控制器的片上外设驱动文件，如 UART0、Timer 等
OS	操作系统层	操作系统层包括第三方操作系统，如 μC/OS III、FreeRTOS 等
TPSW	第三方软件层	第三方软件层包括第三方软件，如 emWin、FatFs 等
FW	固件库层	固件库层包括与 GD32 微控制器相关的固件库，如 gd23f30x_gpio.c 和 gd32f30x_gpio.h 文件
ARM	ARM 内核层	ARM 内核层包括启动文件、NVIC、SysTick 等与 ARM 内核相关的文件

3.2.4 相关参考资料

在 GD32 微控制器系统设计过程中，有许多资料可供参考，这些资料存放在本书配套资料包的“09.参考资料”文件夹下，下面对这些参考资料进行简要介绍。

1.《GD32F303xx 数据手册》

选定好某一款具体芯片之后，如果需要清楚地了解该芯片的主功能引脚定义、默认复用引脚定义、重映射引脚定义、电气特性和封装信息等，则可以通过《GD32F303xx 数据手册》查询这些信息。

2.《GD32F30x 用户手册(中文版)》

该手册是 GD32F30x 系列芯片的用户手册(中文版)，主要对 GD32F30x 系列微控制器的外设，如存储器、FMC、RCU、EXTI、GPIO、DMA、DBG、ADC、DAC、WDGT、RTC、TIMER、USART、I^2C、SPI、SDIO、EXMC 和 CAN 等进行介绍，包括各个外设的架构、工作原理、特性及寄存器等。读者在开发过程中会频繁使用到该手册，尤其是在查阅某个外设的工作原理和相关寄存器的时候。

3.《GD32F30x 用户手册(英文版)》

该手册是 GD32F30x 系列芯片的用户手册(英文版)。

注意：

本书中各实验所涉及的上述参考资料均已在“实验原理”一节中说明。当开展本书以外的实验时，若遇到书中未涉及的知识点，可查阅以上手册，或翻阅其他书籍，或借助网络资源。

3.3 实验步骤与代码解析

步骤 1：新建存放工程的文件夹

在计算机的 D 盘中建立一个 GD32MicroController 文件夹，将本书配套资料包的“04.例程资料\Material”文件夹复制到 GD32MicroController 文件夹中，然后在 GD32MicroController 文件夹中新建一个 Product 文件夹。保存工程的文件夹路径也可以自行选择。注意，保存工程的文件夹一定要严格按照要求进行命名，从细微之处养成良好的规范习惯。

步骤 2：复制和新建文件夹

首先，在 D:\GD32MicroController\Product 文件夹中新建一个名为 01.BaseProject 的文件夹；其次，将 D:\GD32MicroController\Material\01.BaseProject 文件夹中的所有文件夹和文件(包括 Alg、App、ARM、FW、HW、OS、TPSW)复制到 D:\GD32Micro Controller\Product\01.BaseProject 文件夹中；最后，在 D:\GD32MicroController\Product\01.BaseProject 文件夹中新建一个 Project 文件夹。

步骤 3：新建一个工程

打开 Keil μVision5 软件，执行菜单命令 Project→New μVision Project，在弹出的 Create New Project 对话框中，工程路径选择 D:\GD32MicroController\Product\01.BaseProject\Project，将工程名命名为 GD32KeilPrj，单击“保存”按钮，如图 3-16 所示。

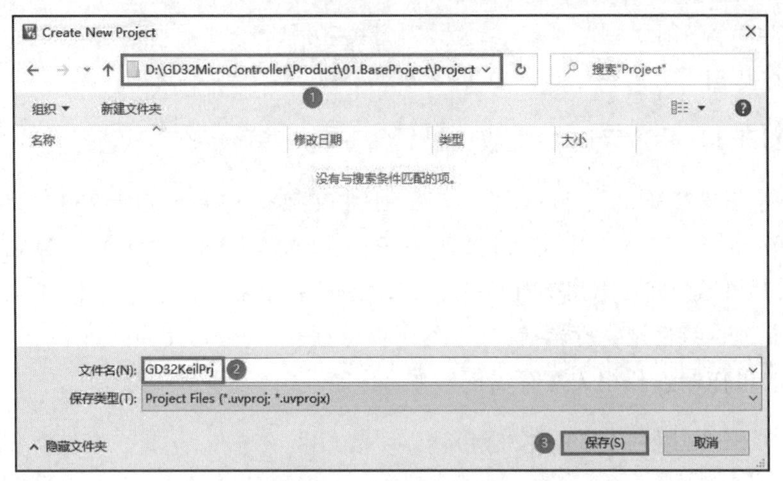

图 3-16　新建一个工程

步骤 4：选择对应的微控制器型号

在弹出的如图 3-17 所示的对话框中，选择对应的微控制器型号。由于开发板上微控制器的型号是 GD32F303ZET6，因此选择 GD32F303ZE，然后单击 OK 按钮。

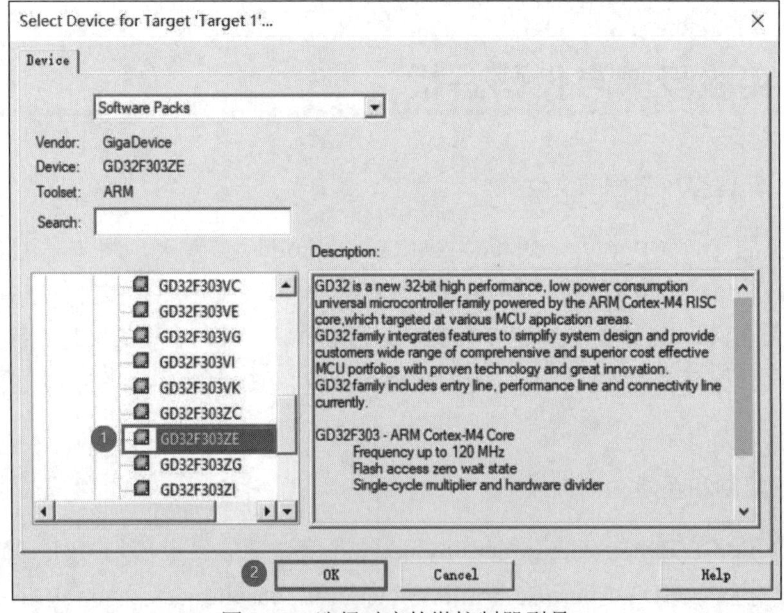

图 3-17　选择对应的微控制器型号

步骤 5：删除原有分组并新建分组

将弹出的 Manage Run-Time Environment 对话框关闭，一个简单的工程就创建完成了，工程名为 GD32KeilPrj。在 Keil 软件界面的左侧可以看到，Target1 下有一个 Source Group1 分组，这里需要将已有的分组删除，并添加新的分组。首先，单击工具栏中的按钮，如图 3-18 所示，在 Project Items 标签页中，单击 Groups 栏中的按钮，删除 Source Group 1 分组。

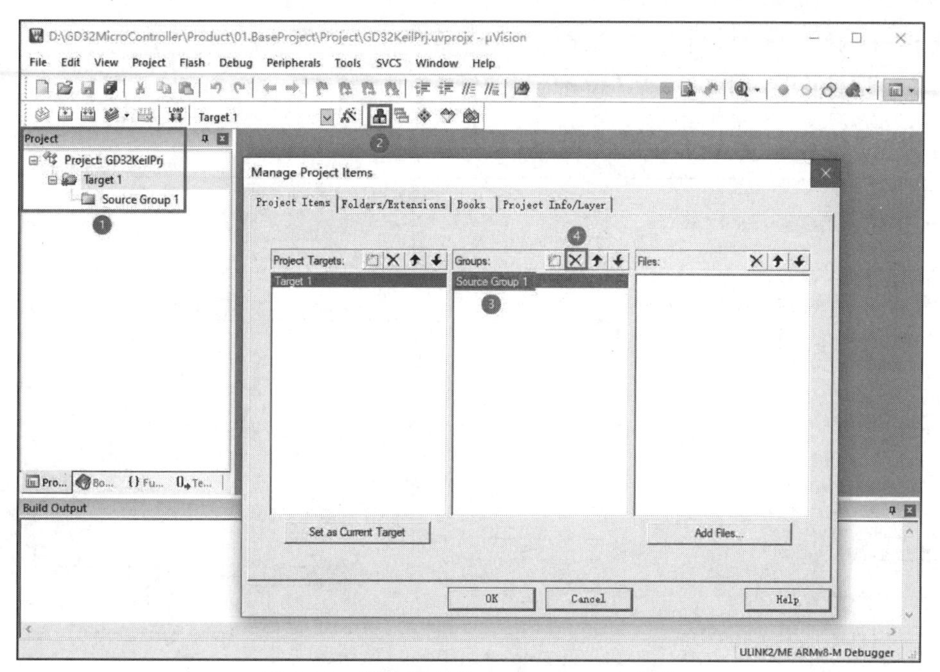

图 3-18　删除原有的 Source Group1 分组

接着，单击 Groups 栏中的按钮，依次添加 App、Alg、HW、OS、TPSW、FW、ARM 分组，如图 3-19 所示。注意，可以通过单击箭头按钮调整分组的顺序。

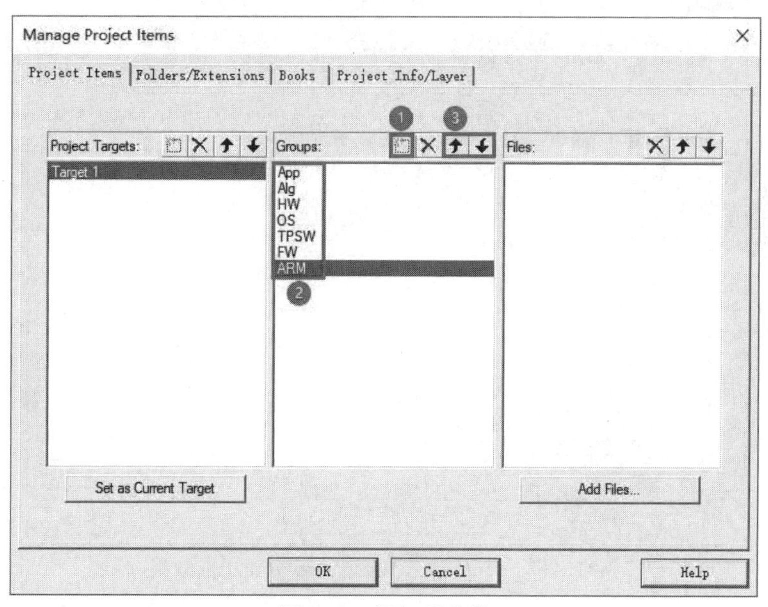

图 3-19　添加新分组

步骤 6：向分组添加文件

如图 3-20 所示，在 Groups 栏中，选择 App，然后单击 Add Files 按钮。在弹出的 Add Files to Group 'App'对话框中，查找范围选择 D:\GD32MicroController\Product\01. BaseProject\App。注意，向 App 分组添加.s 文件时，需要在“文件类型(T)”的下拉菜单中选择 Asm

Source file (*.s*; *.src; *.a*)或All files (*.*)。选择Main.s文件，再单击Add按钮，将Main.s文件添加到 App 分组中。注意，也可以在 Add Files to Group 'App'对话框中，通过双击Main.s 文件向 App 分组中添加该文件。

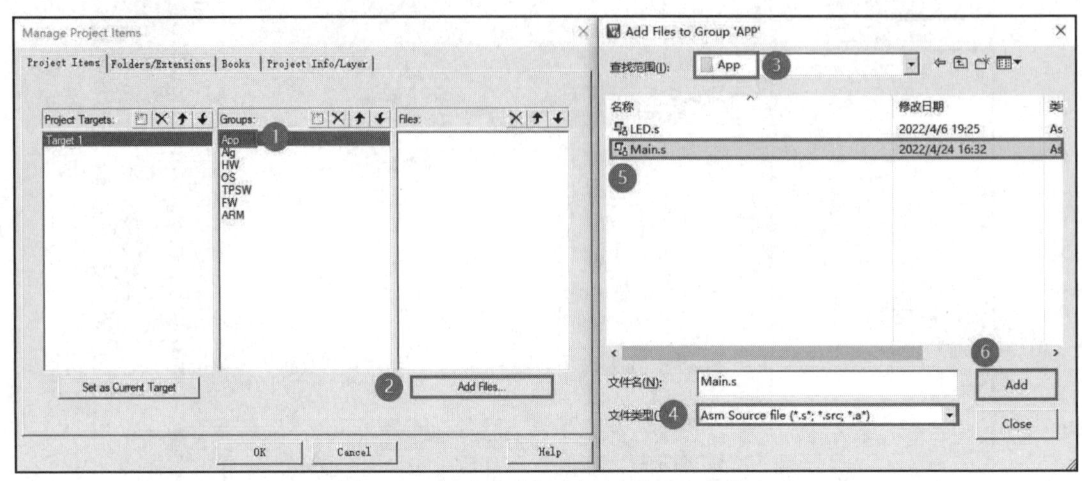

图 3-20　向 App 分组中添加 Main.s 文件

采用同样的方法，将 D:\GD32MicroController\Product\01.BaseProject\App 路径下的LED.s 文件添加到 App 分组中，添加完成后的效果图如图 3-21 所示。

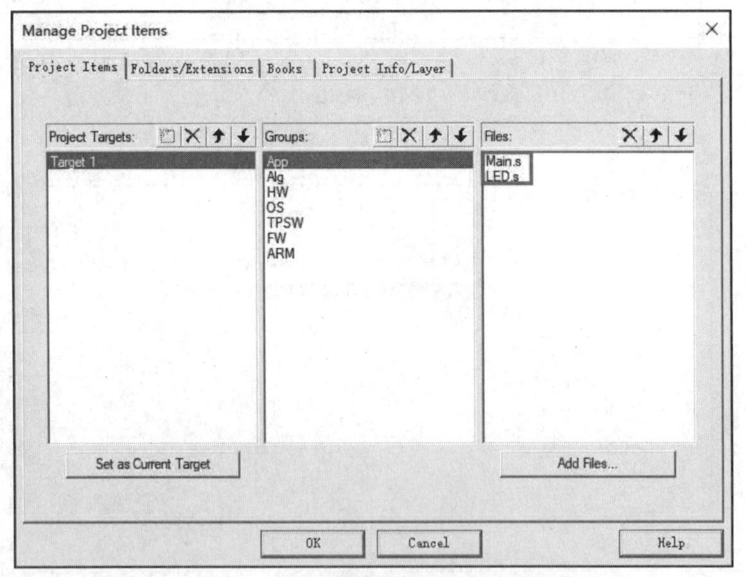

图 3-21　将 LED.s 文件添加到 App 分组中的效果图

将 D:\GD32MicroController\Product\01.BaseProject\HW 路径下的 RCU.s、Timer.s、Queue.s 和 UART.s 文件分别添加到 HW 分组中。添加完成后的效果图如图 3-22 所示。

将 D:\GD32MicroController\Product\01.BaseProject\ARM 路径下的 NVIC.s、Reg.s、startup_gd32f30x_hd.s 和 SysTick.s 文件添加到 ARM 分组中，添加完成后的效果如图 3-23 所示。最后，单击 OK 按钮保存设置。

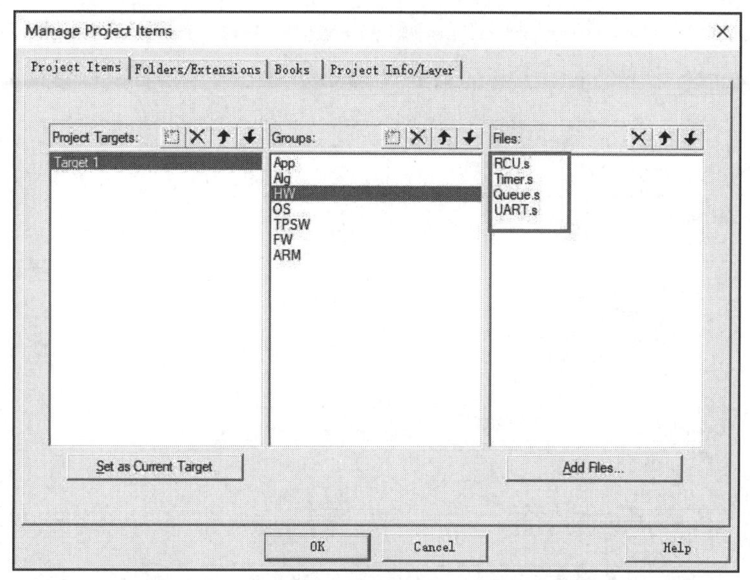

图 3-22　向 HW 分组中添加文件后的效果图

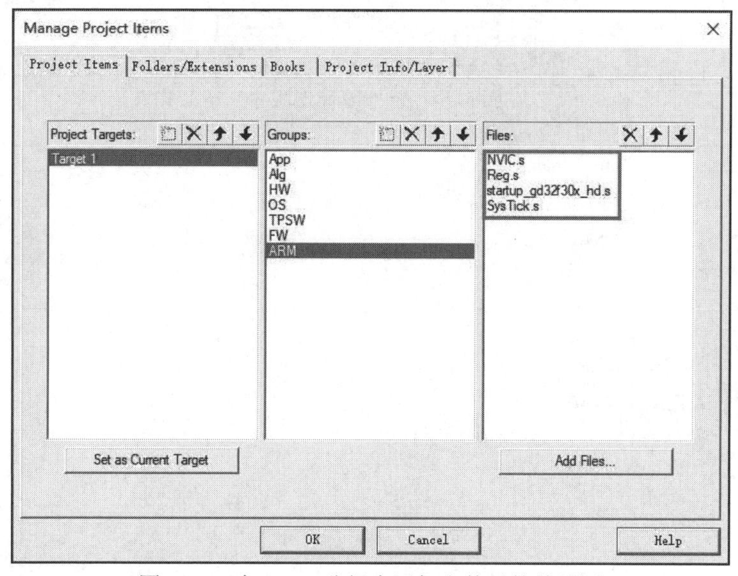

图 3-23　向 ARM 分组中添加文件后的效果图

步骤 7：选择编译器版本

单击工具栏中的按钮，在弹出如图 3-24 所示的对话框中，单击 Target 标签页，将 ARM Compiler 选项设置为 Use default compiler version 5。最后，单击 OK 按钮保存设置。

步骤 8：勾选 Create HEX File

通过 GD-Link 可以将.hex 文件或.axf 文件下载到 GD32 微控制器的内部 Flash 中，本书配套实验均使用 GD-Link 下载.axf 文件。Keil 默认编译时不生成.hex 文件。如果需要生成.hex 文件，则应勾选 Create HEX File 项。首先，单击工具栏中的按钮，在弹出的 Options for Target 'Target1'对话框中，单击 Output 标签页，勾选 Create HEX File 项，如图

3-25 所示，最后单击 OK 按钮保存设置。注意，通过 GD-Link 下载.hex 文件一般要使用 GD-Link Programmer 软件，限于篇幅，这里不介绍如何下载，读者可以自行尝试。

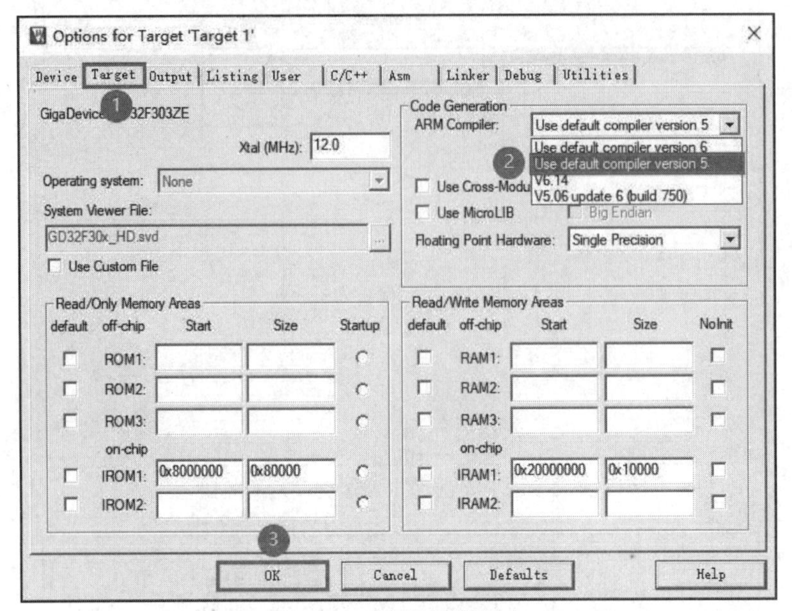

图 3-24　选择编译器版本

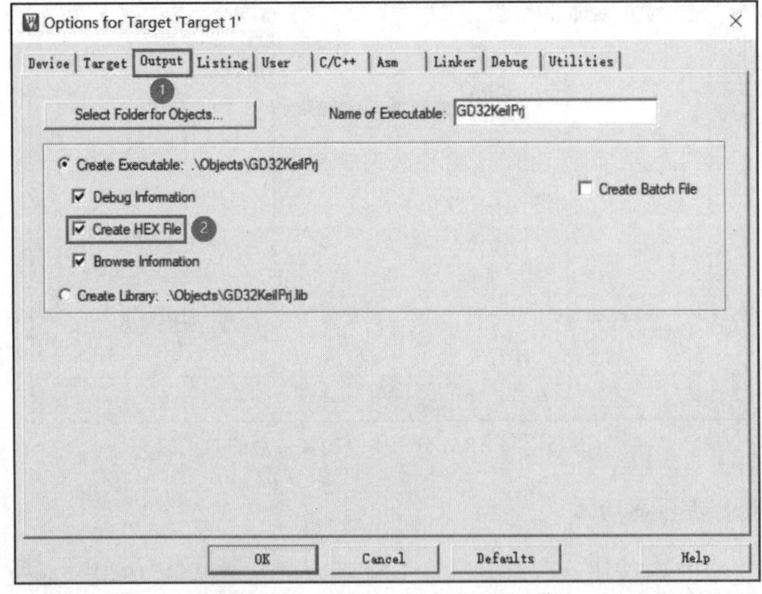

图 3-25　勾选 Create HEX File 项

步骤 9：取消 Scatter File 的添加

在初始化时链接器会默认选择加载 Scatter File 文件，会导致程序编译无法通过。因此需要手动取消该文件的添加。首先，单击工具栏中的按钮，在弹出如图 3-26 所示的对话框中，单击 Linker 标签页，取消勾选 Use Memory Layout from Target Dialog，然后把 Scatter File 中的路径删除，最后单击 OK 按钮保存设置。

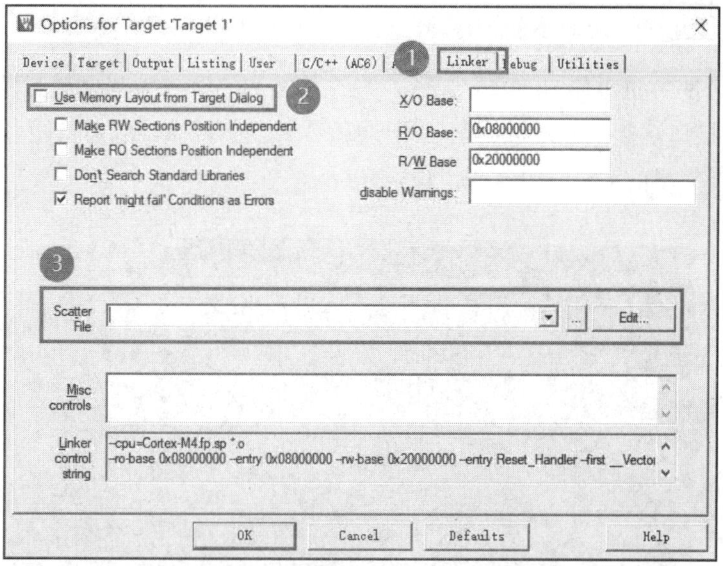

图 3-26　取消 Scatter File 的添加

步骤 10：程序编译

完成以上步骤后，可以开始程序编译。单击工具栏中的(Rebuild)按钮，对整个工程进行编译。当 Build Output 栏中出现 FromELF:creating hex file...时，表示已经成功生成.hex 文件；出现 0 Error(s), 0 Warning(s)时，表示编译成功，如图 3-27 所示。

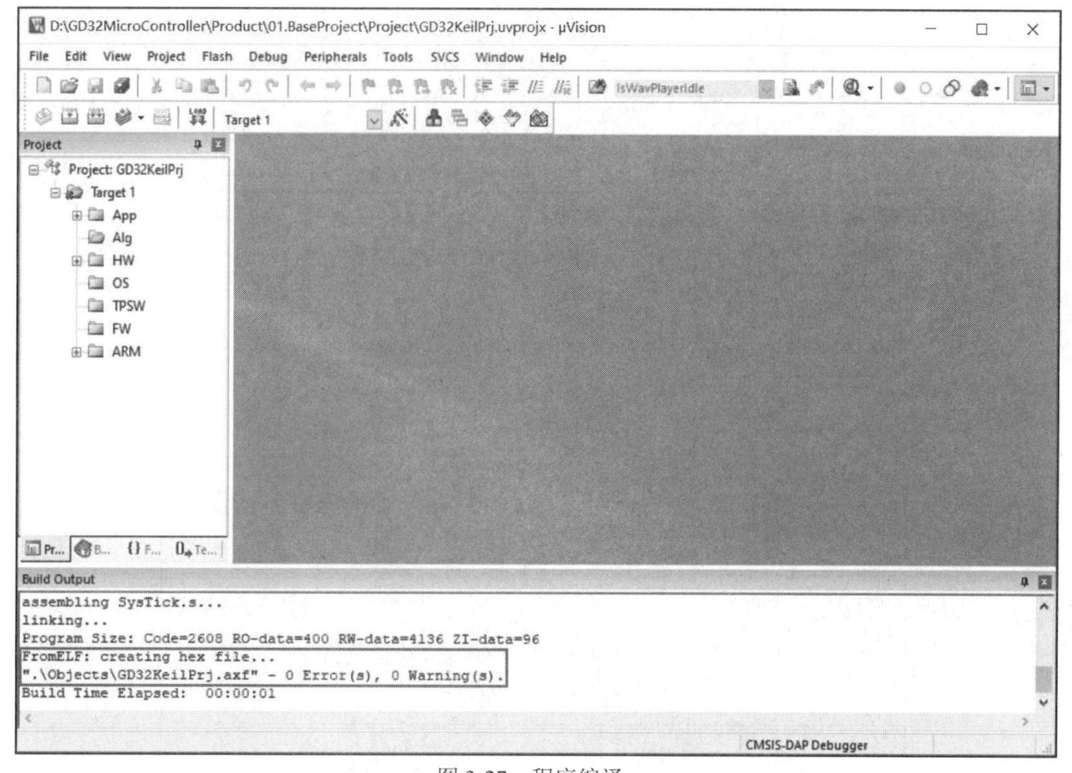

图 3-27　程序编译

步骤 11：通过 GD-Link 下载程序

取出开发套件中的两条 USB 转 Type-C 型连接线和 GD32F3 苹果派开发板。将两条连接线的 Type-C 接口端接入开发板的通信-下载和 GD-Link 接口，然后将两条连接线的 USB 接口端均插到计算机的 USB 接口，如图 3-28 所示。

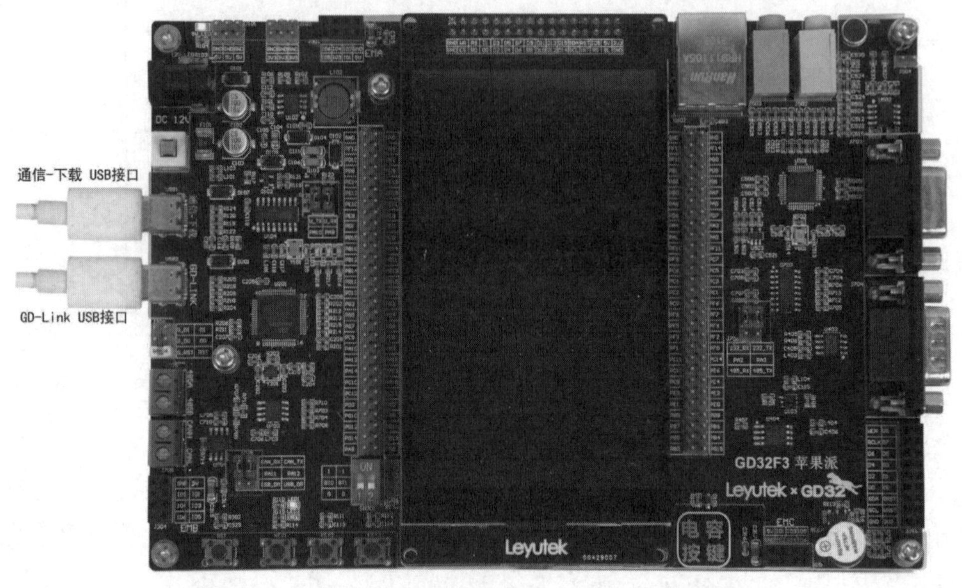

图 3-28 GD32F3 苹果派开发板连接实物图

打开 Keil μVision5 软件，单击工具栏中的按钮，进入设置界面。在弹出的 Options for Target 'Target1'对话框中，选择 Debug 标签页，然后在 Use 下拉列表中，选择 CMSIS-DAP Debugger，然后单击 Settings 按钮，如图 3-29 所示。

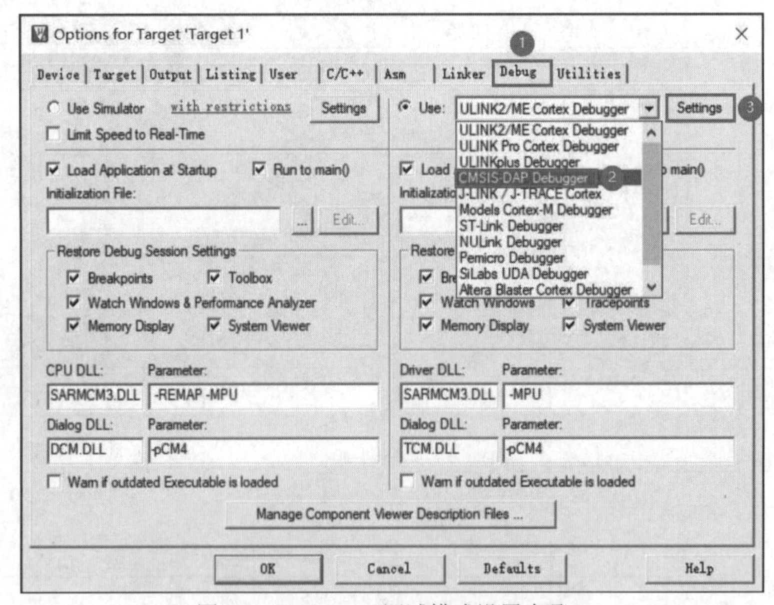

图 3-29 GD-Link 调试模式设置步骤 1

在弹出的CMSIS-DAP Cortex-M Target Driver Setup对话框中，选择Debug标签页，在Port下拉列表中，选择SW；在Max Clock下拉列表中，选择1MHz，如图3-30所示。

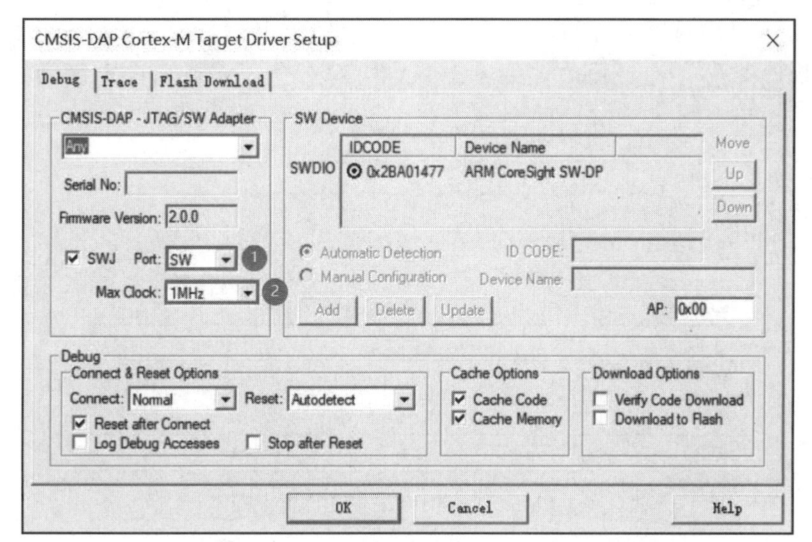

图3-30 GD-Link调试模式设置步骤2

再打开Flash Download标签页，勾选Reset and Run项，单击OK按钮，如图3-31所示。

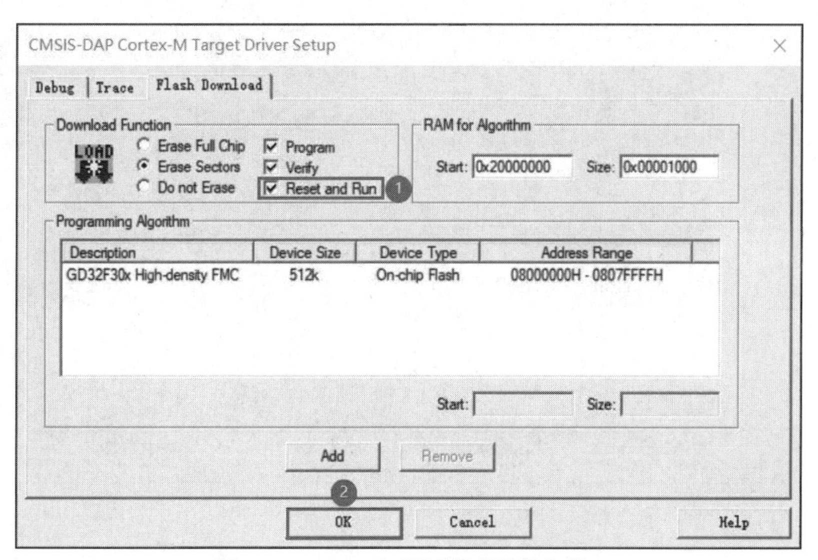

图3-31 GD-Link调试模式设置步骤3

打开Options for Target 'Target 1'对话框中的Utilities标签页，勾选Use Debug Driver和Update Target before Debugging项，单击OK按钮，如图3-32所示。

GD-Link调试模式设置完成，确保GD-Link接口通过USB转Type-C型连接线连接到计算机之后，就可以在如图3-33所示的界面中，单击工具栏中的LOAD按钮，将程序下载到GD32F303ZET6微控制器的内部Flash中。下载成功后，在Build Output栏中将显示方框中所示的内容。

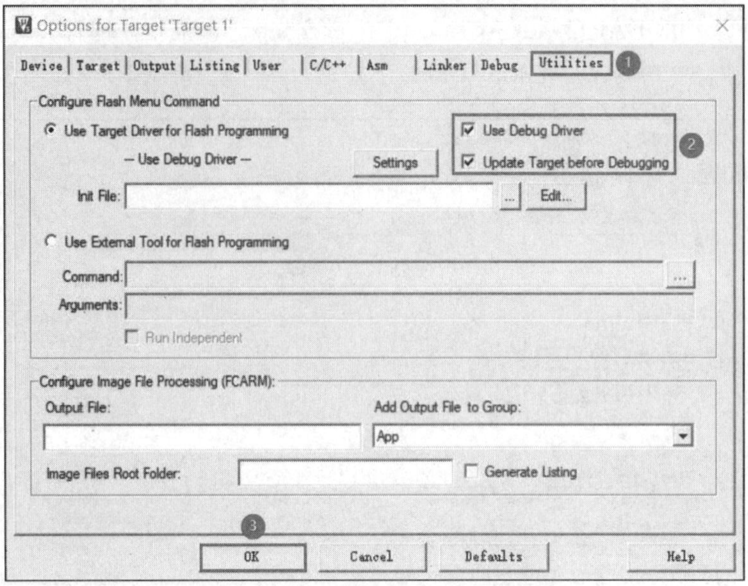

图 3-32　GD-Link 调试模式设置步骤 4

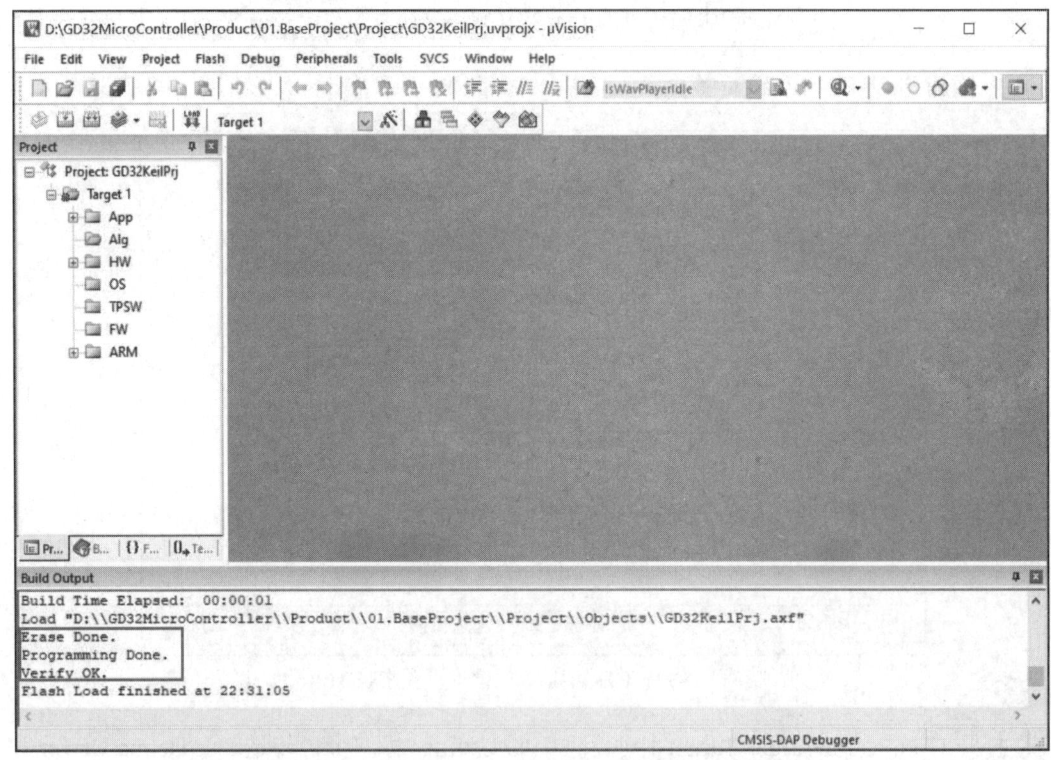

图 3-33　通过 GD-Link 向开发板下载程序成功界面

步骤 12：安装 CH340 驱动

下面介绍如何通过串口下载程序。通过串口下载程序还需要借助开发板上集成的通信-下载模块，因此，要先安装通信-下载模块驱动。

在本书配套资料包的“02.相关软件\CH340 驱动(USB 串口驱动)_XP_WIN7 共用”文

件夹中，双击运行 SETUP.EXE，单击“安装”按钮，在弹出的 DriverSetup 对话框中单击“确定”按钮，如图 3-34 所示。

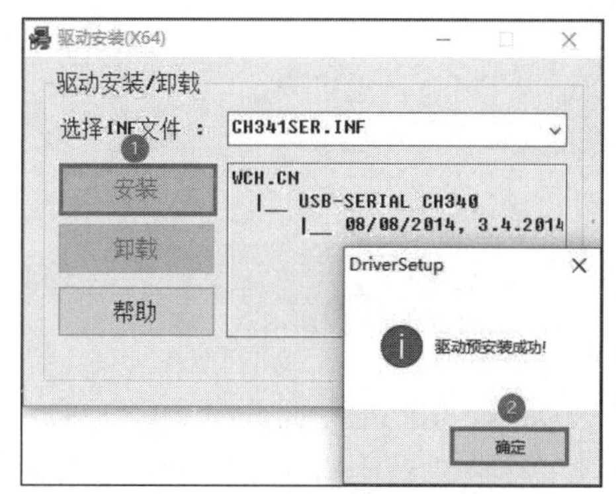

图 3-34　安装 CH340 驱动

驱动安装成功后，将开发板上的通信-下载接口通过 USB 转 Type-C 型连接线连接到计算机，然后在计算机的设备管理器中找到 USB 串口，如图 3-35 所示。注意，串口号不一定是 COM3，每台计算机有可能会不同。

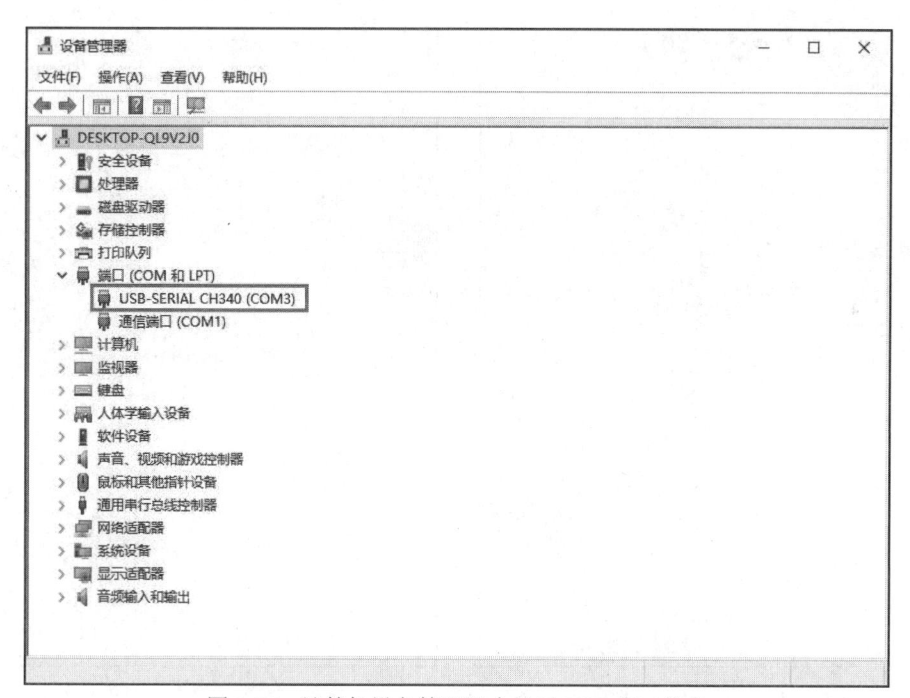

图 3-35　计算机设备管理器中显示 USB 串口信息

步骤 13：通过 GigaDevice MCU ISP Programmer 下载程序

首先，确保在开发板的 J_{104} 排针上已用跳线帽分别将 U_TX 和 PA10 引脚、U_RX 和 PA9 引脚连接。然后，在本书配套资料包的“02.相关软件\串口烧录工具\GigaDevice_MCU_ISP_Programmer_V3.0.2.5782_1”文件夹中，双击运行 GigaDevice MCU ISP Programmer.exe，如图 3-36 所示。

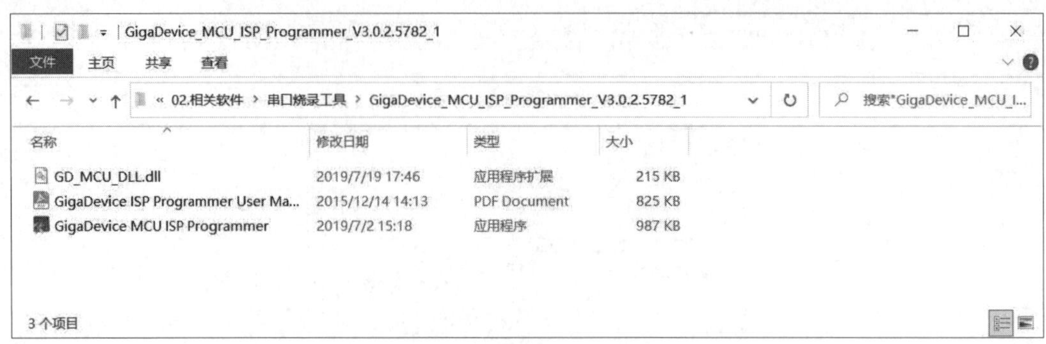

图 3-36　程序下载步骤 1

在如图 3-37 所示的 GigaDevice ISP Programmer 3.0.2.5782 对话框中，在 Port Name 下拉列表中，选择 COM3(需在设备管理器中查看串口号)；在 Baut Rate 下拉列表中，选择 57600；在 Boot Switch 下拉列表中，选择 Automatic；在 Boot Option 下拉列表中，选择“RTS 高电平复位，DTR 高电平进 Bootloader”，最后单击 Next 按钮。

然后在如图 3-38 所示的对话框中，单击 Next 按钮。

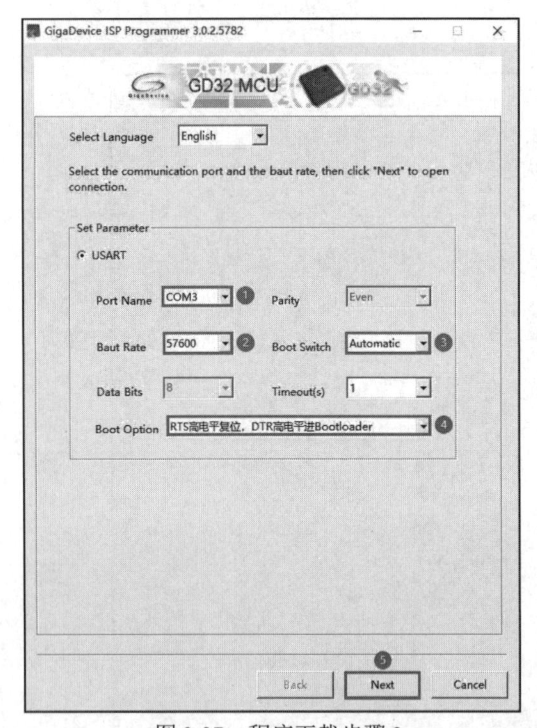

图 3-37　程序下载步骤 2

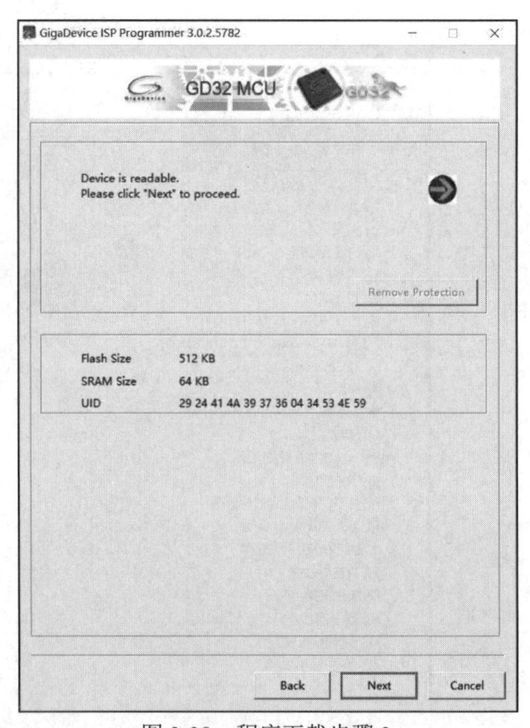

图 3-38　程序下载步骤 3

在如图 3-39 所示的对话框中，单击 Next 按钮。

在如图 3-40 所示的对话框中，选择 Download to Device、Erase all pages (faster)项，然后单击 OPEN 按钮，定位编译生成的.hex 文件。

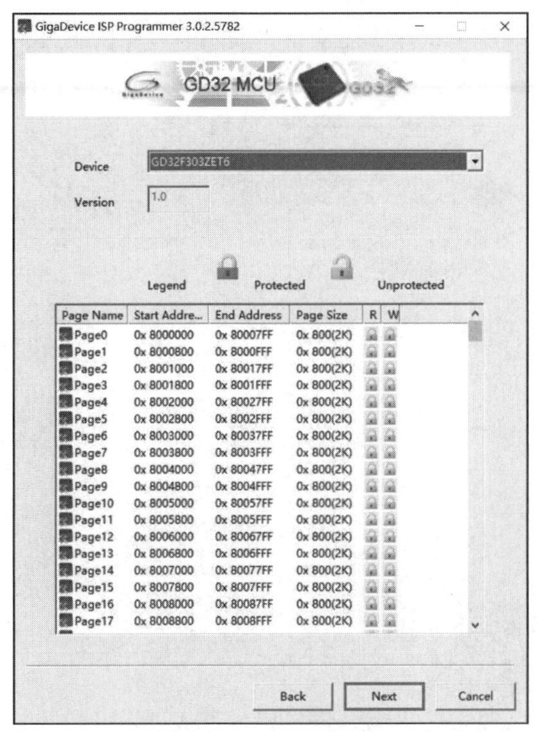

图 3-39　程序下载步骤 4

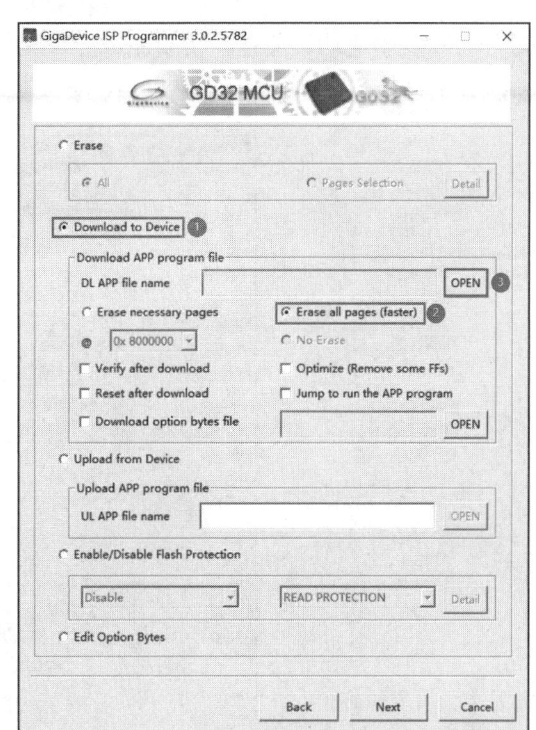

图 3-40　程序下载步骤 5

在 D:\GD32MicroController\Product\01.BaseProject\Project\Objects 目录下，找到 GD32KeilPrj.hex 文件并单击 Open 按钮，如图 3-41 所示。

图 3-41　程序下载步骤 6

在图 3-40 所示对话框中，单击 Next 按钮开始下载，出现如图 3-42 所示界面表示程序下载成功，单击 Finish 按钮完成程序下载。注意，使用 GigaDevice MCU ISP Programmer 成功下载程序后，按开发板上的 RST 按键进行复位，程序才会运行。

步骤 14：通过串口助手查看接收数据

在本书配套资料包的“02.相关软件\串口助手”文件夹中，双击运行 sscom42.exe(串口助手软件)，如图 3-43 所示。选择正确的串口号，波特率选择 115200，取消勾选“HEX 显示”项，然后单击“打开串口”按钮。当窗口中每秒输出一次 This is a GD32F303 project.

时，表示实验成功。注意，实验完成后，在串口助手软件中先单击“关闭串口”按钮关闭串口，再断开 GD32F3 苹果派开发板的电源。

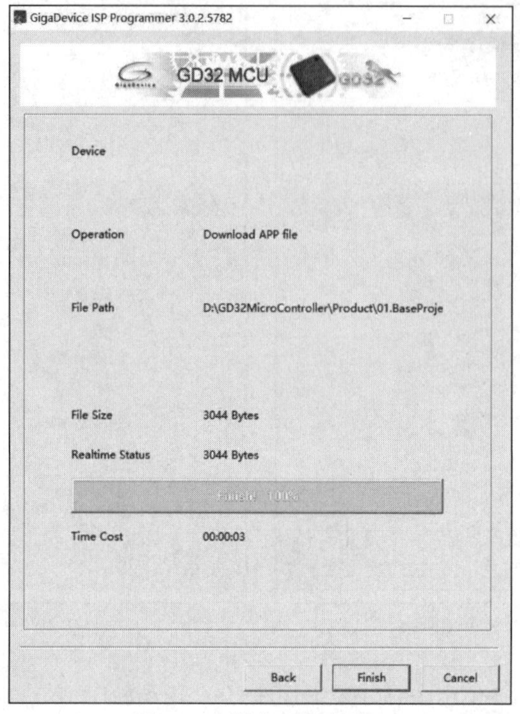

图 3-42　程序下载步骤 7

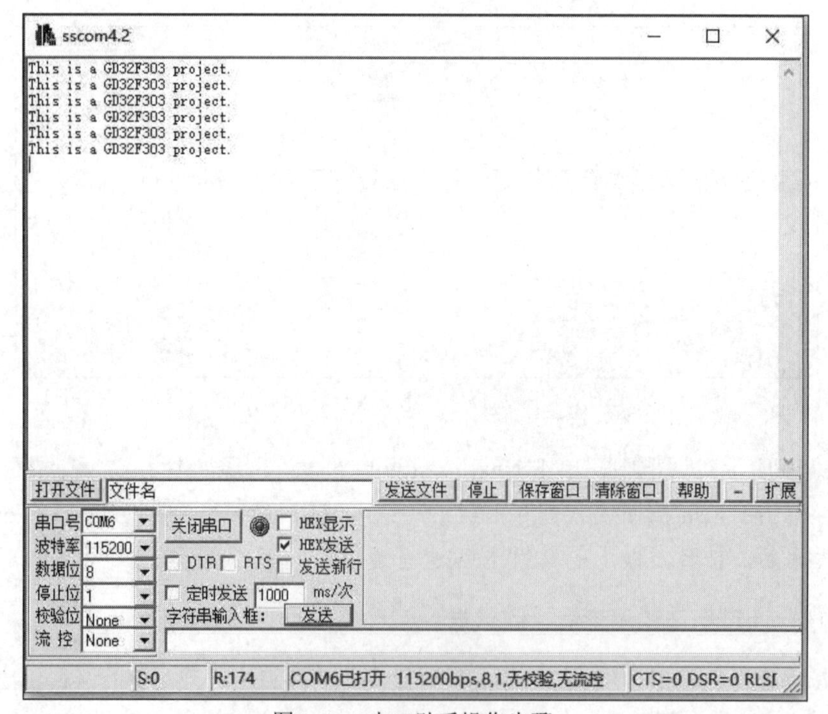

图 3-43　串口助手操作步骤

步骤 15：查看 GD32F3 苹果派开发板的工作状态

此时可以观察到开发板上电源指示灯(编号为 5V_LED，蓝色)正常显示，绿色 LED(编号为 LED_1)和蓝色 LED(编号为 LED_2)每 500ms 交替闪烁。本章重在学习 Keil 工程的选项配置和新建工程的步骤，对于基准工程的代码，将在后续的实验中逐步学习。

本章任务

学习完本章后，严格按照程序设计的步骤，进行软件标准化设置、创建工程、编译并生成.hex 和.axf 文件，将程序下载到 GD32F3 苹果派开发板，查看运行结果。

本章习题

1. 为什么要对 Keil 进行软件标准化设置？
2. GD32F3 苹果派开发板上的主控芯片型号是什么？该芯片的内部 Flash 和内部 SRAM 的容量分别是多少？
3. 在创建基准工程时，为什么要勾选 Create HEX File 项？
4. 通过查找资料，总结.hex、.bin 和.axf 文件的区别。

第 4 章

汇编语言初探

本章将进入汇编语言程序设计环节，介绍汇编语言的基础知识、汇编源文件格式和汇编语言的基本语法，最后通过一个简单的实验，使读者初步了解通过汇编语言编写源程序的方法，并熟悉微控制器开发环境 Keil 5 的调试过程。

4.1 实验内容

通过MOV指令和ADD指令计算数值的和，并将这些数值存放于寄存器中，通过仿真查看寄存器的值。

4.2 实验原理

4.2.1 文件初解

汇编源文件中的代码通常可以包含“文件类型”“输出”“输入”“宏定义”“常量段”“变量段”“代码段”和“文件结束”8个部分，下面逐一介绍这8个部分的代码。

1. 文件类型

在“文件类型”区，一般包含如程序清单4-1所示的代码，其中PRESERVE8用于指定当前文件保存数据时按8字节对齐，THUMB用于指示编译器，该文件使用的是Thumb或Thumb-2指令集。

程序清单4-1

```
PRESERVE8
THUMB
```

2. 输出、输入

在“输出”区和“输入”区，分别通过EXPORT和IMPORT对标号进行声明或引入，其中EXPORT用于声明一个全局的标号，那么本文件定义的标号就可以在其他文件中被引用。IMPORT用于指示编译器，该标号在其他文件中定义，通过IMPORT才能在本文件中引用其他文件定义的标号。

通过EXPORT和IMPORT声明或引入标号时，可以在标号后添加[WEAK]表示弱引用。如程序清单4-2所示，通过EXPORT将标号Reset_Handler声明为全局标号并添加[WEAK]表示弱引用。弱引用表示当同时存在其他同名标号时，优先使用其他标号，即当用户重新定义标号Reset_Handler时，使用用户定义的Reset_Handler。

程序清单4-2

```
Reset_Handler   PROC
                EXPORT  Reset_Handler                   [WEAK]
                IMPORT main
                B      main
                ENDP
```

3. 宏定义

在“宏定义”区，一般通过MACRO定义宏。宏是程序中一段独立的程序代码，用户可以在主程序中调用，编译器编译调用宏的程序时，对其进行文本替换。

4. 常量段、变量段和代码段

“常量段”区、“变量段”区和“代码段”区通过 AREA 进行分段，并根据各段的特点设置相应的属性。各段的设置如程序清单 4-3 所示，其中“常量段”区用于定义常量，“变量段”区用于定义变量，“代码段”区用于定义函数。MainConstData、MainStaticData和.text 是段的名称，无特殊作用，段名若以非字母开头则必须包含在符号“|”中。DATA、CODE、READONLY 和 READWRITE 为段的属性，DATA 和 CODE 用于指示编译器，该段用于存储数据或代码，READONLY 和 READWRITE 用于设置该段的读/写属性为“只读”或“可读可写”。

程序清单 4-3

```
;/******************************************************************************
;*                                  常量段
;******************************************************************************/
  AREA MainConstData, DATA, READONLY

;/******************************************************************************
;*                                  变量段
;******************************************************************************/
  AREA MainStaticData, DATA, READWRITE

;/******************************************************************************
;*                                  代码段
;******************************************************************************/
  AREA |.text|, CODE, READONLY
```

编译器根据段的属性将段中定义的数据存储在不同的位置。只读的数据，如常量和代码，存储在 Flash 中；可读可写的数据，如变量，存储在 SRAM 中。存储器的知识点将在第 6 章详细介绍。

5. 文件结束

在“文件结束”区，包含了如程序清单 4-4 所示的代码。其中 ALIGN 4 用于检查当前位置，即文件结束位置是否按 4 字节对齐。若未对齐则填充 NOP 空指令使其对齐，便于CPU 快速访问。END 用于指示编译器该文件已结束。

程序清单 4-4

```
  ALIGN 4
  END
```

4.2.2 工作寄存器

工作寄存器是 CPU 内部暂时存放数据的区域，是 CPU 的重要组成部分之一，拥有极高的数据传送速度。工作寄存器与外设寄存器的区别在于，外设寄存器使用前需要进行定义，否则只能操作外设寄存器的地址，并且访问速度较慢。

基于汇编语言编写的程序，几乎每一条语句都会使用到工作寄存器。ARM 架构的微控制器中有多个 32 位工作寄存器。其中 GD32F303ZET6 微控制器搭载的 Cortex-M4 内核最基本的工作寄存器包括 R0～R15、S0～S31、程序状态寄存器 xPSR 和 FPSCR 等。

1. R0～R15

R0～R15 是用于数据处理与控制的寄存器，如图 4-1 所示。其中 R0～R12 为通用目的寄存器，即没有特殊作用，可用于一般的数据处理，如数据保存和计算等。通用目的寄存器又分为低寄存器(R0～R7)和高寄存器(R8～R12)，这是因为 0～7 可以通过 3 位二进制数表示，而 8～12 至少需要 4 位二进制数表示。Thumb-2 指令集中的指令使用 16 位或 32 位编码，其中大部分 16 位编码的指令只能访问低寄存器。

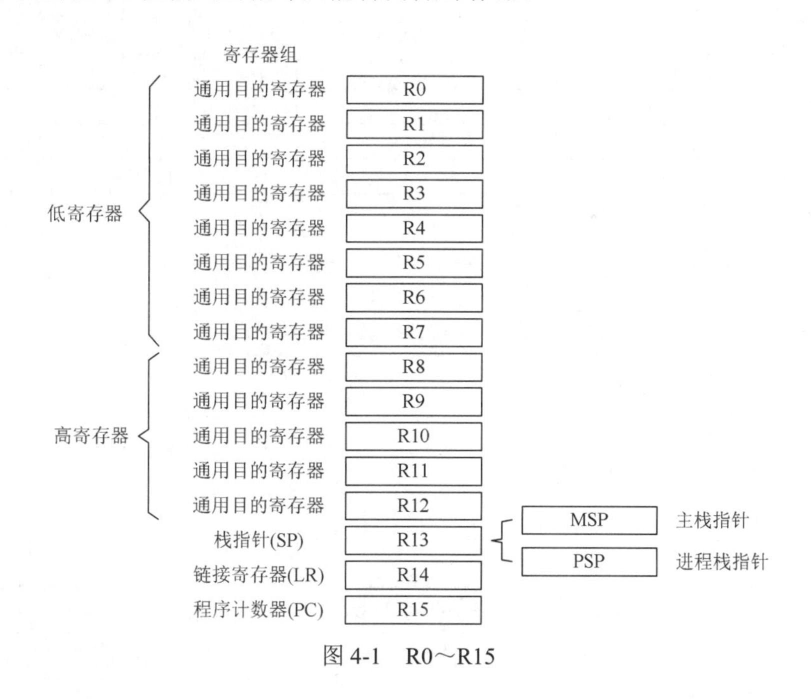

图 4-1 R0～R15

R13 寄存器用于保存栈的地址，称为栈指针寄存器(SP)。通过指令操作栈时，默认使用 R13 寄存器的值作为地址。栈指针寄存器(SP)根据特殊寄存器 CONTROL 的第 1 位决定使用主栈指针(MSP)或进程栈指针(PSP)。在程序中默认使用主栈指针，后者通常只在操作系统中使用。

R14 寄存器用于保存函数或子程序调用地址，称为链接寄存器(LR)。当函数执行完需要返回时，跳转到 R14 寄存器保存的地址即可。

R15 寄存器用于保存当前正在执行的语句地址，称为程序计数器(PC)。当函数执行完需要返回时，将 LR 寄存器中的地址加载到 R15 寄存器中即可完成跳转。

2. S0～S31

S0～S31 是浮点数据寄存器，用于存储浮点型数据，如图 4-2 所示。可以将浮点数据寄存器两两组合成双字寄存器(D0～D15)并对其进行成对访问，比如 S0 和 S1 组成 D0，S30 和 S31 组成 D15。

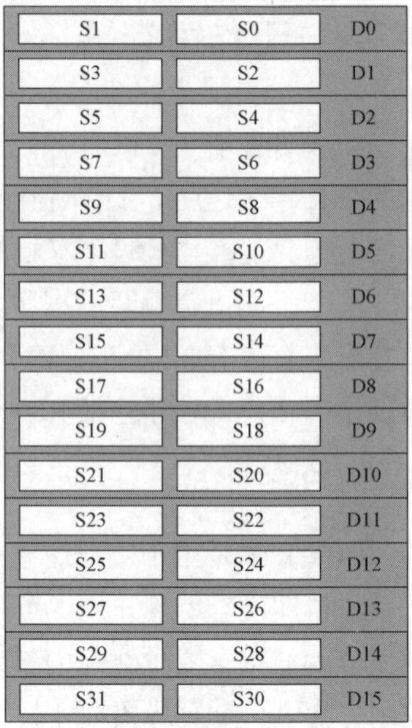

S1	S0	D0
S3	S2	D1
S5	S4	D2
S7	S6	D3
S9	S8	D4
S11	S10	D5
S13	S12	D6
S15	S14	D7
S17	S16	D8
S19	S18	D9
S21	S20	D10
S23	S22	D11
S25	S24	D12
S27	S26	D13
S29	S28	D14
S31	S30	D15

图 4-2　S0～S31

3. 程序状态寄存器

程序状态寄存器包括 3 个寄存器：应用程序状态寄存器(APSR)、执行程序状态寄存器(EPSR)、中断程序状态寄存器(IPSR)，分别用于存储不同类别的状态。这 3 个寄存器的位域和解释说明如图 4-3 和表 4-1 所示。

	31	30	29	28	27	26:25	24	23:20	19:16	15:10	9	8:0
APSR	N	Z	C	V	Q				GE*			
IPSR												异常编号
EPSR						ICI/IT	T			ICI/IT		

GE*只在含有DSP扩展的Cortex-M4等处理器中存在

图 4-3　程序状态寄存器位域

表 4-1　程序状态寄存器各个位解释说明

位名	说明
N	负标志，结果为负数时置位
Z	零标志，结果为 0 时置位
C	进位标志，指令产生进位时置位
V	溢出标志，指令产生溢出时置位
Q	饱和标志，DSP 运算指令溢出/SSAT 或 USAT 指令使结果饱和时置位
GE	大于或等于标志，根据 SIMD 指令的结果更新(在未实现 DSP 扩展的处理器中 GE 位保留)
异常编号	当前执行的异常及其入口向量
ICI/IT	保存可持续的异常指令状态或保存 IT 状态
T	Thumb 标志，置位时指示处理器执行 Thumb 指令

4. 浮点状态和控制寄存器

浮点状态和控制寄存器 FPSCR 用于定义浮点运算动作并提供浮点运算结果的状态信息，其位域及各个位的解释说明如图 4-4 和表 4-2 所示。

	31	30	29	28	27	26	25	24	23:22	21:8	7	6:5	4	3	2	1	0
FPSCR	N	Z	C	V	保留	AHP	DN	FZ	RMode	保留	IDC	保留	IXC	UFC	OFC	DZC	IOC

图 4-4　FPSCR 寄存器位域

表 4-2　FPSCR 寄存器各个位解释说明

位名	说明
N	负标志，由浮点比较操作更新
Z	零标志，由浮点比较操作更新
C	进位标志，由浮点比较操作更新
V	溢出标志，由浮点比较操作更新
AHP	可选半精度控制位： 0：IEEE 754-2008 半精度格式； 1：可选半精度格式
DN	NaN 模式控制位： 0：NaN 操作数作为浮点操作的输出； 1：任何涉及一个或多个 NaN 的操作都会返回 NaN
FZ	清零模式控制位： 0：禁用清零模式； 1：启用清零模式
RMode	舍入模式控制位： 00：四舍五入模式； 01：正无穷舍入模式； 10：负无穷舍入模式； 11：零舍入模式
IDC	输入非正常累积异常位
IXC	不精确的累积异常位
UFC	下溢累积异常位
OFC	溢出累积异常位
DZC	除零累积异常位
IOC	无效操作累积异常位

4.2.3　汇编语言基本语法

1. 标识符与关键字

标识符就是给常量、变量和函数等定义的名称，在汇编语言中，标识符统称为标号，用于表示常量、变量或函数的起始地址以方便调用。

关键字就是具有特殊作用的字符串，在汇编语言中，关键字可分为指令、伪指令和伪操作。指令即 ARM 官方指令集中的指令，包括数据传送、比较和测试、程序流控制等类别，编译后生成相应的机器码。伪指令不是 ARM 指令集中的指令，而是为了编程方便而定义的，可以像指令一样使用，但在编译时被等效的指令替代。伪操作与指令和伪指令最大的区别在于伪操作不生成机器码，其作用为指示编译器按不同设置对汇编程序进行编译，伪操作可以分为符号定义、数据定义、汇编控制、框架描述、信息报告等类别。前文提到的 EXPORT、IMPORT 和 ALIGN 等都属于伪操作。

在汇编程序中，标号的命名可以与关键字一致，但不建议通过这种方法命名标号。在使用时，若某一行的第一个字符串为关键字，则不能位于顶格；若为标号，则必须位于顶格。如程序清单 4-5 所示，标号 main 位于顶格，关键字 BL、B、ENDP 则通过空格填充。

程序清单 4-5

```
;/*********************************************************************************
;* 函数名称: main
;* 函数功能: 主函数
;* 输入参数: void
;* 输出参数: void
;* 返 回 值: void
;* 创建日期: 2019 年 08 月 01 日
;* 注    意:
;*********************************************************************************/
main PROC
  BL InitHardware   ;初始化硬件
  BL InitSoftware   ;初始化软件

  ;打印系统状态
  LDR R0, =s_pInitFinishString
  BL  PrintString

  ;主循环
MAIN_LOOP
  BL Proc2msTask
  BL Proc1SecTask

  B  MAIN_LOOP

  ENDP
```

2. 立即数

在汇编语言中，包括十进制、十六进制等在内的数值，都被称为立即数。立即数作为指令的操作数时，必须在前面添加符号“#”。此外，由于操作数和指令在编译后会形成

16 位或 32 位的机器码，因此作为操作数的立即数范围有所限制，不同的指令对立即数有不同的限制。

以 ADD 指令和 MOV 指令为例，如程序清单 4-6 所示，MOV 指令将立即数 1 分别加载到 R0 和 R1 寄存器，ADD 指令将 R0 和 R1 寄存器的值求和后加载到 R1。

程序清单 4-6

```
MOV R0, #1
MOV R1, #1
ADD R1, R1, R0
```

3. 格式

汇编语言中最基本的语句格式由表示操作项的指令、伪指令和表示操作对象的参数构成，这里的参数被称为操作数。基本的语句格式有 4 种，如程序清单 4-7 所示。其中内容随执行指令而变化的操作数称为目的操作数，内容不随指令执行而变化的操作数称为源操作数。

程序清单 4-7

```
指令 源操作数
指令 目的操作数
指令 目的操作数,源操作数
指令 目的操作数,第 1 源操作数,第 2 源操作数
```

操作数一般由立即数、标号和寄存器构成，操作内容分别为立即数本身、标号代表的地址和寄存器的值。不同指令对操作数的限制不同，绝大部分指令只允许寄存器作为目的操作数，并且 SP、LR、PC 作为操作数时分别与 R13、R14、R15 寄存器等效，即可以通过 SP 表示 R13 寄存器。

在本书的程序清单中，Rd 代指作为目的操作数的寄存器，简称目的寄存器；Rn、Rm 代指作为源操作数的寄存器，简称源寄存器。#num 代指立即数。label 代指标号。

源操作数的表达方式也称为寻址方式，可分为 3 种：立即寻址、寄存器寻址、存储器寻址。如程序清单 4-6 所示，以立即数 1 为源操作数的 MOV R0,#1 使用立即寻址，以 R1、R0 为源操作数的 ADD R1, R1, R0 使用寄存器寻址。存储器寻址即根据某个地址，以该地址上的值作为操作对象，存储器寻址的相关内容将在 4.2.3 节中介绍。

4. 注释

程序注释即对代码的解释说明，用于增加代码的可读性。与可执行代码不同，注释不会被执行，在编译器编译时被去除。

不同编程语言的注释方法不同。汇编语言通过使用符号“;”来进行注释，将位于“;”到本行结束范围内的符号标记为注释。如程序清单 4-5 所示，通过“;”添加了 main 函数相关信息的介绍。

4.2.4 数制及转换

1. 数制

数制，即表达数值的方法。常见的数制包括二进制、八进制、十进制和十六进制。数学上一般通过十进制表示数值，计算机则一般通过二进制、十六进制表示。

数制的基本要素包括基数和位权。基数指表示数值的符号数量，二进制的基数为 2，即 0 和 1；十进制的基数为 10，即 0～9，这些符号被称为数码。位权指数制中某一位上的 1 所表示数值的大小，如作为二进制数的 1011，从左往右第 1 个 1 的位权是 8，0 的位权是 4，第 2 个 1 的位权是 2，第 3 个 1 的位权是 1；作为十进制数的 123，1 的位权是 100，2 的位权是 10，3 的位权是 1。n 进制数的第 m 位位权为 n^m，即“逢 n 进 1”。

由于数码(即表示数值的符号)是通用的，则 123 有可能是八进制、十进制或十六进制数，因此需要添加相应前缀或后缀来表示数字使用的进制。二进制数通过前缀“0b”或后缀“B”表示，八进制数通过前缀“0O(大写字母 O)”或后缀“O(大写字母 O)”表示，十进制数通过后缀“D”表示，十六进制数通过前缀“0x”或后缀“H”表示，当数值未添加前、后缀时，视为十进制数。

2. 数制转换

(1) 二进制数转十六进制数。二进制数转十六进制数的方法为：从右向左将二进制数中每 4 个数字视为一组，高位不足补 0，将每一组的四位二进制数分别转换为十六进制数字。以二进制数 111101 为例，转换为十六进制数的过程如图 4-5 所示。

$$111101\text{B}=\underset{3}{\underline{(00)11}}\ \underset{\text{D}}{\underline{1101}}=3\text{DH}$$

图 4-5　二进制数转十六进制数

二进制数转八进制数的方法与二进制数转十六进制数的方法类似，不同之处在于，每次将 3 个数字视为一组，再分别转换为八进制数字。

(2) 十六进制数转二进制数。十六进制数转二进制数为二进制数转十六进制数的逆过程：将每个十六进制数字分别转换为 4 位二进制数。以十六进制数 23D 为例，转换为二进制数的过程如图 4-6 所示。

$$23\text{DH}=\underset{0010}{\underline{2}}\ \underset{0011}{\underline{3}}\ \underset{1101}{\underline{\text{D}}}=1000111101\text{B}$$

图 4-6　十六进制数转二进制数

八进制数转二进制数的方法与十六进制数转二进制数的方法类似，不同之处在于，每次将 1 个八进制数字转换为 3 位二进制数。

(3) 十进制数转 n 进制数。十进制数转 n 进制数的方法为除以 n 取余法，即将十进制数除以转化数制的基数，取余数，再用商除以基数，直到商等于 0 为止，最后将每次得到的余数按倒序排列，即可得到对应的 *n* 进制数。以十进制数 573 为例，转换为二进制数的过程如图 4-7 所示。

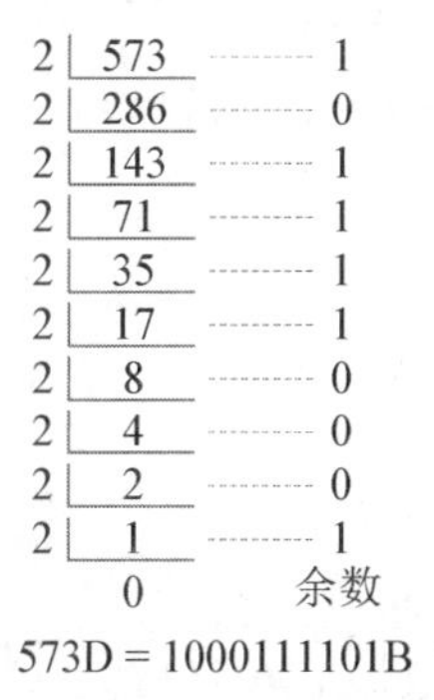

图 4-7　十进制数转二进制数

(4) *n* 进制数转十进制数。*n* 进制数转十进制数的方法为将 *n* 进制数各个数位的数码乘以对应的位权并求和。以二进制数 00111101 为例，转换为十进制数的过程如图 4-8 所示。

0 0 1 1 1 1 0 1 B=0×128+0×64+1×32+1×16+1×8+1×4+0×2+1×1=61D

位权：128 64 32 16 8 4 2 1

图 4-8　二进制数转十进制数

4.2.5　启动文件

启动文件是微控制器工程中最基本的文件之一。一般在微控制器工程中，首先执行的是启动文件中的代码，再跳转到 main 函数执行用户编写的代码。本书配套实验例程中使用的启动文件为 startup_gd32f30x_hd.s，如程序清单 4-8 所示。

程序清单 4-8

```
                PRESERVE8
                THUMB

                AREA  STACK_DATA, DATA, READWRITE
                ENTRY
MSP_SIZE          EQU 0x800
STACK            SPACE   MSP_SIZE
MSP_ADDR

;               /* reset Vector Mapped to at Address 0 */
                AREA    RESET, DATA, READONLY
                EXPORT   __Vectors
                EXPORT   __Vectors_End
```

```
            EXPORT  __Vectors_Size

 IF ((MSP_ADDR % 4) != 0)
   INFO 1,"Stack top need to aligne by 4 bytes"
 ENDIF

__Vectors      DCD     MSP_ADDR                       ; Top of Stack
            DCD     Reset_Handler                  ; Reset Handler
            DCD     NMI_Handler                    ; NMI Handler
            ……

__Vectors_End

__Vectors_Size  EQU     __Vectors_End - __Vectors

            AREA    |.text|, CODE, READONLY

;/* reset Handler */
Reset_Handler   PROC
            EXPORT  Reset_Handler                   [WEAK]
            IMPORT main
            B      main
            ENDP

……

Default_Handler PROC
;              /* external interrupts handler */
            EXPORT  WWDGT_IRQHandler                  [WEAK]
            EXPORT  LVD_IRQHandler                    [WEAK]
            ……

;/* external interrupts handler */
WWDGT_IRQHandler
……

            B      .
            ENDP
            END
```

启动文件中一般包含堆栈地址的定义、中断向量表及各个异常、中断执行函数的定义。堆栈地址的定义包括堆栈大小定义及堆栈空间的开辟。中断向量表用于保存各个异常、中断执行函数的地址，这些地址用于异常或中断发生时跳转到对应的异常或中断执行函数，这也是中断向量表中“向量”的含义。当微控制器中异常或中断触发时，处理器通过中断向量表获取对应的中断向量，并将其加载到 PC 寄存器中，以执行对应的异常或中断执行函数。例如，当微控制器复位后，PC 寄存器跳转至复位中断服务函数，在复位中断服务函数中跳转并执行 main 函数，如程序清单 4-2 所示。

4.2.6 .map 文件

.map 文件包含了可执行映射代码中有关标号、地址、内存分配等信息。在 Keil5 中编写的代码通过汇编器生成目标文件后，通过链接器将目标文件组合成可执行映射代码，并生成.map 文件，如图 2-4 所示。通过.map 文件可以更直观地了解代码，便于调试。

.map 文件的生成需要在 Keil5 中设置。如图 3-6 所示，勾选 LinkerListing：.\Listings\GD32KeilPrj.map 相应选项即可设置.map 文件的内容，如勾选 Symbols 选项后设置介绍标号的 Image Symbol Table 段，勾选 Cross Reference 选项后设置介绍工程内交叉引用关系的 Section Cross References 段。设置结束后，单击按钮进行编译，此时在工程的 Listings 文件夹中会生成.map 文件。下面以基准工程生成的 GD32KeilPrj.map 文件为例，介绍.map 文件中的各部分内容。

1. Section Cross References

Section Cross References 段用于介绍工程内的交叉引用关系，即各个文件中标号的引用情况。如程序清单 4-9 所示，main.o(.text) refers to rcu.o(.text) for InitRCU 表示 main.o 文件的.text 段引用了 rcu.o 文件的.text 段中定义的标号 InitRCU，其中 main.o 为 main.s 源文件对应的目标文件。

程序清单 4-9

```
Section Cross References

    main.o(.text) refers to rcu.o(.text) for InitRCU
    ……
```

2. Removing Unused input sections from the image

Removing Unused input sections from the image 段用于介绍工程中做了定义但未使用而被移除的段。如程序清单 4-10 所示，Removing led.o(LEDConstData), (0 bytes).表示 led.o 文件中的 LEDConstData 段被移除，0 bytes 表示段中未定义数据。若 bytes 不为 0，表示该段中定义了数据但未使用，在链接过程中同样被移除。

程序清单 4-10

```
Removing Unused input sections from the image.

```

```
    Removing led.o(LEDConstData), (0 bytes).
    ......

12 unused section(s) (total 0 bytes) removed from the image.
```

该段的末尾显示被移除段的统计信息，12 unused section(s) (total 0 bytes) removed from the image.表示 12 个段未被引用，共 0 字节。

3. Image Symbol Table

Image Symbol Table 段用于介绍工程中标号的信息，包括作为宏定义的标号的值或普通标号的地址、标号类型、大小以及标号被定义的位置。在该段中，标号被分为局部标号(Local Symbols)和全局标号(Global Symbols)。两者的区别在于，后者定义后，通过 EXPORT 伪操作声明。

如程序清单 4-11 所示，s_pSendString 0x08000b81 Data 30 main.o(MainConstData)表示标号 s_pSendString 代表的地址为 0x08000b81，用于存储数据，大小为 30 字节，在 main.o 文件中的 MainConstData 段中被定义。GPIOA_CTL0 0x40010800 Number 0 reg.o ABSOLUTE 表示标号 GPIOA_CTL0 的值为 0x40010800，属于宏定义，在 reg.o 文件中被定义。

程序清单 4-11

```
Image Symbol Table

    Local Symbols

    Symbol Name                              Value     Ov Type        Size  Object(Section)
    ......
    s_pSendString                            0x08000b81   Data          30  main.o(MainConstData)
    ......

    Global Symbols

    Symbol Name                              Value     Ov Type        Size  Object(Section)
    ......
    GPIOA_CTL0                               0x40010800   Number         0  reg.o ABSOLUTE
    ......
```

4. Memory Map of the image

Memory Map of the image 段用于介绍各个段在内存中的映射。如程序清单 4-12 所示，其中 Image Entry point 为映射入口地址，在工程中为复位中断服务函数的地址，即工程入口为复位中断服务函数。

程序清单 4-12

```
Memory Map of the image

  Image Entry point : 0x080003d5

  Load Region LR_1 (Base: 0x08000000, Size: 0x00001be8, Max: 0xffffffff, ABSOLUTE,
COMPRESSED[0x00000be4])

    Execution Region ER_RO (Exec base: 0x08000000, Load base: 0x08000000, Size: 0x00000bc0,
Max: 0xffffffff, ABSOLUTE)

    Exec Addr    Load Addr    Size         Type   Attr      Idx    E Section Name      Object
    ......
    0x080001fc   0x080001fc   0x00000098   Code   RO          3    .text               main.o
    ......

    Execution Region ER_RW (Exec base: 0x20000000, Load base: 0x08000bc0, Size: 0x00001028,
Max: 0xffffffff, ABSOLUTE, COMPRESSED[0x00000024])

    Exec Addr    Load Addr    Size         Type   Attr      Idx    E Section Name      Object

    0x20000000   COMPRESSED   0x00000004   Data   RW          2    MainStaticData      main.o
    ......

    Execution Region ER_ZI (Exec base: 0x20001028, Load base: 0x08000be4, Size: 0x00000060,
Max: 0xffffffff, ABSOLUTE)

    Exec Addr    Load Addr    Size         Type   Attr      Idx    E Section Name      Object

    0x20001028       -      0x00000060   Zero   RW     89    .bss          c_w.l(libspace.o)
```

Load Region LR_1 为可映射的内存区域 LR_1。括号中的信息为对该区域的描述。Base 表示基址。Size 表示占用的内存大小，单位为字节。Max 表示内存总容量大小，默认为 0xffffffff。ABSOLUTE 表示地址为绝对地址。COMPRESSED[0x00000be4]表示压缩调试数据后的数据量为 0x00000be4，单位为字节。压缩为链接的可选项。

可映射内存区域分为 3 个部分，只读区域 ER_RO、可读可写区域 ER_RW 和未初始化区域 ER_ZI，在各个区域中列出了相应段(代码段、常量数据段、变量数据段)的执行地址、加载地址、大小、类型、属性、索引、段名、归属文件等信息。

5. Image component sizes

Image component sizes 段用于介绍不同存储的组成和大小，其中最重要的部分在.map

文件的末尾，显示了不同存储的总大小。其中 Code 指代码，RO Data 指常量数据，RW Data 指已初始化的变量数据，ZI Data 指未初始化的变量数据，后面的数字表示相应的数据量，单位为字节，如程序清单 4-13 所示。

程序清单 4-13

```
Total RO  Size (Code + RO Data)                3008 (   2.94kB)
Total RW  Size (RW Data + ZI Data)              4232 (   4.13kB)
Total ROM Size (Code + RO Data + RW Data)         3044 (   2.97kB)
```

4.2.7 仿真

Keil5 的 Debug 调试功能可以逐步执行程序，便于检测错误，也可以通过查看寄存器的值来查看代码效果。Debug 选项可被设置为软件仿真或硬件调试。第 4～8 章主要学习汇编语言的基础语法，因此将 Keil5 的 Debug 选项设置为软件仿真。这里以本章实验的例程为例进行介绍。打开位于本书配套资料包“04.例程资料\Product\02.PreliminaryStudy”中的工程，单击工具栏中的按钮，在弹出的如图 4-9 所示的对话框中单击 Debug 标签页，然后选择 Use Simulator 和勾选 Run to main()。

其中，Use Simulator 用于指示 Keil5 调试方法为软件仿真，Run to main()用于指示调试时自动执行完启动文件中的代码，直接运行至 main 函数。完成设置后，单击 OK 按钮回到主界面。

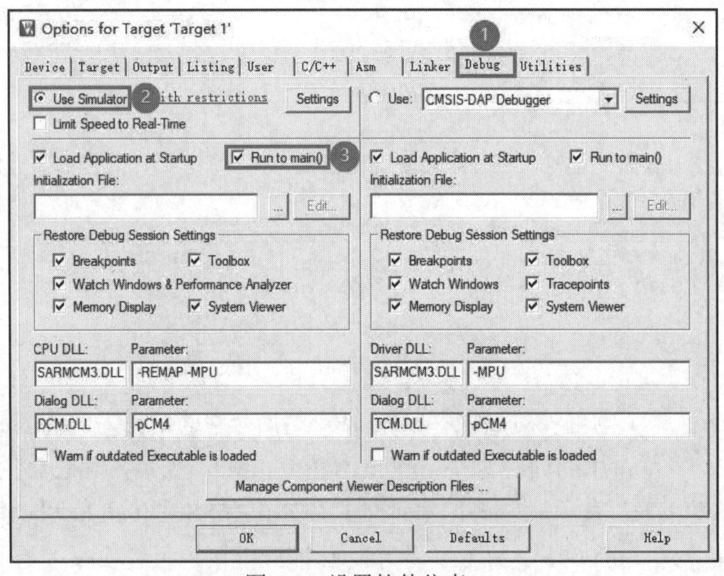

图 4-9　设置软件仿真

然后单击工具栏中的按钮开始仿真，此时主界面增加 3 个窗口及调试按钮，如图 4-10 所示。

① Disassembly 窗口包含语句及对应的地址、机器码、指令和参数。

② Call Stack + Locals 窗口显示函数调用关系及函数的局部变量。

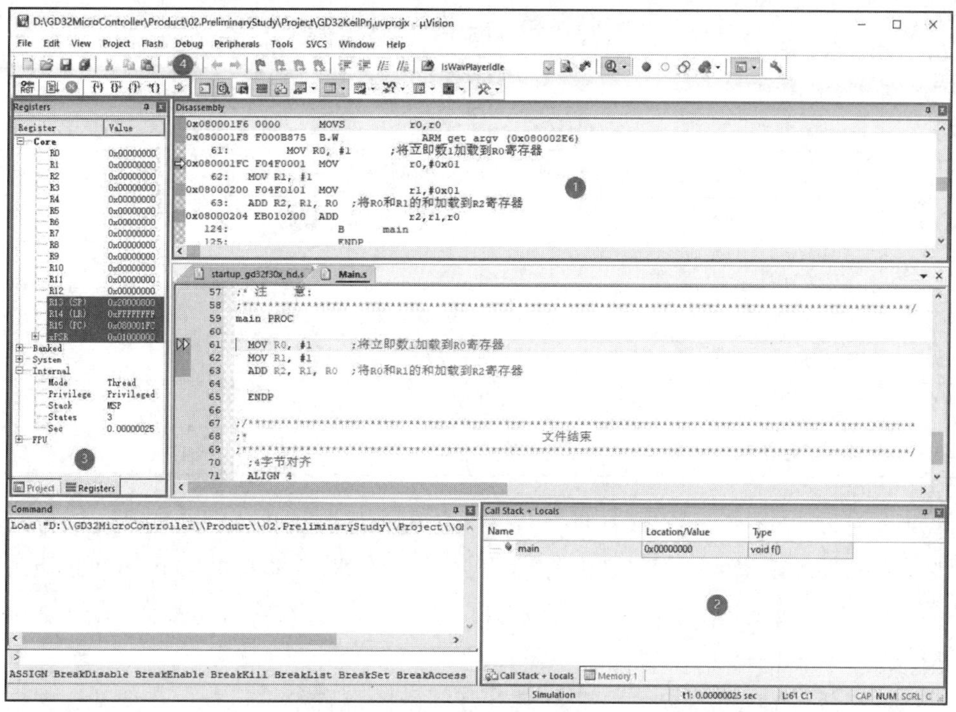

图 4-10 调试后主界面

③ Registers 窗口包含了各个工作寄存器名称及对应的值。通过 Registers 窗口可以在逐步执行代码时查看工作寄存器值的变化，验证各个指令的功能及执行情况。Registers 窗口如图 4-11 所示。如果误关闭相应窗口，可以单击菜单栏 View 并在弹出菜单中单击 Registers Window 打开。

④ Keil5 的主要调试按钮如图 4-12 所示，各个按钮的作用如表 4-3 所示。

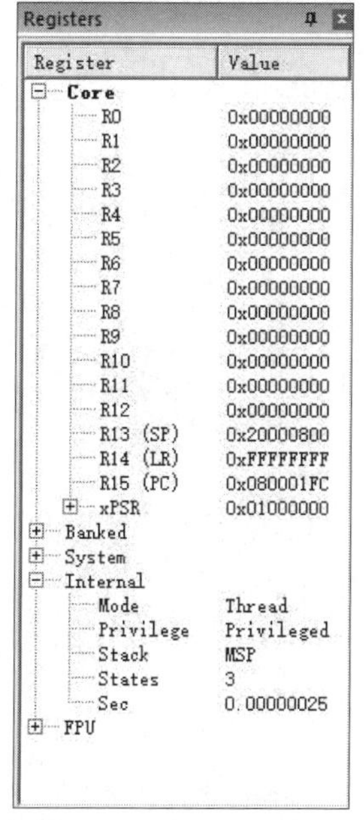

图 4-11 Registers 窗口

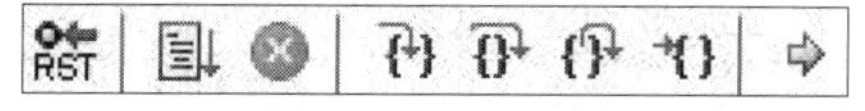

图 4-12 调试按钮

表 4-3 调试按钮作用

符号	名称	作用
	Reset	复位程序
	Run	运行程序直到遇到断点
	Stop	停止运行程序(只有程序运行时该选项才被激活)
	Step	运行到下一步(若当前行代码为函数调用则进入该函数)
	Step Over	运行到下一行代码
	Step Out	运行完当前函数
	Run to Cursor Line	运行到光标处
	Show Next Statement	视图移动至当前代码

通过上述功能即可完成对工程的软件仿真，但当需要调试工程中的某一段特定代码时，直接单击 Run 按钮很容易跳过需要调试的代码，可通过 Step 和 Step Over 按钮进行单步调试，逐步运行至目标代码，但效率较低，此时可以通过设置断点来使程序快速运行至待调试的代码。

断点是调试器的功能之一，可以让程序在断点的位置暂停运行。在调试过程中，若先在程序的某一行代码前设置断点，再单击 Run 按钮运行程序，则当程序运行至该行代码时将自动暂停。

在工程仿真时，代码编辑区域如图 4-13 所示。其中，框选的部分为工程需要执行的代码，框中的蓝色箭头(从左往右第一个)和黄色箭头(从左往右第二个)分别代表当前光标所在行和下一步执行的代码。左侧灰色阴影区域为可设置断点的代码行，单击相应灰色阴影区域即可在该行代码前设置断点，阴影区域上出现红色圆点表示断点设置成功，如图 4-14 所示。此时单击 Run 按钮，程序将运行至断点所在代码行时自动暂停，即黄色箭头指向该行代码。

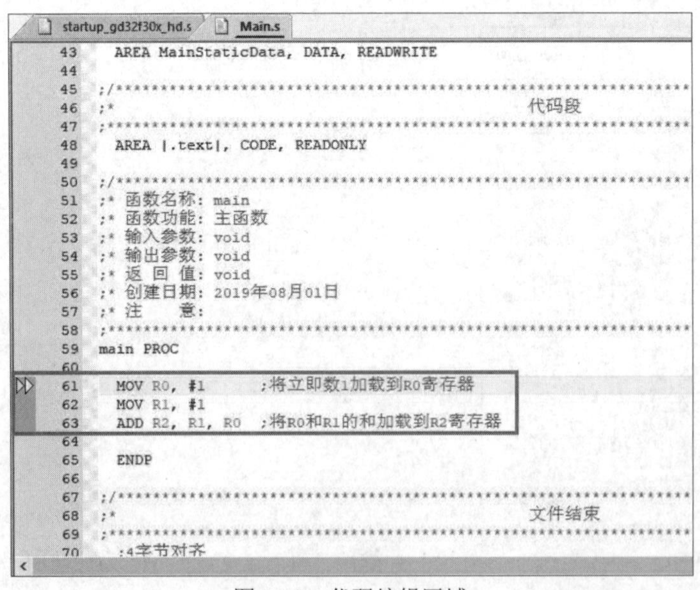

图 4-13 代码编辑区域

```
startup_gd32f30x_hd.s   Main.s
43     AREA MainStaticData, DATA, READWRITE
44
45   ;/*************************************************************
46   ;*                                              代码段
47   ;*************************************************************
48     AREA |.text|, CODE, READONLY
49
50   ;/*************************************************************
51   ;* 函数名称: main
52   ;* 函数功能: 主函数
53   ;* 输入参数: void
54   ;* 输出参数: void
55   ;* 返 回 值: void
56   ;* 创建日期: 2019年08月01日
57   ;* 注    意:
58   ;*************************************************************
59   main PROC
60
61     MOV R0, #1       ;将立即数1加载到R0寄存器
62     MOV R1, #1
63     ADD R2, R1, R0   ;将R0和R1的和加载到R2寄存器
64
65     ENDP
66
67   ;/*************************************************************
68   ;*                                              文件结束
69   ;*************************************************************
70     ;4字节对齐
```

图 4-14　断点设置

通过上述步骤运行代码后，查看Registers窗口中寄存器的值，即可验证代码的功能。

4.3 实验步骤与代码解析

步骤 1：复制并完善原始工程

首先，将 D:\GD32MicroController\Material\02.PreliminaryStudy 文件夹复制到 D:\GD32MicroController\Product 文件夹中。然后，双击运行 D:\GD32MicroController\Product\02.PreliminaryStudy\Project 文件夹中的 GD32KeilPrj.uvprojx。最后，打开 App 分组下的 Main.s 文件，在 main 函数中添加如程序清单 4-14 所示的第 3 至 5 行代码。

程序清单 4-14

```
1.  main PROC
2.
3.    MOV R0, #1        ;将立即数 1 加载到 R0 寄存器中
4.    MOV R1, #1
5.    ADD R2, R1, R0   ;将 R0 和 R1 的和加载到 R2 寄存器中
6.
7.    ENDP
```

步骤 2：程序仿真

代码添加完成后，单击按钮进行编译。编译结束后，在 Build Output 栏中出现 0 Error(s), 0 Warning(s)，表示编译成功。然后单击工具栏中的按钮开始仿真。由于工程的仿真配置选项中默认勾选了 Run to main()选项，因此在仿真时程序将直接运行至 main

函数中，即黄色箭头指向 main 函数中的第一行代码，表示下一步将运行该行代码，如图 4-15 所示。

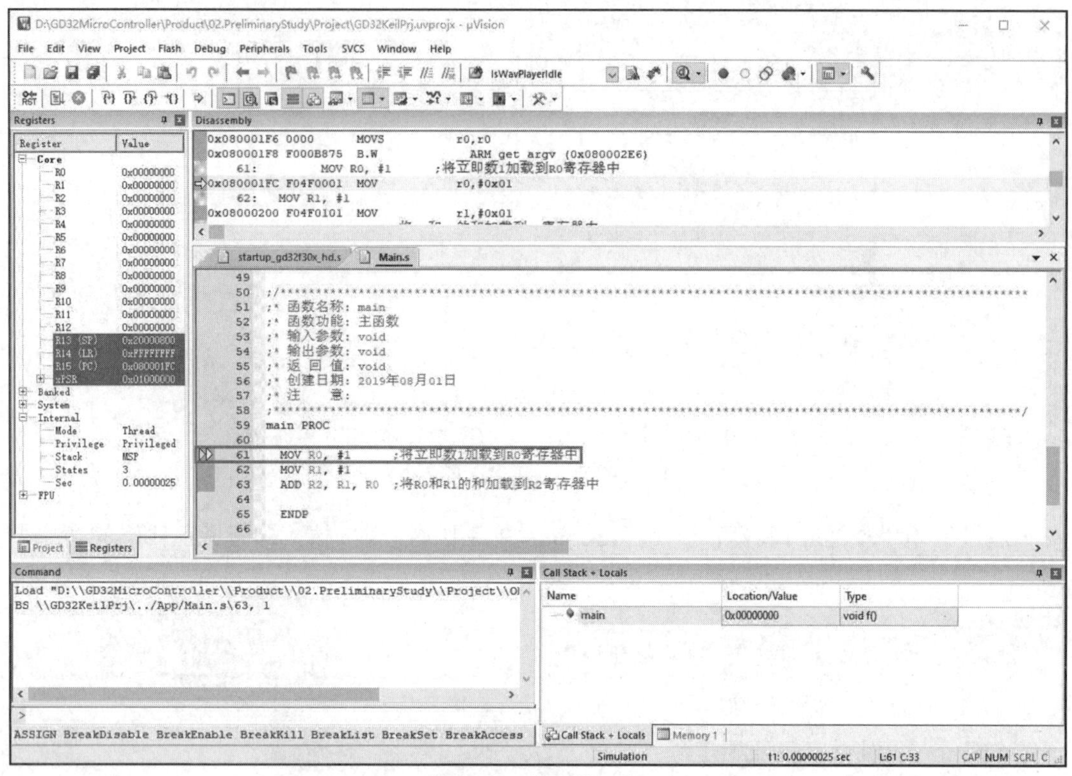

图 4-15 仿真第 1 步

单击单步调试按钮 运行 main 函数中的第一行代码(即图 4-16 中的第 61 行代码)，该行代码用于将立即数 1 加载到 R0 寄存器中。该行代码运行结束后，可以观察到 Registers 窗口中的 R0 寄存器的值由 0x00000000 变为 0x00000001，且黄色箭头指向下一行代码(即第 62 行代码)，这表示已成功验证代码功能。

继续单击 按钮运行第 62 行代码，该行代码的功能是将立即数 1 加载到 R1 寄存器中。该行代码运行结束后，可以观察到 Registers 窗口中的 R1 寄存器中的值由 0x00000000 变为 0x00000001，且黄色箭头指向下一行代码(即第 63 行代码)，如图 4-17 所示，这表示已成功验证代码功能。

再次单击 按钮运行第 63 行代码，该行代码的功能是将 R0 和 R1 寄存器中的值之和加载到 R2 寄存器中。该行代码运行结束后，可以观察到 Registers 窗口中的 R2 寄存器中的值由 0x00000000 变为 0x00000002，如图 4-18 所示，这表示已成功验证代码功能。由于执行完第 63 行代码后，main 函数执行完毕，此时，黄色箭头将指向启动文件中的复位中断处。若再次单击 按钮，将执行“B main”，重新进入 main 函数。注意，若工程的仿真配置选项中没有勾选 Run to main()选项，则在编译通过后单击 按钮仿真时，程序也将停在启动文件中的复位中断处，即表示下一步将运行图 4-18 中的第 124 行代码。

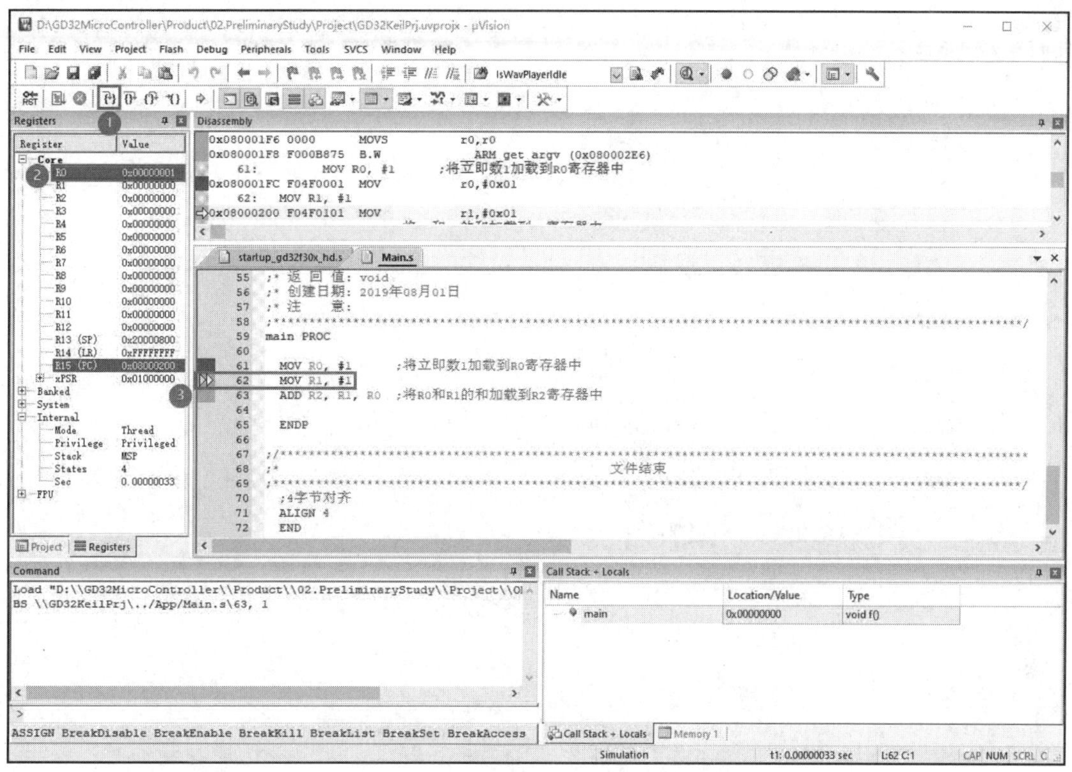

图 4-16　仿真第 2 步

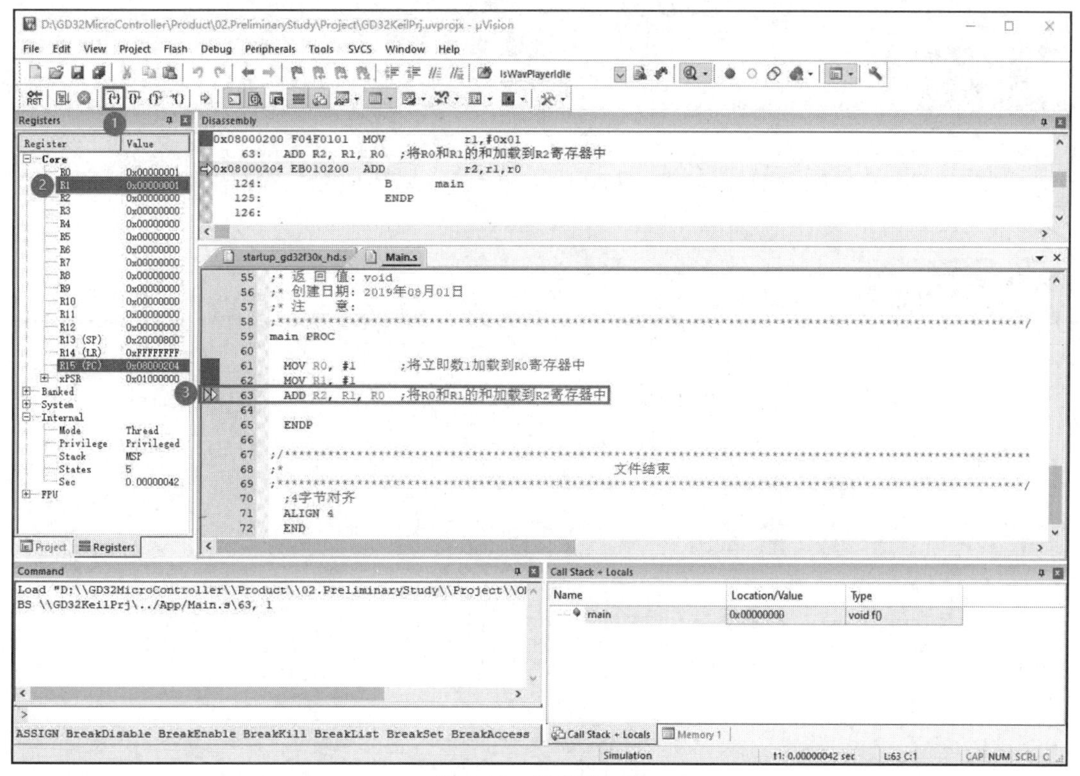

图 4-17　仿真第 3 步

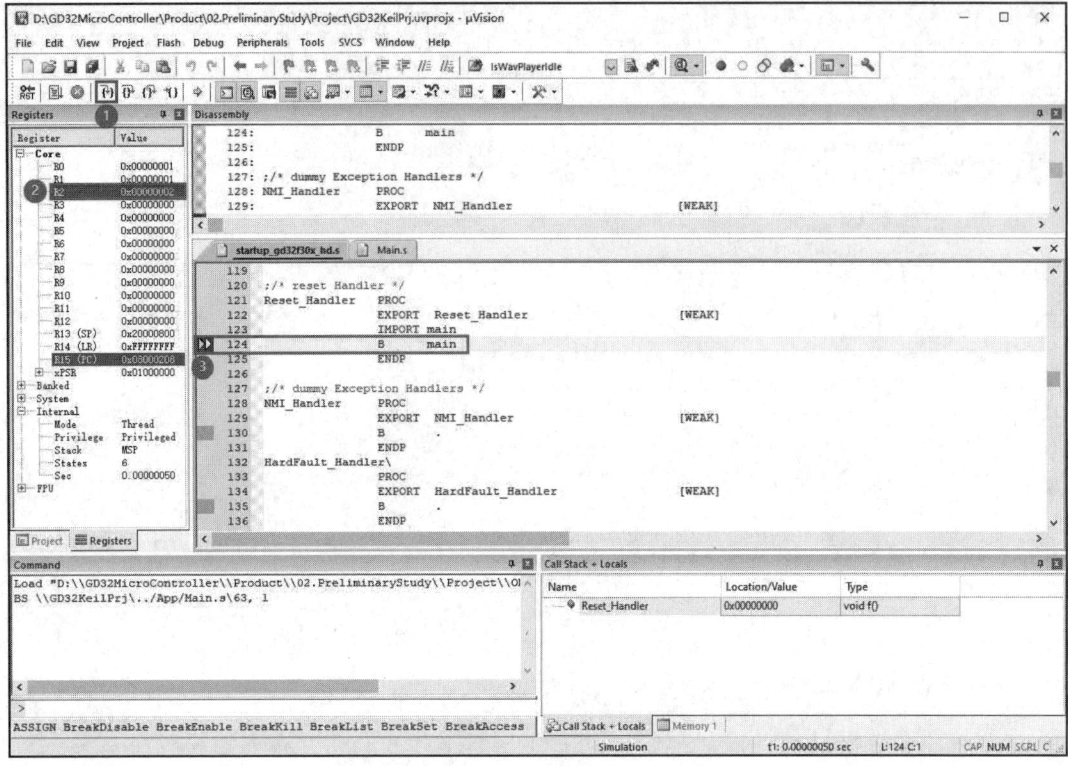

图 4-18　仿真第 4 步

本章任务

熟悉 Keil 5 软件的界面和功能，掌握工程中一些常用选项配置的作用和仿真方法。

本章习题

1. 简述汇编源程序中各个段的作用。
2. 工作寄存器 R0～R15 的作用分别是什么？
3. 启动文件的作用是什么？其中包含哪些内容？
4. 简述通过 Keil 5 进行软件仿真和硬件调试的流程。

第 5 章

数据处理实验

第 4 章介绍了汇编源文件的基本结构及汇编语言的基本语法，本章将介绍汇编语言的最基本指令的语法和作用，包括数据传送指令、加减乘除等运算指令和移位逻辑指令，并介绍工程中的语句通过编译器生成的相应机器码的编码方式。通过本章的学习，读者将掌握汇编语言指令处理数据的方法，以及语句与机器码的转换。

5.1 实验内容

通过仿真验证数据传送指令、运算指令和移位逻辑指令的用法和功能。

5.2 实验原理

5.2.1 数据传送指令

1. MOV 指令

MOV 指令用于将源操作数的值赋给目的操作数，格式如程序清单 5-1 所示。指令的目的操作数只能是寄存器，而源操作数可以是寄存器或立即数。

当源操作数为立即数时，目的操作数不可是 SP、PC 或状态寄存器等特殊寄存器，并且源操作数应在 0～0xFFFF 范围内或为有效立即数。有效立即数的范围参见 5.2.5 节中的 MOV Rd,#const。

当源操作数为寄存器时，目的操作数和源操作数不可为 PC 或状态寄存器，且不可同时为 SP 寄存器。

MOV 指令可以通过加上 S 后缀影响 APSR 寄存器中的 N、C、Z 标志位，APSR 寄存器的说明如表 5-1 所示。

程序清单 5-1

```
MOV Rd,Rn/#num
```

2. MRS 和 MSR 指令

MRS 和 MSR 指令的作用与 MOV 指令相同：将源操作数的值赋给目的操作数，格式如程序清单 5-2 所示。不同之处在于，MRS 指令的源寄存器仅允许为特殊寄存器，目的寄存器仅允许为 R0～R12 等寄存器，即 MRS 只用于将特殊寄存器的值加载到工作寄存器。MSR 指令则与 MRS 相反，只用于将工作寄存器的值加载到特殊寄存器。可作为这两个指令操作数的特殊寄存器如表 5-1 所示。

MRS 和 MSR 指令可以访问特殊寄存器，但由于特殊寄存器比较重要，误修改可能会导致程序出错甚至崩溃。Cortex-M3 和 Cortex-M4 处理器具有两种操作级别：用户级和特权级。特权级操作可以访问所有特殊寄存器，用户级操作可以读取所有特殊寄存器，但只能修改 APSR 寄存器的值。运行中断或异常服务程序时操作级别为特权级，运行普通程序时操作级别为特权级或用户级。CONTROL 寄存器最低位表示当前操作级别，0 表示特权级，1 表示用户级。

程序清单 5-2

```
MRS Rd,Rn
MSR Rd,Rn
```

表 5-1 特殊寄存器

特殊寄存器	描述
APSR	保存应用程序状态标志位
IAPSR	IPSR 和 APSR 寄存器的组合
EAPSR	EPSR 和 APSR 寄存器的组合
XPSR	IPSR、EPSR 和 APSR 寄存器的组合
IPSR	保存中断程序状态标志位
EPSR	保存中断程序状态标志位
IEPSR	IPSR 和 EPSR 寄存器的组合
MSP	保存主栈指针
PSP	保存进程栈指针
PRIMASK	屏蔽除 NMI 和 HardFault 外的所有可屏蔽中断的异常
BASEPRI	屏蔽相应优先级以下的中断
BASEPRI_MAX	等效于 BASEPRI，但新写入的值必须比当前寄存器中的值小
FAULTMASK	屏蔽除 NMI 外的所有可屏蔽中断的异常
CONTROL	保存堆栈选择及特权等级

3. MOVT 指令

MOVT 指令用于将源操作数赋给目的操作数的高 16 位，而低 16 位保持不变，格式如程序清单 5-3 所示。MOVT 指令的目的操作数仅允许为 R0～R12、LR 等寄存器，源操作数仅允许在 0～0xFFFF 范围内。

程序清单 5-3

```
MOVT Rd,#num
```

综上所述，要将 32 位任意立即数加载到寄存器，可先通过 MOV 指令将立即数的低 16 位加载到寄存器，再通过 MOVT 将高 16 位加载到寄存器。在第 7 章将介绍通过伪指令将 32 位任意立即数直接加载到寄存器中。

5.2.2 基本运算指令

1. ADD 和 ADC 指令

ADD 和 ADC 指令用于加法运算，格式如程序清单 5-4 所示。当源操作数仅有 1 个时，指令的作用是将源操作数和目的操作数的和赋值给目的操作数；当源操作数有两个时，对两个源操作数求和后赋给目的操作数。

程序清单 5-4

```
ADD/ADC Rd,Rn
ADD/ADC Rd,#num
ADD/ADC Rd,Rn,Rm
ADD/ADC Rd,Rn,#num
```

ADD 和 ADC 指令的区别在于，ADC 指令完成操作数的求和并赋值给目的操作数后，会使目的操作数加上进位标志位，即当进位标志位为 1 时，ADC 指令的结果等于 ADD 指令的结果加 1。

ADD 指令在特殊条件下可以使用 SP 和 PC 寄存器作为操作数，但不建议对这两个寄存器进行操作，避免程序出错。ADC 指令不可使用 SP 和 PC 寄存器作为操作数。若使用立即数作为操作数，则其范围应在 0～0xFFF 内。

ADD 和 ADC 指令可以通过加上 S 后缀影响 APSR 寄存器中的 N、Z、C、V 标志位。

2. SUB 和 SBC 指令

SUB 和 SBC 指令用于减法运算，格式与 ADD 指令相同。当源操作数仅有 1 个时，指令的作用是将目的操作数减去源操作数的差赋值给目的操作数；当源操作数有两个时，将第 1 源操作数减去第 2 源操作数的差赋值给目的操作数。

SUB 和 SBC 指令的区别与 ADD 和 ADC 指令类似，SBC 指令完成操作数的求差并赋给目的操作数后，会使目的操作数减去进位标志位的取反值，即当进位标志位为 0 时，SBC 指令的结果等于 SUB 指令的结果减 1；当进位标志位为 1 时，SBC 指令的结果与 SUB 指令相同。

3. MUL 指令

MUL 指令用于乘法运算，格式如程序清单 5-5 所示。当源操作数仅有 1 个时，指令的作用是将源操作数乘以目的操作数的积赋值给目的操作数；当源操作数有两个时，将两个源操作数的乘积赋值给目的操作数。

程序清单 5-5

```
MUL Rd,Rn
MUL Rd,Rn,Rm
```

MUL 指令的操作数只能是 R0～R12 及 LR 寄存器。当乘积结果超过 32 位时，将结果的低 32 位赋值给目的操作数。

MUL 指令可以通过加上 S 后缀影响 APSR 寄存器中的 N、Z 标志位。

4. SDIV 和 UDIV 指令

SDIV 和 UDIV 指令用于除法运算，格式与 MUL 指令相同。当源操作数仅有 1 个时，指令的作用是将目的操作数除以源操作数的商赋值给目的操作数；当源操作数有两个时，将第1源操作数除以第2源操作数的商赋值给目的操作数。

SDIV和UDIV指令的操作数只能是R0～R12及LR寄存器，两个指令的区别在于：SDIV指令将作为操作数的寄存器值视为32位有符号整数，UDIV指令将其视为无符号整数。

5.2.3 逻辑运算指令

逻辑运算指令除了AND(与)、ORR(或)、MVN(非)等最基本的逻辑运算外，还有BIC(非与)、ORN(或非)、EOR(异或)等。AND指令的格式如程序清单5-6所示，大部分逻辑运算指令的格式与此相同。当源操作数仅有1个时，指令的作用是将目的操作数与源操作数进行相应逻辑运算后的结果赋值给目的操作数；当源操作数有两个时，将两个源操作数进行相应逻辑运算后得到的结果赋值给目的操作数。MVN指令与大部分指令不同，仅有程序清单5-6所示的前两种格式，其作用是将源操作数取反的结果赋值给目的操作数。

程序清单5-6

```
AND Rd,Rn
AND Rd,#num
AND Rd,Rn,Rm
AND Rd,Rn,#num
```

逻辑运算指令的操作数不能为SP、PC寄存器及标志寄存器，并且当源操作数为立即数时，立即数应是有效立即数。

上述逻辑运算指令都可以通过加上S后缀影响APSR寄存器中的N、Z、C标志位。

5.2.4 移位运算指令

1. ASR指令

ASR指令用于算术右移运算，格式如程序清单5-7所示，作用如图5-1(a)所示。当源操作数仅有1个时，指令将目的操作数右移源操作数的值对应的位数并用符号位填充空位；当源操作数有两个时，将第1源操作数右移第2操作数的值对应的位数并用符号位填充空位，最后将结果赋值给目的操作数。

程序清单5-7

```
ASR Rd,Rn
ASR Rd,#num
ASR Rd,Rn,Rm
ASR Rd,Rn,#num
```

当操作数为寄存器时，只能为R0～R12及LR寄存器。当操作数为立即数时，立即数应在1～32范围内。

ASR指令可以通过加上S后缀影响APSR寄存器中的N、Z、C标志位，并且此时该指令的作用如图 5-1(b)所示。

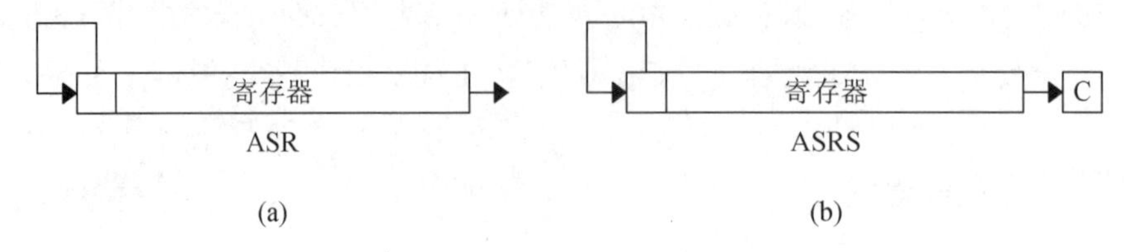

图 5-1　ASR 指令

例如，当 Rd 为 R0 的值 0x12345678 时，ASR R0,#4 语句执行后，R0 的值为 0x01234567，其移位过程如图 5-2 所示。

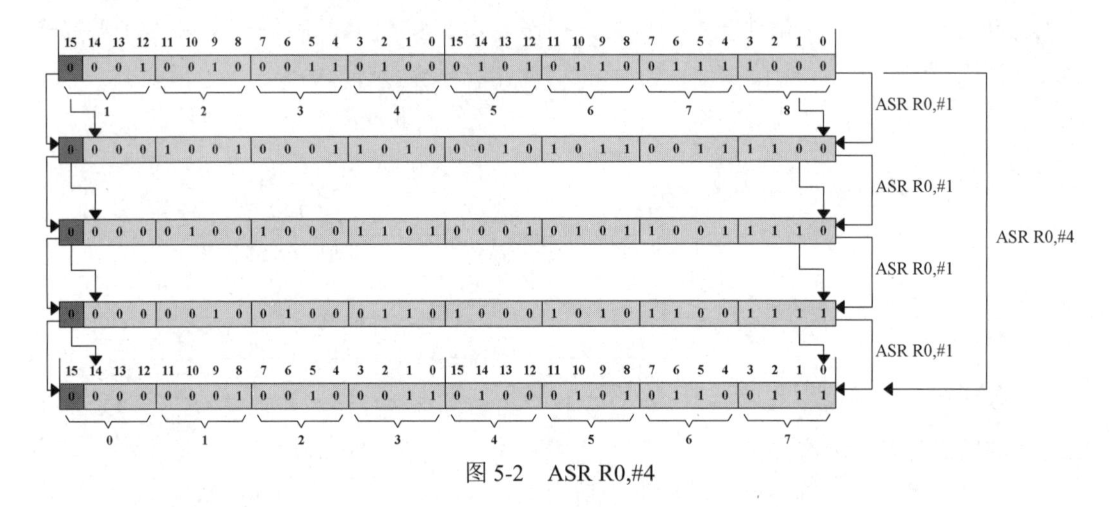

图 5-2　ASR R0,#4

2. LSL 和 LSR 指令

LSL 和 LSR 指令分别用于逻辑左移运算和逻辑右移运算，格式与 ASR 指令相同。这两个指令的作用如图 5-3(a)所示。当源操作数仅有 1 个时，指令用于将目的操作数左移/右移源操作数的值对应的位数并用 0 填充空位；当源操作数有两个时，将第 1 源操作数左移/右移第 2 操作数的值对应的位数并用 0 填充空位，最后将结果赋值给目的操作数。

当操作数为寄存器时，只能为 R0～R12 及 LR 寄存器。当操作数为立即数时，LSL 指令的立即数应在 0～31 范围内，LSR 指令的立即数应在 1～32 范围内。

LSL 和 LSR 指令可以通过加上 S 后缀影响 APSR 寄存器中的 N、Z、C 标志位，此时指令作用如图 5-3(b)所示。

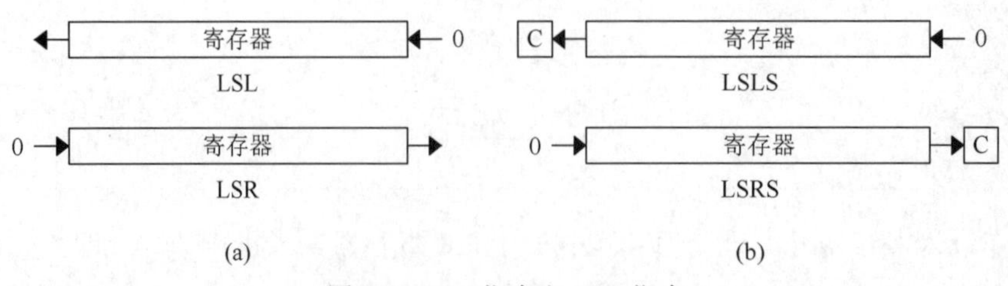

图 5-3　LSL 指令和 LSR 指令

以LSL R0,#3为例，当R0的值为0x12345678时，语句执行后，R0的值为0x91A2B3C0，其移位过程如图5-4所示。

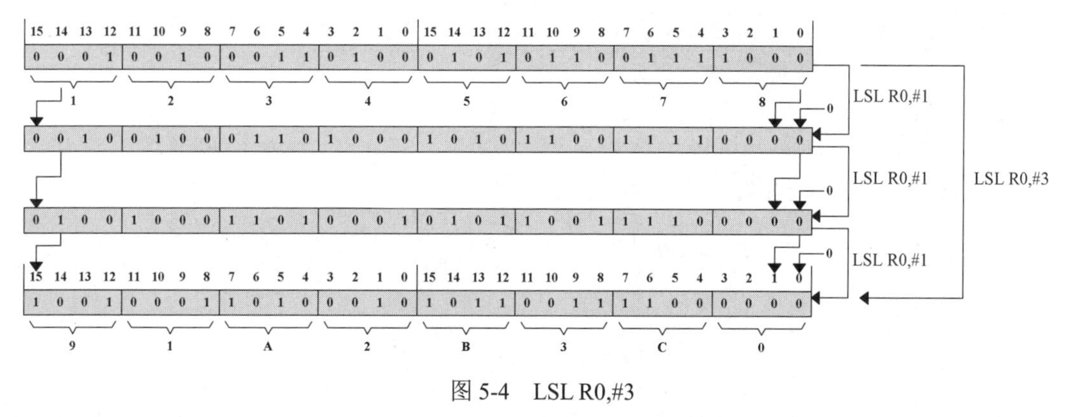

图 5-4　LSL R0,#3

3. ROR 指令

ROR指令用于循环右移运算，格式与ASR指令相同，作用如图5-5(a)所示。当源操作数仅有1个时，指令用于将目的操作数循环右移源操作数的值对应的位数。当源操作数有两个时，将第1源操作数循环右移第2源操作数的值对应的位数后，将结果赋给目的操作数。

通过 ROR 指令使操作数右移时，每次右移后最左边的空位由最右边被移出的位填充。当操作数为寄存器时，只能为R0～R12及LR寄存器。当操作数为立即数时，立即数应在1～31范围内。

ROR指令可以通过加上S后缀影响APSR寄存器中的N、Z、C标志位，此时该指令作用如图5-5(b)所示。

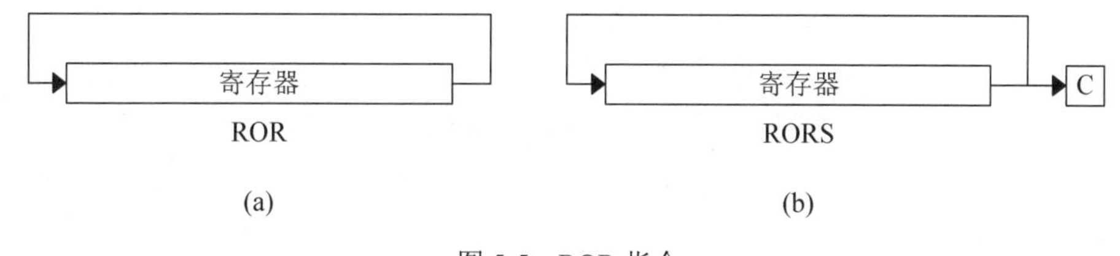

图 5-5　ROR 指令

以 ROR R0,#3 为例，当 R0 的值为 0x12345678 时，语句执行后，R0 的值为0x81234567，其移位过程如图5-6所示。

4. RRX 指令

RRX 指令的用于将源操作数的值右移 1 位，并用进位标志位填补空位，格式如程序清单5-8所示，作用如图5-7(a)所示。

RRX指令的作用与ROR指令类似，但将进位标志位并在最低位进行右移，并且指令的操作数只能为R0～R12及LR寄存器。

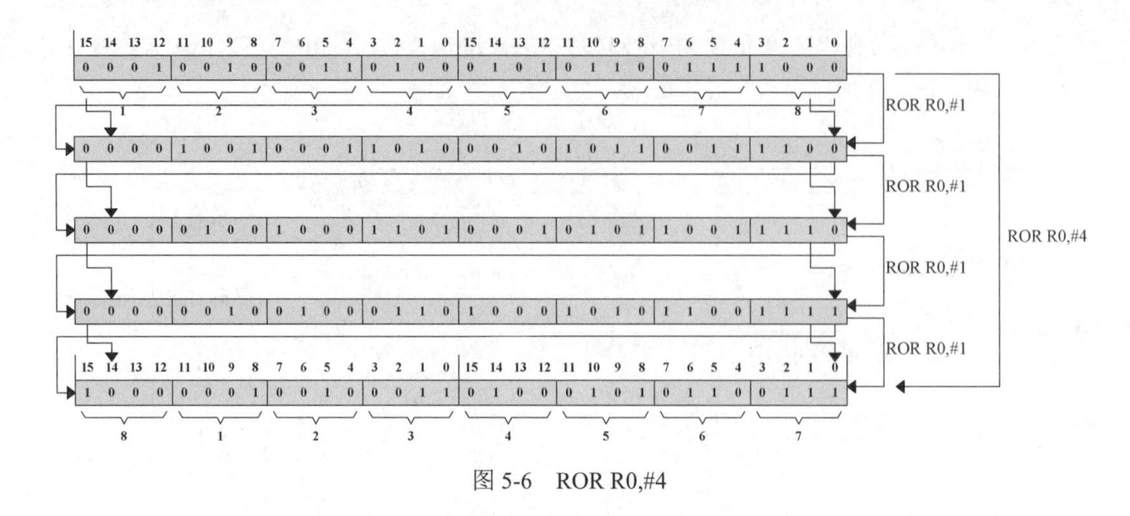

图 5-6　ROR R0,#4

RRX 指令可以通过加上 S 后缀影响 APSR 寄存器中的 N、Z、C 标志位，此时该指令的作用如图 5-7(b)所示。

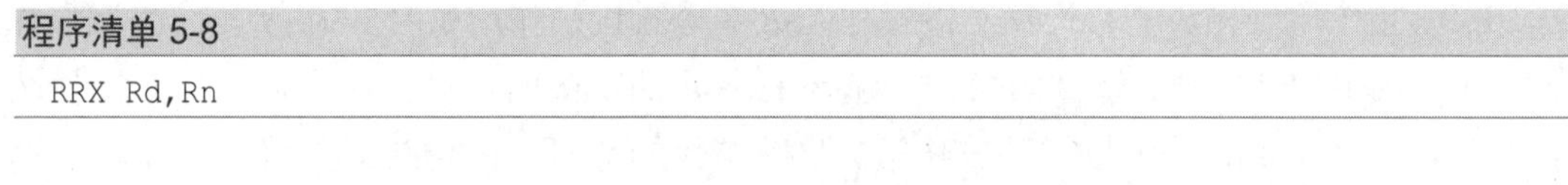

程序清单 5-8

```
RRX Rd,Rn
```

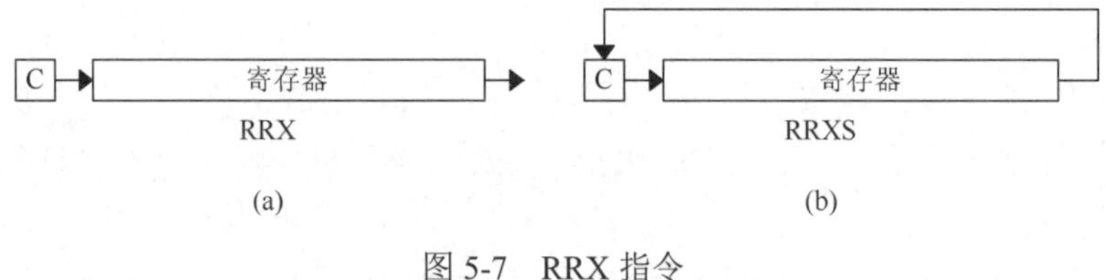

图 5-7　RRX 指令

以 RRX R0,R1 为例，当 R1 的值为 0x12345678，C 标志位为 1 时，语句执行后，R0 的值为 0x891A2B3C，其移位过程如图 5-8 所示。

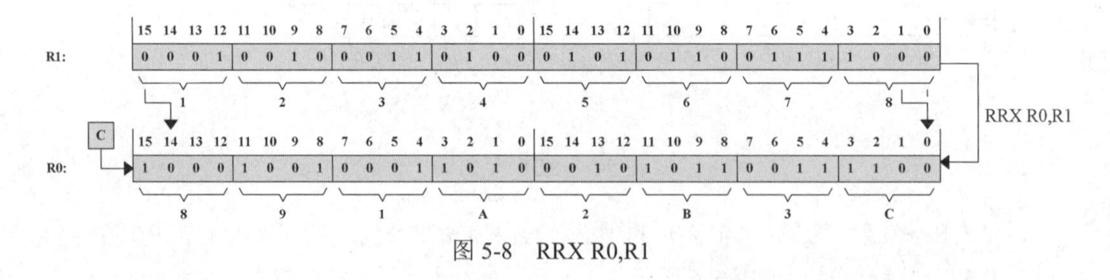

图 5-8　RRX R0,R1

5.2.5　机器码

由于微控制器只能识别二进制机器语言编写的机器码，因此无论是通过 C 语言还是汇编语言编写的程序，最终都要转化为机器码，再将机器码写入到微控制器中执行。16 位、32 位指令指的就是编译后形成 16 位、32 位机器码的指令。

Cortex-M4 内核只支持 Thumb-2 指令集。与 ARM 指令集和 Thumb 指令集不同的是，

Thumb-2 指令集支持 16 位和 32 位指令共存，因此处理器需要明确指令是 16 位还是 32 位。处理器从程序流中获取 16 位数据后，首先判断高 5 位(即[15:11])是否为 11101、11110 或 11111，若是，则表明这是一条 32 位指令，需要再获取 16 位数据组合成 32 位指令。

编译器会根据语句中的指令和参数，通过不同的编码方式对语句进行编码。下面以 MOV 指令形成的机器码为例，介绍汇编语言中指令与机器码的转化关系。该指令通过编译形成机器码，根据操作数的不同，共有 6 种编码方式。

1. MOVS Rd,#imm8

当 MOV 指令的目的寄存器为低寄存器(R0～R7)，并且源操作数是在 0～0xFF 范围内的立即数时，编码方式如图 5-9 所示。其中 15～0 为位编号，灰色区域为对应位的值。此时生成 16 位机器码，Rd 用于表示目的寄存器，imm8 用于表示 8 位立即数。

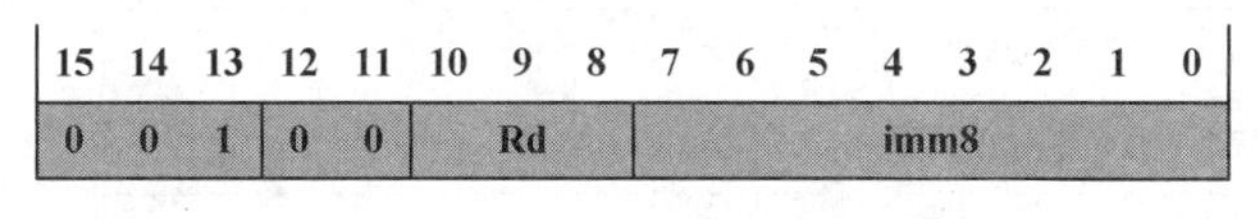

图 5-9　MOV 编码 1

例如，以下语句对应的机器码为 0x2012，如图 5-10 所示。

```
MOVS R0,#0x12
```

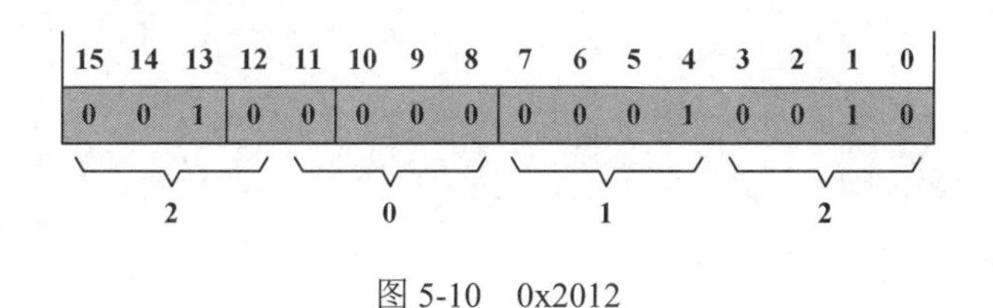

图 5-10　0x2012

2. MOV Rd,#const

当 MOV 指令的源操作数为立即数，且不在 0x0000～0xFFFF 范围内时，编码方式如图 5-11 所示。此时生成 32 位机器码，Rd 用于表示目的寄存器，i、imm3、imm8 用于表示立即数。

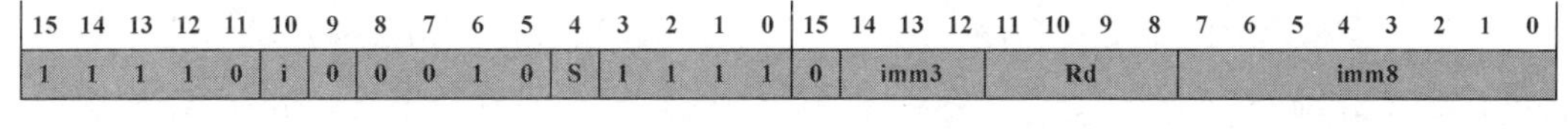

图 5-11　MOV 编码 2

通过 i、imm3、imm8 表示立即数的方法如表 5-2 所示，假设 imm8 为 abcd efgh(8 位二进制数)，*表示此时 abcd efgh 不可为 0000 0000。

表 5-2　立即数编码

i:imm3:a	生成的 32 位立即数			
	[31:24]	[23:16]	[15:8]	[7:0]
0000x	0000 0000	0000 0000	0000 0000	abcd efgh
0001x	0000 0000	abcd efgh	0000 0000	abcd efgh*
0010x	abcd efgh	0000 0000	abcd efgh	0000 0000*
0011x	abcd efgh	abcd efgh	abcd efgh	abcd efgh*
01000	1bcd efgh	0000 0000	0000 0000	0000 0000
01001	01bc defg	h000 0000	0000 0000	0000 0000
01010	001b cdef	gh00 0000	0000 0000	0000 0000
01011	0001 bcde	fgh0 0000	0000 0000	0000 0000
……	……			
11101	0000 0000	0000 0000	0000 01bc	defg h000
11110	0000 0000	0000 0000	0000 001b	cdef gh00
11111	0000 0000	0000 0000	0000 0001	bcde fgh0

例如，以下语句对应的机器码为 0xF04F30FF，如图 5-12 所示。

```
MOV R0,#0xFFFFFFFF
```

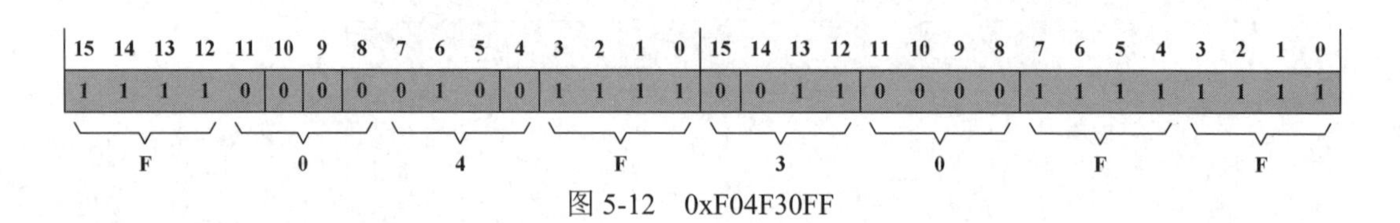

图 5-12　0xF04F30FF

3. MOV Rd,#imm16

当 MOV 指令的源操作数是在 0x0100～0xFFFF 范围内的立即数，或目的寄存器为高寄存器时，编码方式如图 5-13 所示。此时生成 32 位机器码，Rd 用于表示目的寄存器，imm4、i、imm3、imm8 用于表示 16 位立即数。当指令对应的机器码同时可以使用编码 2 和编码 3 生成时，编译器优先使用编码 2。

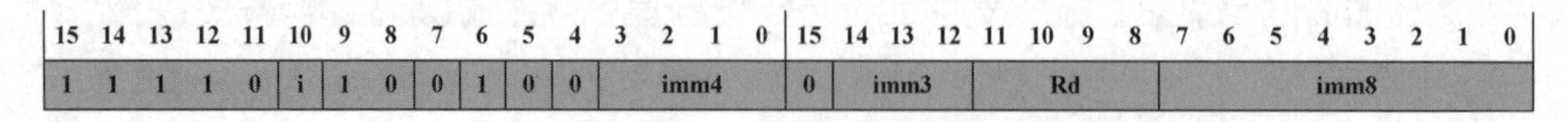

图 5-13　MOV 编码 3

例如，以下语句对应的机器码为 0xF2401023，如图 5-14 所示。

```
MOV R0,#0x123
```

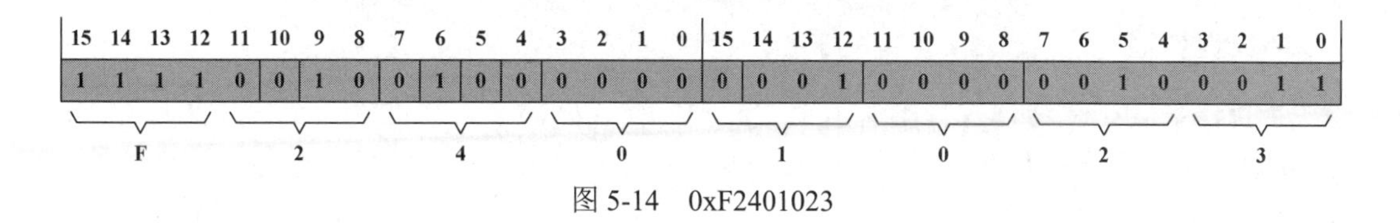

图 5-14　0xF2401023

4. MOV Rd,Rm

当 MOV 指令未添加 S 后缀，并且操作数都为寄存器时，编码方式如图 5-15 所示。此时生成 16 位机器码，D、Rd 用于表示目的寄存器，Rm 用于表示源寄存器。

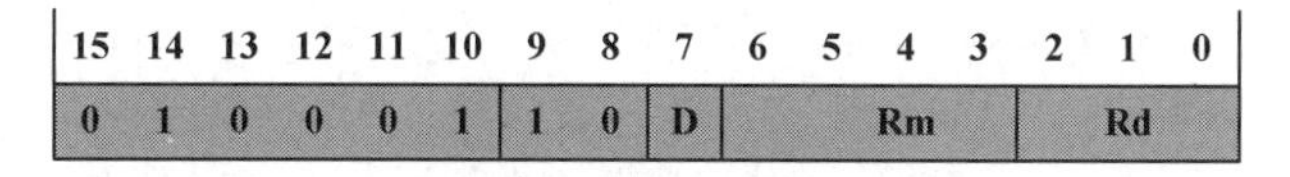

图 5-15　MOV 编码 4

例如，以下语句对应的机器码为 0x4608，如图 5-16 所示。

```
MOV R0,R1
```

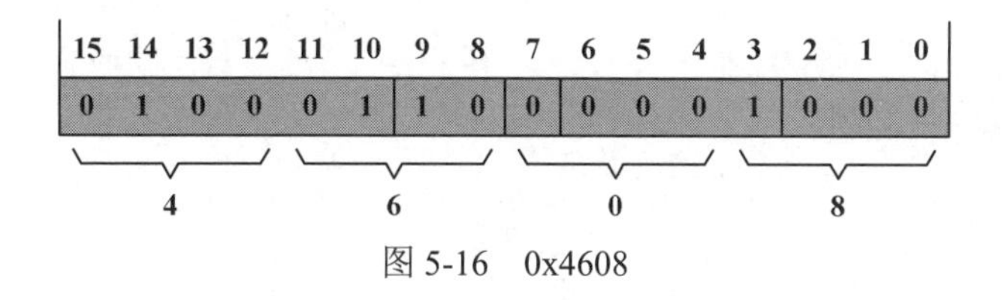

图 5-16　0x4608

5. MOVS Rd,Rm

当 MOV 指令添加 S 后缀，并且操作数为 R0～R7 时，编码方式如图 5-17 所示，此时生成 16 位机器码，Rd 用于表示目的寄存器，Rm 用于表示源寄存器。

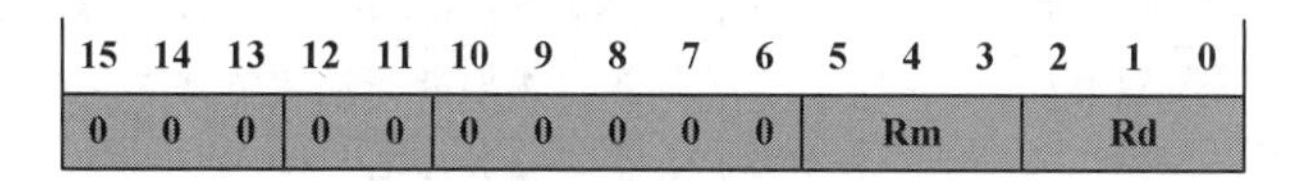

图 5-17　MOV 编码 5

例如，以下语句对应的机器码为 0x0008，如图 5-18 所示。

```
MOVS R0,R1
```

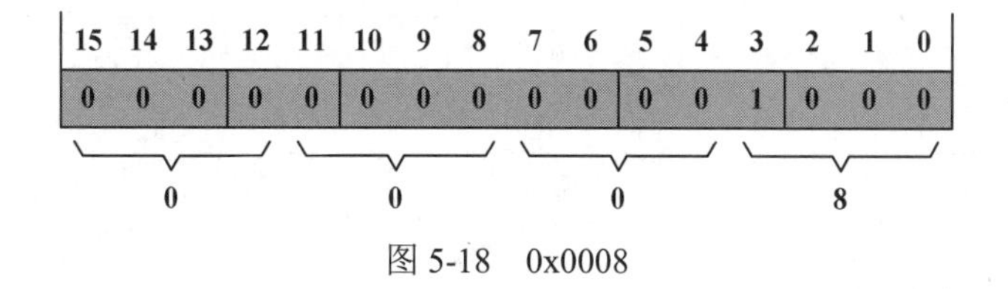

图 5-18　0x0008

6. 其他情况

当操作数为寄存器，并且不属于上述两种情况或添加.W 后缀时，MOV 指令编码方式如图 5-19 所示。此时生成 32 位机器码，.W 后缀强制使指令使用 32 位编码，而.N 后缀强制使指令使用 16 位编码。

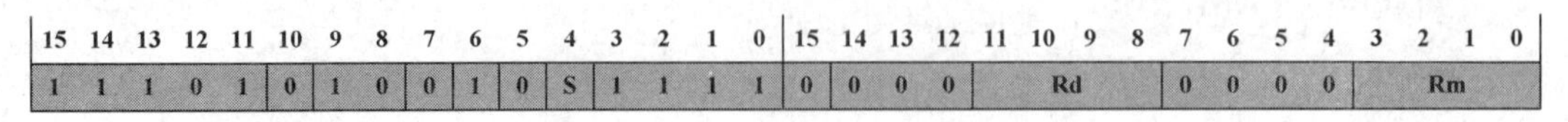

图 5-19　MOV 编码 6

例如，以下语句对应的机器码为 0xEA5F0801，如图 5-20 所示。

```
MOVS R8,R1
```

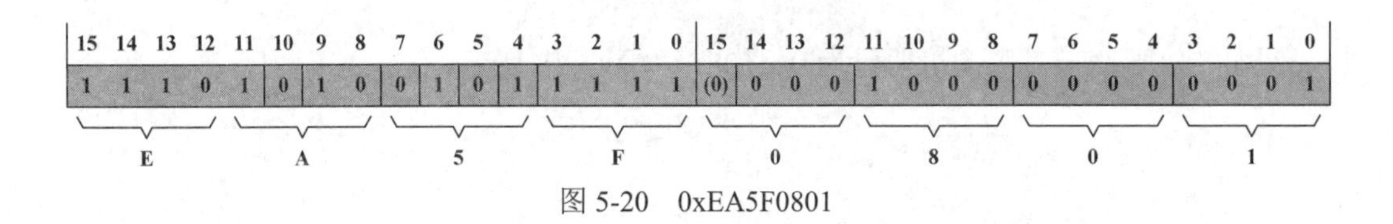

图 5-20　0xEA5F0801

5.2.6　本章指令汇总

本章指令如表 5-3～表 5-6 所示。

表 5-3　数据传送指令

指令	操作数	功能
MOV	Rd,Rn Rd,#num	将数据加载至寄存器
MRS	Rd,Rn	将特殊寄存器的值加载至通用寄存器
MSR	Rd,Rn	将通用寄存器的值加载至特殊寄存器
MOVT	Rd,#num	将数据加载至寄存器高 16 位

表 5-4　基本运算指令

指令	操作数	功能
ADD	Rd,Rn Rd,#num Rd,Rn,Rm Rd,Rn,#num	加法
ADC		带进位加法
SUB		减法
SBC		带借位减法
MUL	Rd,Rn{,Rm}	乘法
SDIV	Rd,Rn{,Rm}	有符号除法
UDIV	Rd,Rn{,Rm}	无符号除法

表 5-5 逻辑运算指令

指令	操作数	功能
AND	Rd,Rn Rd,#num Rd,Rn,Rm Rd,Rn,#num	与
ORR		或
MVN		非
BIC		非与
ORN		或非
EOR		异或

表 5-6 移位运算指令

指令	操作数	功能
ASR	Rd,Rn Rd,#num Rd,Rn,Rm Rd,Rn,#num	算术右移
LSL		逻辑左移
LSR		逻辑右移
ROR		循环右移
RRX	Rd,Rn	带进位右移

5.3 实验步骤与代码解析

步骤 1：复制并完善原始工程

首先，将 D:\GD32MicroController\Material\03.DataProcess 文件夹复制到 D:\GD32MicroController\Product 文件夹中。然后，双击运行 D:\GD32MicroController\Product\03.DataProcess\Project 文件夹中的 GD32KeilPrj.uvprojx。最后，打开 App 分组下的 Main.s 文件，在 main 函数中添加如程序清单 5-9 所示的第 3 至 55 行代码。

程序清单 5-9

```
1.   main PROC
2.
3.     ;数据传送指令测试
4.     MOVS R0, #0x12          ;将立即数加载到 R0 寄存器中，并按照结果修改 APSR 寄存器中的标志位
5.     MOV  R1, #0xFFFFFFFF    ;将立即数加载到 R1 寄存器中
6.     MOV  R2, #0x123         ;将立即数加载到 R2 寄存器中
7.
8.     MRS  R4, APSR           ;将 APSR 寄存器的值加载到 R4 寄存器中
9.     MSR  APSR, R1           ;将 R1 寄存器的值加载到 APSR 寄存器中
10.    MRS  R5, APSR           ;将 APSR 寄存器的值加载到 R5 寄存器中
11.
```

```
12.    MOVT R6, #1            ;将立即数 1 加载到 R6 寄存器的高 16 位
13.
14.
15.    ;基本运算指令测试
16.    ;加法运算
17.    ADD  R7, R0, R2        ;不带进位加法
18.    ADC  R8, R0, R2        ;带进位加法
19.
20.    ;减法运算
21.    SUB  R7, R2, R0        ;不带进位减法
22.    SBC  R8, R2, R0        ;带进位减法
23.
24.    ;乘法运算
25.    MUL  R9, R7, R8
26.
27.    ;除法运算
28.    SDIV R10, R9, R1       ;有符号除法
29.    UDIV R11, R9, R7       ;无符号除法
30.
31.
32.    ;逻辑运算指令测试
33.    AND  R4, R2, R0        ;将 R2 和 R0 相与后的结果加载到 R4 寄存器中
34.    ORR  R5, R2, R0        ;将 R2 和 R0 相或后的结果加载到 R5 寄存器中
35.    MVN  R6, R0            ;将 R0 取反后的结果加载到 R6 寄存器中
36.
37.
38.    ;移位运算指令测试
39.    ;算术右移运算
40.    ASR  R7, R2, #2        ;将 R2 算术右移 2 位后的结果加载到 R7 寄存器中
41.    ASRS R8, R2, #2        ;将 R2 算术右移 2 位后的结果加载到 R8 寄存器中，并根据结果更新 N、Z、C
                              标志位
42.
43.    ;逻辑左移和逻辑右移运算
44.    LSL  R4, R1, #3        ;将 R1 逻辑左移 3 位后的结果加载到 R4 寄存器中
45.    LSLS R5, R1, #3        ;将 R1 逻辑左移 3 位后的结果加载到 R5 寄存器中，并根据结果更新 N、Z、C
                              标志位
46.    LSR  R6, R1, #3        ;将 R1 逻辑右移 3 位后的结果加载到 R6 寄存器中
47.    LSRS R7, R1, #3        ;将 R1 逻辑右移 3 位后的结果加载到 R7 寄存器中，并根据结果更新 N、Z、C
                              标志位
48.
```

```
49.     ;循环右移运算
50.     ROR  R8, R2, #2        ;将 R2 循环右移 2 位后的结果加载到 R8 寄存器中
51.     RORS R9, R2, #2        ;将 R2 循环右移 2 位后的结果加载到 R9 寄存器中，并根据结果更新 N、Z、C
                                标志位
52.
53.     ;右移 1 位运算
54.     RRX  R8, R2            ;将 R2 右移 1 位并用进位标志位填补空位后的结果加载到 R8 寄存器中
55.     RRXS R9, R2            ;将 R2 右移 1 位并用进位标志位填补空位后的结果加载到 R9 寄存器中，并根
                                据结果更新 N、Z、C 标志位
56.
57.     ENDP
```

步骤 2：数据传送指令测试

代码添加完成后，单击按钮进行编译。编译结束后，在 Build Output 栏中出现 0 Error(s), 0 Warning(s)，表示编译成功。然后单击工具栏中的按钮开始仿真。

如图 5-21 所示，首先展开 Registers 窗口的 xPSR 寄存器来观察 APSR 寄存器相应位的状态(SPSR 寄存器的位说明可参考图 4-3 和表 4-1)。然后单击按钮依次执行图 5-21 中的第 62 至 64 行代码，这 3 行代码用于将立即数加载到寄存器中。执行完毕后，可通过观察 Registers 窗口中 R0～R2 寄存器的值来验证代码的功能。R0～R2 寄存器中的值与第 62 至 64 行代码中的立即数值相等，即表示 MOV 指令的功能验证成功。

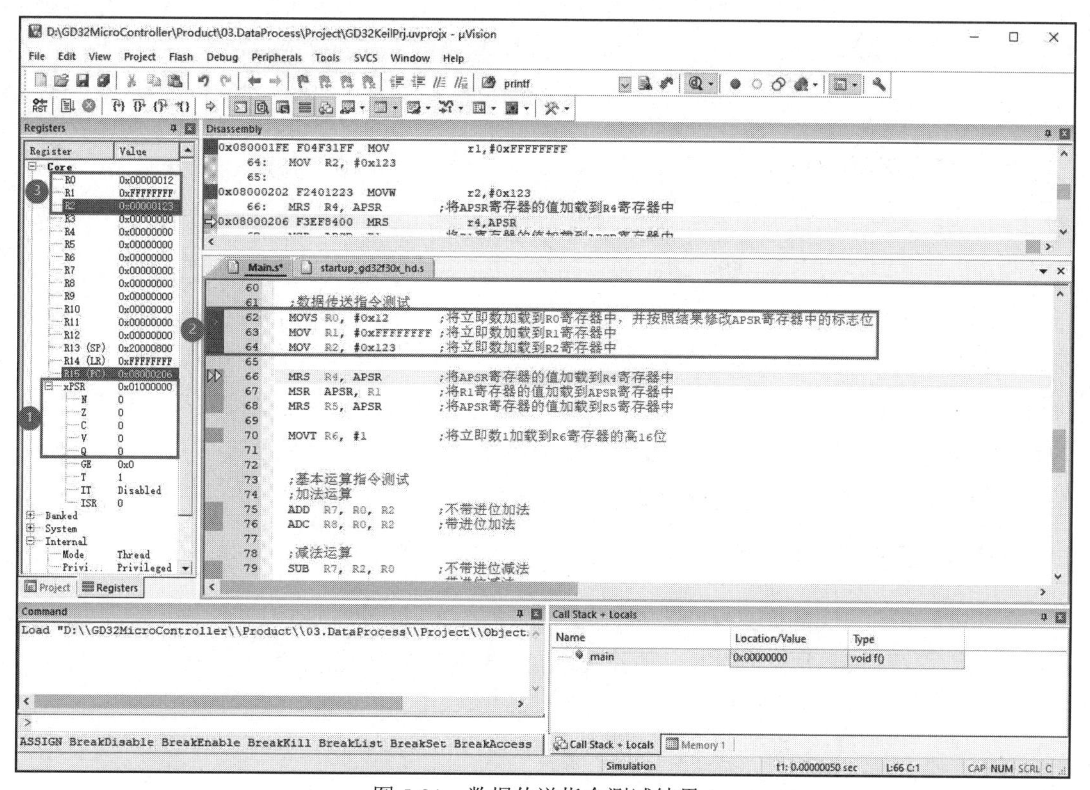

图 5-21　数据传送指令测试结果 1

继续单击按钮依次执行第 66 至 70 行代码，观察 Registers 窗口中 R4～R6 及 APSR 寄存器中的值(N、Z、C、V、Q 位)，如图 5-22 所示，即可成功验证 MRS、MSR 和 MOVT 指令的功能。

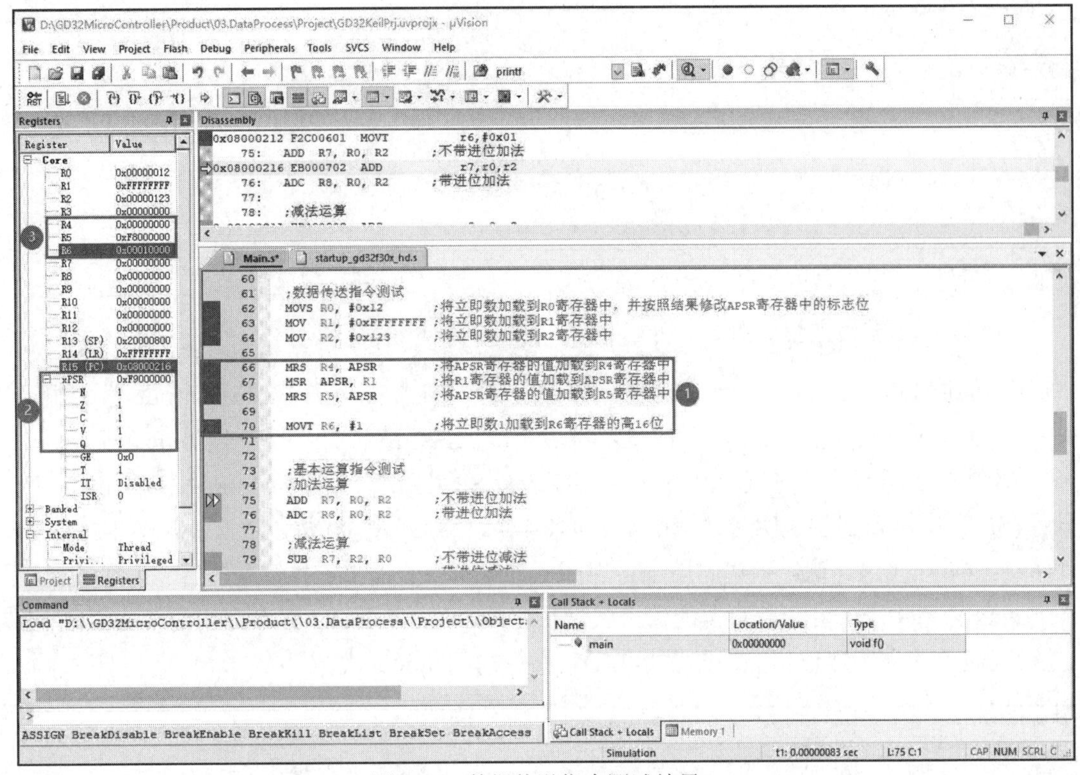

图 5-22　数据传送指令测试结果 2

步骤 3：基本运算指令测试

单击按钮依次执行第 75 至 87 行代码，观察 Registers 窗口中 R7～R11 寄存器中的值的变化，如图 5-23 所示，即可成功验证基本运算指令的功能。

注意，数据在计算机中以二进制数的补码形式存放，正数的补码是其二进制数本身，而负数的补码则是其反码加 1。如-1 的原码为 0x80000001，反码为 0xFFFFFFFE(符号位不变，其余位取反)，补码为 0xFFFFFFFF(反码加 1)。因此，R1 寄存器中的 0xFFFFFFFF 作为有符号数时，其对应的十进制值为-1，R10 寄存器中的 0xFFFEDCDF 作为有符号数时，其对应的十进制值为-74529(0x00012321 对应的十进制值为 74529)。

步骤 4：逻辑运算指令测试

单击按钮依次执行第 91 至 93 行代码，观察 Registers 窗口中 R4～R6 寄存器中的值的变化，如图 5-24 所示，即可成功验证逻辑运算指令的功能。

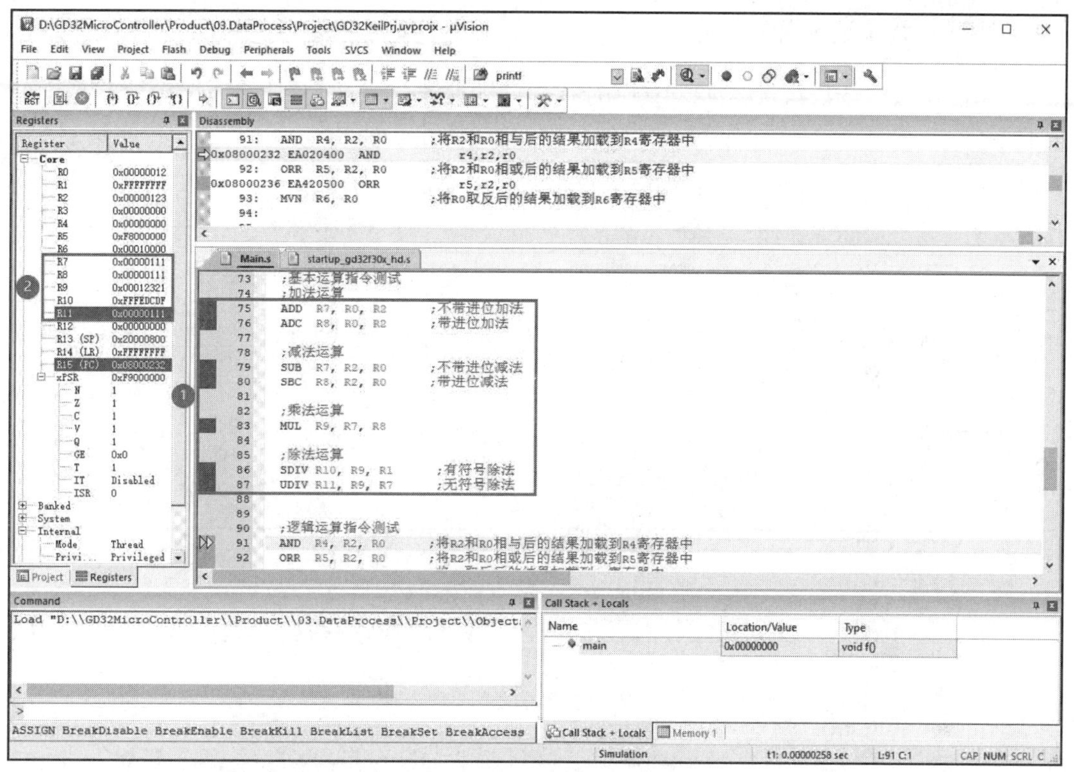

图 5-23　基本运算指令测试结果

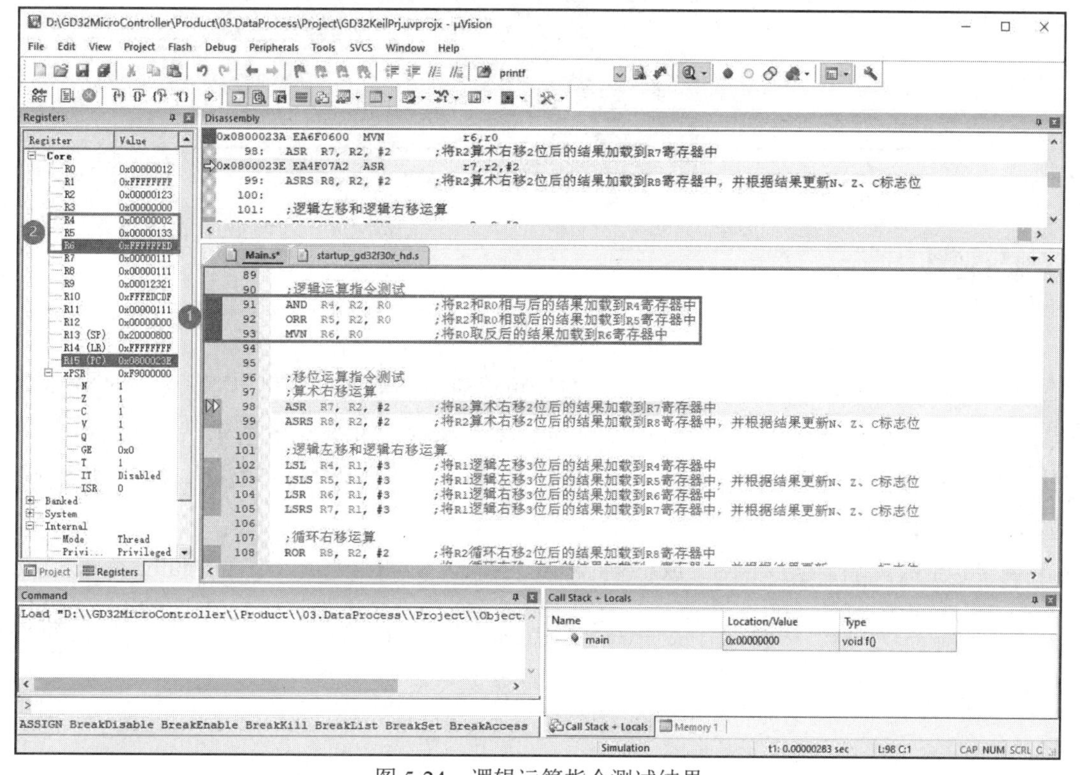

图 5-24　逻辑运算指令测试结果

步骤 5：移位运算指令测试

单击 按钮依次执行第 98 至 113 行代码，观察 Registers 窗口中 R4～R9 寄存器中的值的变化，如图 5-25 所示，即可成功验证逻移位运算指令的功能。注意，执行完第 113 行代码后，main 函数执行完毕，黄色箭头将指向启动文件的代码。

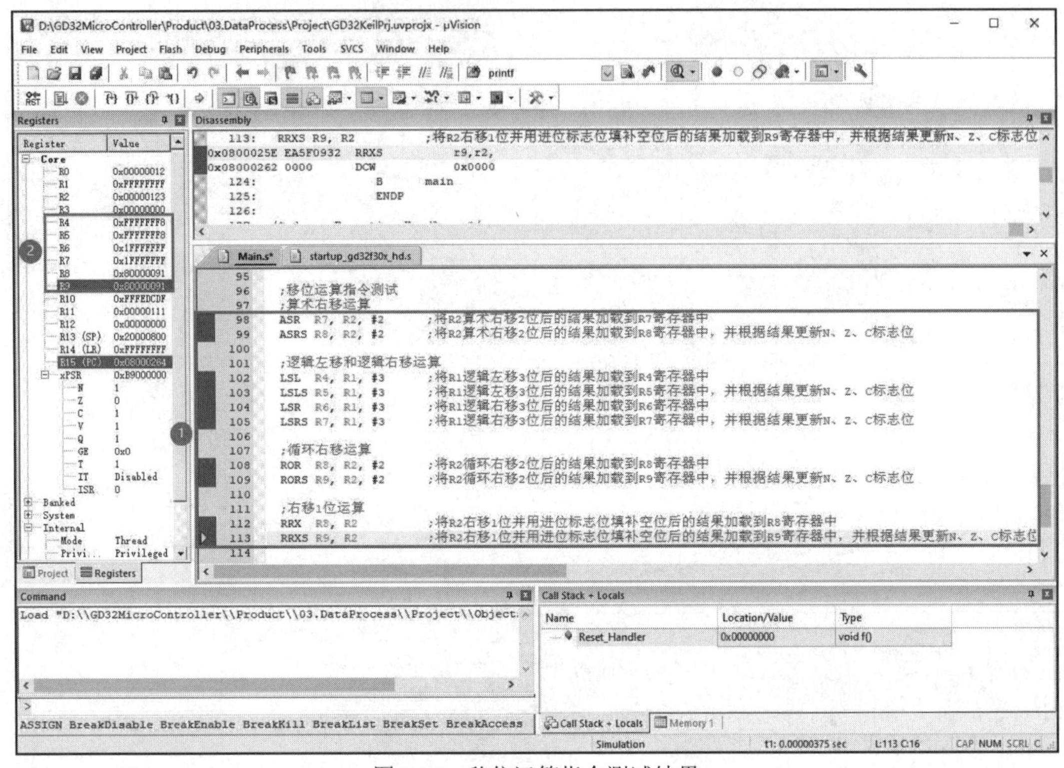

图 5-25　移位运算指令测试结果

本章任务

通过 Keil 5 仿真时，在 Disassembly 窗口可以查看语句对应的机器码，在代码编辑区单击任一行语句，该窗口对应位置的机器码会高亮显示。如图 5-26 所示，单击①处的语句，Disassembly 窗口②处高亮显示，其中的内容为生成机器码的语句(注释被忽略)，③为语句地址，④为语句对应的机器码。

用户可以查看语句对应生成的机器码，并与《ARMv7-M Architecture Reference Manual》(位于资料包“09.参考资料”文件夹下)中介绍的各个指令的机器码编码方式进行对比。

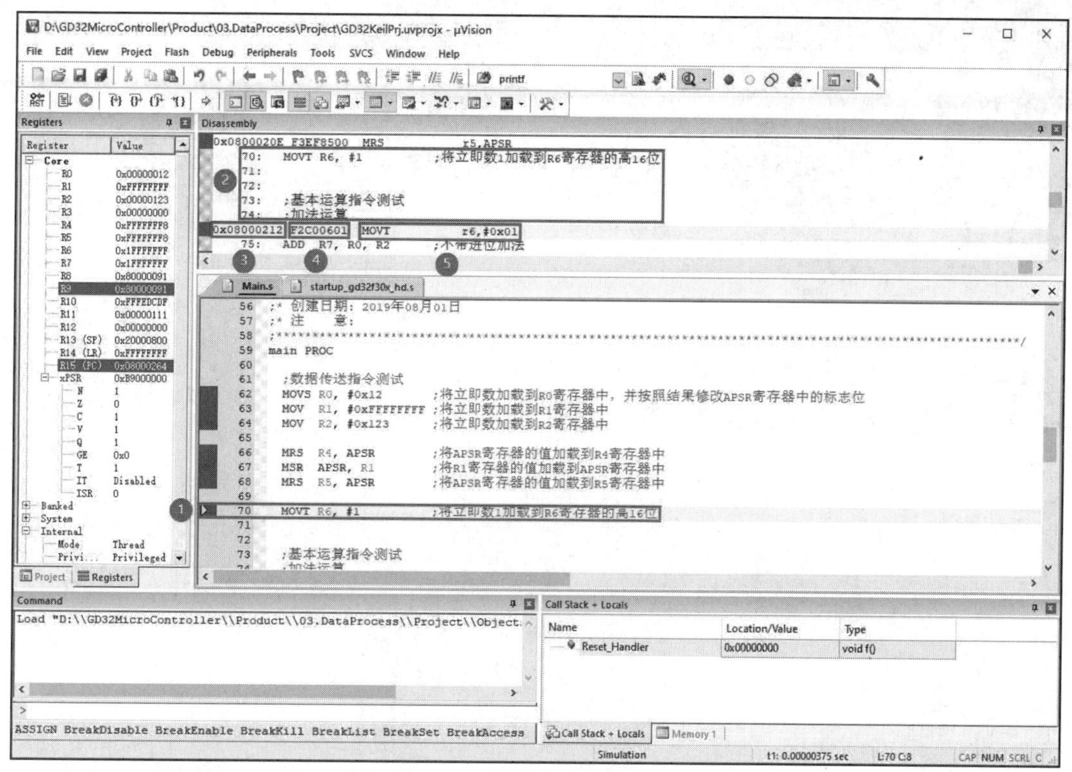

图 5-26 语句与机器码

本章习题

1. MRS 和 MSR 指令的功能是什么？与 MOV 指令有何区别？
2. 简述逻辑运算指令的操作数限制。
3. 简述采用不同编码方式的优缺点。

第 6 章

程序流控制实验

本章将介绍如何通过汇编语言来实现程序流的控制，即控制语句执行的顺序，并介绍实现分支结构、循环结构等基本程序结构的相关指令。通过学习本章，掌握通过汇编指令实现不同程序结构的方法。

6.1 实验内容

通过仿真验证顺序结构、分支结构和循环结构等不同程序结构的功能和实现过程。

6.2 实验原理

6.2.1 程序流控制

程序流控制即程序运行时，对语句执行顺序的控制。根据语句的执行顺序不同，可以划分为 3 种基本程序结构：顺序结构、分支结构和循环结构。

顺序结构：各语句按出现的先后顺序依次执行。无论程序中是否包含其他结构，所有程序的总流程都是顺序结构。

分支结构：也称为选择结构，语句的执行顺序与所给条件有关，根据所给条件执行其中一个分支的语句。

循环结构：语句的执行顺序与所给条件有关，根据所给条件判断是否重复执行某些语句。

在 C 语言中，通过关键字 if 和 switch 可以实现分支结构，通过关键字 for 和 while 可以实现循环结构。而在汇编语言中，需要通过标志位和跳转指令来实现分支结构和循环结构。

在 4.2.2 节中介绍了程序状态寄存器 xPSR 及各个位的作用。APSR 寄存器的 N、Z、C、V 位被称为条件标志位，用于表示指令执行结果的各种状态信息。其中 N 为 1 表示指令执行结果为负数，Z 为 1 表示指令执行结果为 0，C 为 1 表示指令执行过程产生了进位，V 为 1 表示指令执行过程发生溢出。根据上述 4 个标志位获取指令的执行结果，再通过跳转指令执行相应语句，即可实现基本的程序结构。

6.2.2 比较与测试指令

为了实现基本的程序结构，需要使 APSR 寄存器中相应的标志位随着程序运行发生改变，而改变标志位有两种方法：①在 ADD、MOV 等指令后面加 S 后缀；②通过比较与测试指令来改变。这两种方法的区别在于，比较与测试指令不会保存结果，即语句执行后不会改变操作数的值。

1. CMP 和 CMN 指令

CMP 和 CMN 指令用于进行操作数之间的比较，格式如程序清单 6-1 所示。

程序清单 6-1

```
CMP Rn,Rm/#num
CMN Rn,Rm/#num
```

CMP 和 CMN 指令的区别在于，CMP 指令计算目的操作数和源操作数的差，并根据结果更新程序状态寄存器中的 N、Z、C、V 标志位(注意，若目的操作数和源操作数均为无符号数，且目的操作数大于或等于源操作数时，C 标志位将被置 1)；CMN 指令计算目的操作数和源操作数的和，并根据结果更新程序状态寄存器中的 N、Z、C、V 标志位。

当操作数为立即数时，应为有效立即数。当操作数为寄存器时，不可为 PC 或特殊寄存器，且只有特殊情况下才可使用 SP 寄存器。

2. TST 和 TEQ 指令

TST 和 TEQ 指令用于进行操作数的测试，格式与 CMP 指令相同。

TST 和 TEQ 指令的区别在于，TST 指令将两个操作数进行逻辑与操作，并根据结果更新程序状态寄存器中的 N、Z、C 标志位；TEQ 指令将两个操作数进行异或操作，并根据结果更新程序状态寄存器中的 N、Z、C 标志位。

当操作数为立即数时，应为有效立即数。当操作数为寄存器时，不可为 SP、PC 或特殊寄存器。

6.2.3 跳转指令

跳转指令用于跳转至指定地址并执行此处的代码，类似 C 语言的 goto 关键字。在汇编语言中，一般通过标号代表首地址，而变量名、常量名和函数名即是对应存储地址的标号，因此通过标号可以获取变量、常量的值或跳转至函数，但在汇编语言中标号除了作为变量名、常量名和函数名，还可以单独存在，表示代码节点，如本章实验例程中使用到的标号 IF_EXTI 和 LOOP。除了标号外，在汇编语言中还可以将地址加载到工作寄存器中，并通过跳转指令跳转。

1. B 和 BL 指令

B 和 BL 指令的格式如程序清单 6-2 所示，其操作数必须为标号，并且该标号与该语句的地址差值应在-16777216～16777214 范围内，即 24 位有符号二进制数。当微控制器执行到该语句，即 PC 寄存器的值为该语句地址值时，PC 寄存器的值加上该差值就是程序要跳转到的标号对应的地址。

程序清单 6-2

```
B label
BL label
```

B 和 BL 指令的区别在于，BL 指令在跳转至标号时，将返回地址写入 LR 寄存器中。因此，BL 指令一般用于函数跳转。当函数执行结束后，将 LR 寄存器的值加载到 PC 寄存器即可返回。B 指令一般用于跳转至不需要返回的标号，以实现分支结构或循环结构。

2. BX 和 BLX 指令

BX 和 BLX 指令的格式如程序清单 6-3 所示。其操作数必须为寄存器。与 B 和 BL 指令的区别是，BX 和 BLX 指令跳转时会根据跳转地址的最低位切换 ARM 状态和 Thumb 状态，当最低位为 0 时切换为 ARM 状态，最低位为 1 时切换为 Thumb 状态，而 Cortex-M3 和 Cortex-M4 处理器只能在 Thumb 状态下运行。

程序清单 6-3

```
BX Rn
BLX Rn
```

BLX 指令在跳转至相应地址时，同样会将返回地址写入 LR 寄存器中。BLX 指令的操作数为 R0～R14，BX 指令的操作数为 R0～R15。

6.2.4 条件后缀

条件后缀的作用是使语句选择性地执行。以 B 指令为例，其作用是跳转至作为操作数的标号。为了实现基本的程序结构，需要使 B 指令根据标志位选择性地进行跳转。此时可以向 B 指令添加不同的条件后缀，使其跳转前，检查相应标志位是否满足条件。例如，程序清单 6-4 所示代码表示当 Z 标志位为 0 时，跳转至标号 label。

程序清单 6-4

```
BNE label
```

向 B 指令添加条件后缀后，在编译形成机器码时，将机器码中的 4 位数据表示相应的条件后缀，这 4 位数据被称为条件码，条件后缀、条件码及检测的标志位条件如表 6-1 所示。

表 6-1 条件后缀、条件码及检测的标志位条件

条件后缀	条件码	标志位条件	含义
EQ	0000	Z == 1	相等
NE	0001	Z == 0	不相等
CS/HS	0010	C == 1	无符号数大于或等于
CC/LO	0011	C == 0	无符号数小于
MI	0100	N == 1	负数
PL	0101	N == 0	正数
VS	0110	V == 1	溢出
VC	0111	V == 0	未溢出
HI	1000	C == 1 且 Z == 0	无符号数大于
LS	1001	C == 0 或 Z == 1	无符号数小于或等于

(续表)

条件后缀	条件码	标志位条件	含义
GE	1010	N == V	有符号数大于或等于
LT	1011	N != V	有符号数小于
GT	1100	Z == 0 且 N == V	有符号数大于
LE	1101	Z == 1 或 N != V	有符号数小于或等于

MOV、ADD 等指令同样可以添加条件后缀实现选择性执行语句，但与 B 指令不同的是，MOV、ADD 等指令添加条件后缀后，相应的机器码中不会包含条件码，此时编译器将其编译成 IT 块形式。

IT 块，即 IF-THEN 指令。IT 块基本格式如程序清单 6-5 所示，cond 表示相应条件后缀，ins_cond 表示带有相应条件后缀的指令。

程序清单 6-5

```
IT cond
ins_cond
```

可在 IT 后面添加 T 或 E 形成 ITT 或 ITE，此时 IT 块如程序清单 6-6 所示。其中 T 对应 ins_cond，即指令的条件后缀与 cond 相同；E 对应 ins_～cond，即指令的条件后缀与 cond 相反。IT 后最多可以添加 3 个 T 或 E，并且此时包含的语句最多，因此最多包含 4 条语句，这些语句将按照相应的条件选择性执行。

程序清单 6-6

```
;ITT
 ITT cond
 ins_cond
 ins_cond

;ITE
 ITT cond
 ins_cond
 ins_~cond
```

如程序清单 6-7 所示，将 MOV、ADD 指令分别加上 CS、CC 后缀，编译后得到 IT 块形式。

程序清单 6-7

```
;编译前
 MOVCS R0,#1
 ADDCC R1,#2

;编译后
```

```
ITE CS
MOVCS r0,#0x01
ADDCC r1,r1,#0x02
```

6.2.5 本章指令汇总

本章指令如表 6-2 和表 6-3 所示。

表 6-2 比较与测试指令

指令	操作数	功能
CMP	Rn,Rm/#num	比较，计算操作数的差值，影响 N、Z、C、V 位
CMN		负比较，计算操作数的和值，影响 N、Z、C、V 位
TST		测试，计算操作数的逻辑与值，影响 N、Z、C 位
TEQ		等价测试，计算操作数的异或值，影响 N、Z、C 位

表 6-3 跳转指令

指令	操作数	功能
B	label	跳转
BL		带返回值跳转
BX	Rn	跳转并根据操作数切换状态
BLX		带返回值跳转并根据操作数切换状态

6.3 实验步骤与代码解析

步骤 1：复制并完善原始工程

首先，将 D:\GD32MicroController\Material\04.ProgramControl 文件夹复制到 D:\GD32MicroController\Product 文件夹中。然后，双击运行 D:\GD32MicroController\Product\04.ProgramControl\Project 文件夹中的 GD32KeilPrj.uvprojx。最后，打开 App 分组下的 Main.s 文件，在 main 函数中添加如程序清单 6-8 所示的第 3 至 19 行代码。

程序清单 6-8

```
1.  main PROC
2.
3.    MOV R0, #0
4.    MOV R1, #0
5.
6.    ;分支结构测试
7.    TEQ R0, #0        ;判断 R0 寄存器中的值是否为非 0
```

```
8.     BEQ IF_EXTI        ;若为 0，则跳转至标号 IF_EXTI 退出
9.     MOV R0,#3          ;若非 0，则将 R0 寄存器中的值赋为 3
10.  IF_EXTI
11.
12.    ;循环结构测试
13.  LOOP
14.    ADD R1,#1          ;R1 寄存器中的初始值为 0，表示循环次数
15.    CMP R1,#3          ;根据 R1 寄存器中的值和 3 的差值，若差值小于 0，则将 C 标志位清零，否则置 1
16.    BCC LOOP           ;若 C 标志位为 0，则跳转至标号 LOOP
17.
18.  MAIN_LOOP
19.    B  MAIN_LOOP       ;添加"死循环"，防止程序"跑飞"
20.
21.    ENDP
```

步骤 2：分支结构测试

代码添加完成后，单击按钮进行编译。编译结束后，在 Build Output 栏中出现 0 Error(s), 0 Warning，表示编译成功。然后单击工具栏中的按钮开始仿真。

单击两次按钮执行图 6-1 中的第 61 至 62 行代码，依次将 R0 和 R1 寄存器的值置为 0，如图 6-1 所示。

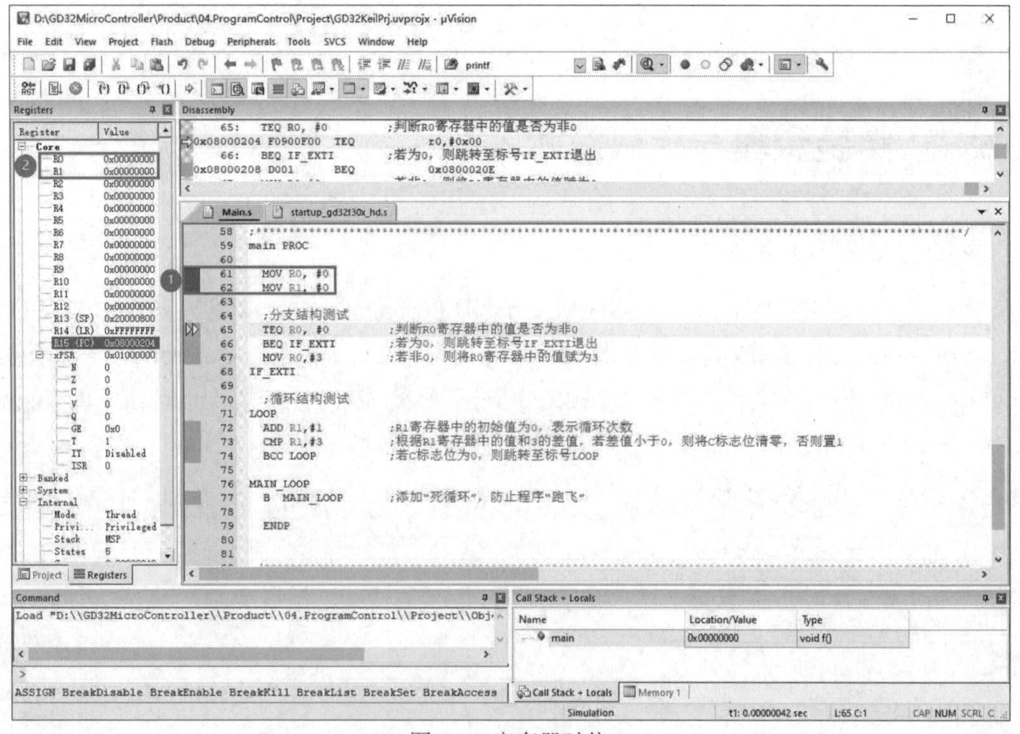

图 6-1　寄存器赋值

接下来通过观察代码执行顺序测试分支结构，首先单击 按钮执行第 65 行代码。TEQ 指令的功能是将 R0 寄存器中的值与立即数 0 进行异或，并根据结果更新程序状态寄存器中的 N、Z、C 位。由于上一步将 R0 寄存器中的值清零，因此异或结果为 0，Z 标志位被置 1，如图 6-2 所示。

再次单击 按钮执行第 66 行代码，在跳转指令 B 之后添加了条件后缀 EQ，其功能为根据 Z 标志位状态选择性执行程序跳转，若 Z 标志位为 1，则跳转至标号 IF_EXTI。由于上一步的 TEQ 指令已将 Z 标志位置 1，符合跳转条件，因此程序将跳过第 67 行代码，直接跳转至 IF_EXTI，且下一步执行第 72 行代码。观察图 6-2 中的程序停留位置和 R0 寄存器中的值同样能验证上述结论，即表明分支结构测试成功。

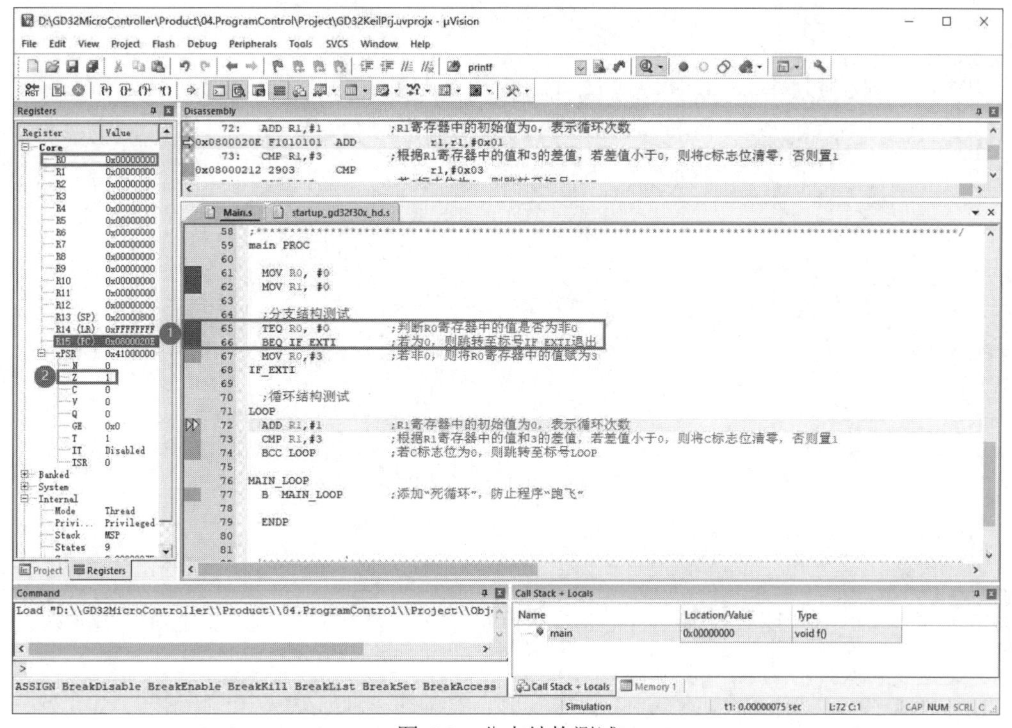

图 6-2　分支结构测试

步骤 3：循环结构测试

单击 3 次 按钮执行第 72 至 74 行代码，执行结果如图 6-3 所示。

(1) 第 72 行代码：使 R1 寄存器中的值与立即数 1 相加，并将结果赋值给 R1，执行完该行代码后 R1 寄存器中的值为 1。

(2) 第 73 行代码：计算 R1 寄存器中的值与 3 的差值，并更新标志位。1−3<0，目的操作数小于源操作数，因此执行完该行代码后 C 标志位为 0。

(3) 第 74 行代码：在跳转指令 B 之后添加了条件后缀 CC，其功能为根据 C 标志位状态选择性执行程序跳转，若 C 标志位为 0 则跳转至标号 LOOP。由于上一步的 CMP 指令已将 C 标志位清零，符合跳转条件，因此程序将重新跳转到第 72 行代码，进行第二次循环。

继续通过 按钮单步执行程序，依次执行完第 72 至 74 行代码后进行第三次循环。在第三次循环中，执行完第 72 行代码后，R1 寄存器中的值为 3。执行完第 73 行代码后，C 标志位被置 1(目的操作数等于源操作数)，此时不符合 BCC 指令的跳转条件，因此程序将跳出循环，向下执行第 77 行代码，如图 6-4 所示，即表明循环结构测试成功。

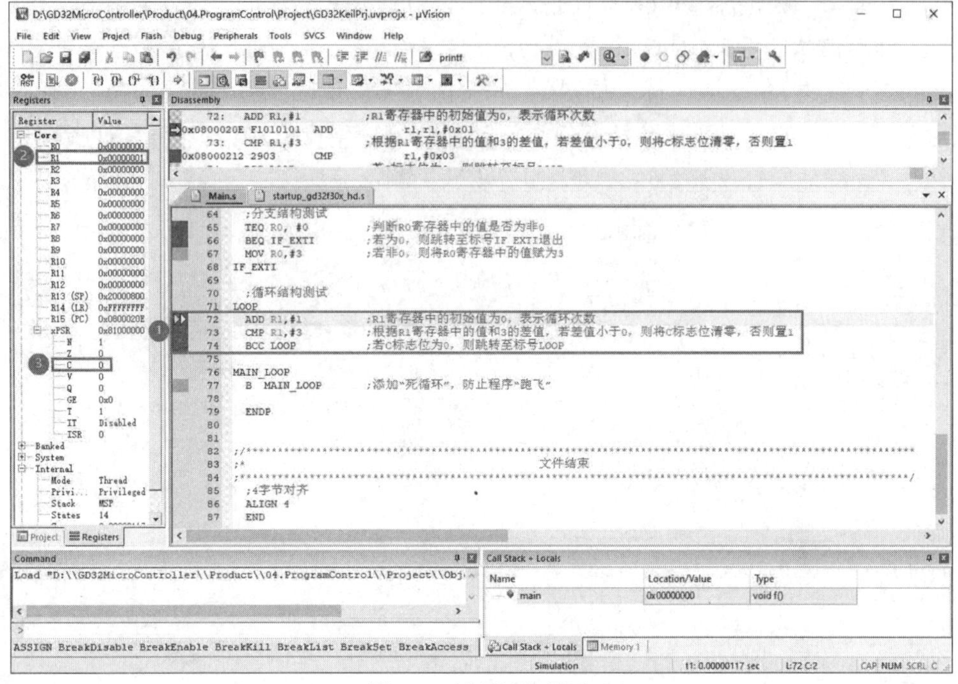

图 6-3 循环结构测试

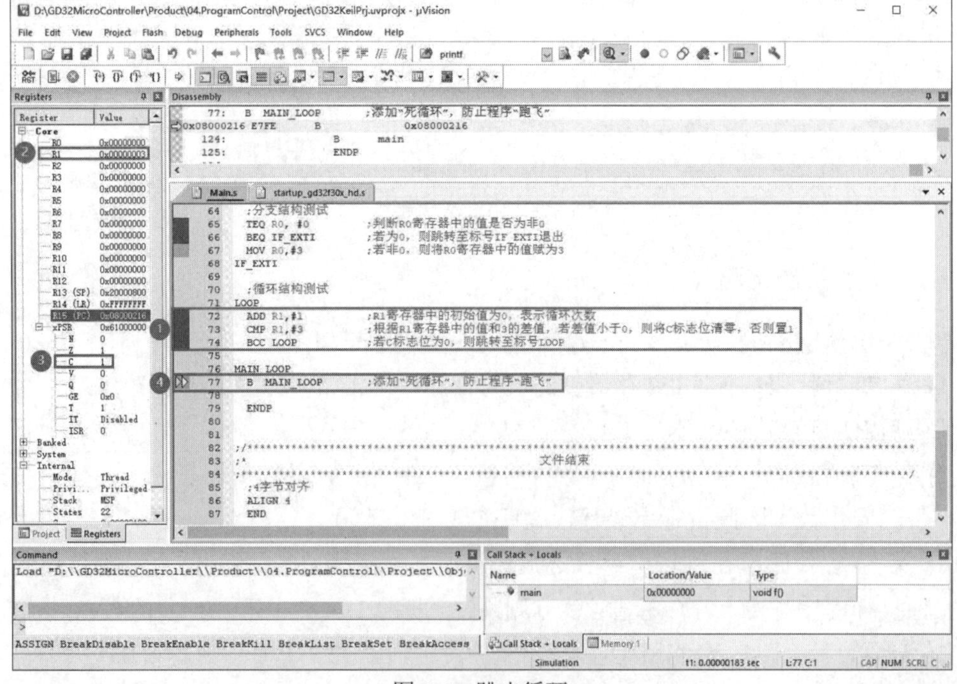

图 6-4 跳出循环

最后，程序将不断循环执行第 77 行代码。

本章任务

修改本章程序，通过其他的条件后缀实现分支结构和循环结构，如使用 BNE 代替 BEQ，使用 BMI 代替 BCC 等，对应修改其他语句，验证分支结构和循环结构。

本章习题

1. CMP 指令将如何影响 C 标志位？
2. 简述 BL 指令和 BLX 指令的异同。
3. 条件后缀的功能是什么？简述 BPL label 语句的含义。

第 7 章

存储器访问实验

本章将介绍 GD32F303ZET6 微控制器中的存储器，以及用于访问存储器的相关汇编指令，最后通过编写汇编程序开辟一定的内存空间来访问存储器。通过学习本章，初步掌握通过汇编指令实现存储器访问的方法。

7.1 实验内容

在“常量段”区和“变量段”区分别开辟一段内存空间，然后获取“常量段”区的数据，将其与“变量段”区的数据相加，再将结果写入常量段区。

7.2 实验原理

7.2.1 存储器

Cortex-M3 和 Cortex-M4 处理器不包含存储器，编写的程序及数据存储在微控制器的内部 Flash 和内部 SRAM 中，如图 2-7 所示，处理器通过总线访问相应的存储器以执行程序或获取数据。不同微控制器的存储器配置不同，GD32F3 苹果派开发板上搭载的 GD32F303ZET6 微控制器包含 512KB 的内部 Flash 和 64KB 的内部 SRAM。

不同类型的数据存储在不同的存储器中，变量等可读可写的数据一般保存在 SRAM 中，常量、代码等只读数据一般保存在 Flash 中，因此需要设置可读可写、只读区域的基址及大小。如表 3-5 中的 Linker 链接器选项所示，Keil 5 中的 Linker 选项用于设置链接器的参数，即设置目标文件的链接方式，包括可读可写、只读存储区域的基址，及.map 文件生成等。其中，可通过.sct 文件设置可读可写、只读存储区域的基址。.sct 文件的一般格式如程序清单 7-1 所示，该段代码设置了只读段基址为 0x08000000，大小为 0x00040000；可读可写段基址为 0x20000000，大小为 0x0000C000，并设置 RESET 段(中断向量表)存储于程序起始位置。

程序清单 7-1

```
; *************************************************************
;                    *** Scatter-Loading Description File generated by uVision ***
; *************************************************************
LR_IROM1 0x08000000 0x00040000  {    ; load region size_region
  ER_IROM1 0x08000000 0x00040000  {  ; load address = execution address
   *.o (RESET, +First)
   *(InRoot$$Sections)
   .ANY (+RO)
   .ANY (+XO)
  }
  RW_IRAM1 0x20000000 0x0000C000  {  ; RW data
   .ANY (+RW +ZI)
  }
}
```

本章实验例程不通过.sct 文件设置可读可写和只读存储区域范围，而是在 Linker 链接器选项中直接设置，如图 7-1 所示。可读可写存储区域的基址 R/W Base 设置为内部 SRAM 的基址 0x20000000，只读存储区域的基址 R/O Base 设置为内部 Flash 的基址 0x08000000。

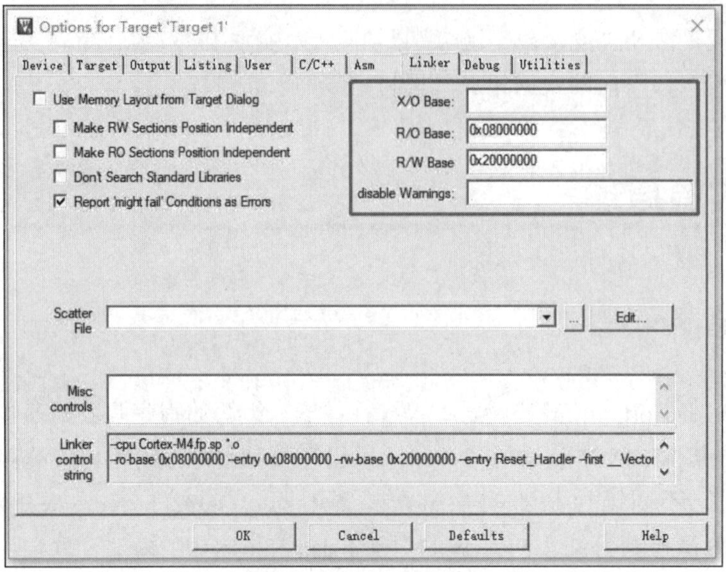

图 7-1　存储区域设置

ARM 体系架构要求存储器访问应尽量对齐，即用于字访问的地址应当 4 字节对齐，用于半字访问的地址应当半字对齐。由于 Thumb 指令宽度为 16 位，即 2 字节，因此要求程序在内存中按 2 字节对齐，这意味着指令地址必须是 2 的倍数。所以在 Thumb 状态下，PC 寄存器的最低位（位 0）始终为 0，以保证指令地址始终是 2 的倍数。

7.2.2　存储器访问指令

存储器访问指令通过存储器寻址的方式来获取操作对象，其源操作数一般为地址值，并且该地址包含在符号“[”和“]”之间。如程序清单 7-2 所示，以 R1 寄存器中的值为地址，将该地址上的值加载到 R0 寄存器中。

程序清单 7-2

```
LDR R0,[R1]
```

作为源操作数的地址具有多种格式，如表 7-1 所示。

表 7-1　地址格式

格式	示例	解释
寄存器间接寻址	LDR R0,[R1,#num]	以 R1+num 为地址。立即数省略时以 R1 为地址
寄存器间接寻址(写回)	LDR R0,[R1,#num]!	以 R1+num 为地址，取值后使 R1=R1+num

续表

格式	示例	解释
后序存储器寻址	LDR R0,[R1],#num	以 R1 为地址，取值后使 R1=R1+num
寄存器基址变址寻址	LDR R0,[R1,R2,LSL # num]	以 R1+R2<<num 为地址。LSL # num 省略时以 R1+R2 为地址

存储器访问指令按访问数据的大小可以分为字节访问、半字访问、字访问、双字访问和批量访问指令。

由于工作寄存器位宽固定为 32 位，而字节访问、半字访问获取的 8 位、16 位数据只能覆盖工作寄存器的低位，因此需要将获取的数据扩展到 32 位再将其加载到寄存器中。而整数在存储时又分为有符号数和无符号数，因此扩展方法分为零扩展和符号扩展。零扩展指获取数据后，将高位置为 0；符号扩展指获取数据后，将其符号位扩展至高位。以读取数据 0x81 为例，零扩展将其扩展为 0x00000081，符号扩展将其扩展为 0xFFFFFF81。

1. 字节访问指令

字节访问指令包括读字节指令 LDRB、LDRSB 和写字节指令 STRB。

读字节指令 LDRB 和 LDRSB 用于从指定地址中读取 1 字节数据，然后分别对其进行零扩展和符号扩展后，再赋值给目的操作数。目的操作数不可为 SP 或特殊寄存器，源操作数不可为 SP、PC 或特殊寄存器，但可以作为函数名的标号。当通过寄存器间接寻址时，立即数范围为-255～4095；当通过寄存器基址变址寻址时，立即数范围为 0～3，参考表 7-1。

写字节指令 STRB 用于将 1 字节数据写入指定地址中，作为操作数的寄存器不可为 SP、PC 或特殊寄存器，并且当通过寄存器间接寻址时，立即数范围为-255～4095；当通过寄存器基址变址寻址时，立即数范围为 0～3。

例如，以 R0 寄存器中的值为地址，假设以该地址为起始地址的 32 位数据为 0x89ABCDE0，上述 3 条指令的用法如程序清单 7-3 所示。

程序清单 7-3

```
LDRB  R1,[R0]          ;此时 R1 寄存器中的值变为 0x000000E0
LDRSB R2,[R0]          ;此时 R2 寄存器中的值变为 0xFFFFFFE0
STRB  R2,[R0]          ;此时以 R0 寄存器中的值为地址，该地址上的值变为 0xE0
```

2. 半字访问指令

半字访问指令包括读半字指令 LDRH、LDRSH 和写半字指令 STRH。

读半字指令 LDRH 和 LDRSH 用于从指定地址中读取 2 字节数据，然后分别对其进行零扩展和符号扩展后，再赋值给目的操作数。目的操作数不可为 SP 或特殊寄存器，源操作数不可为 SP、PC 或特殊寄存器，但可以是作为函数名的标号。当通过寄存器间接寻址时，立即数范围为-255～4095；当通过寄存器基址变址寻址时，立即数范围为 0～3。

写半字指令 STRH 用于将 2 字节数据写入指定地址中，作为操作数的寄存器不可为 SP、PC 或特殊寄存器，并且当通过寄存器间接寻址时，立即数范围为-255～4095；当通过寄存器基址变址寻址时，立即数范围为 0～3。

例如，以 R0 寄存器中的值为地址，假设以该地址为起始地址的 32 位数据为 0x89ABCDE0，上述 3 条指令的用法如程序清单 7-4 所示。

程序清单 7-4

```
LDRH  R1,[R0]      ;此时 R1 寄存器中的值变为 0x0000CDE0
LDRSH R2,[R0]      ;此时 R2 寄存器中的值变为 0xFFFFCDE0
STRH  R2,[R0]      ;此时以 R0 寄存器中的值为起始地址，该地址的 16 位数据为 0xCDE0
```

3. 字访问指令

字访问指令包括读字指令 LDR 和写字指令 STR。

读字指令 LDR 用于从指定地址中读取 1 字数据，目的操作数可以为 R0～R15，但在某些特殊情况下 PC 寄存器不可用，如 PC 寄存器的最低 2 位不为 0 时。该指令的源操作数可以是作为函数名的标号。当通过寄存器间接寻址时，立即数范围为-255～4095；当通过寄存器基址变址寻址时，立即数范围为 0～3。

写字指令 STR 用于将 1 字数据写入指定地址中，目的操作数不可为 PC 或特殊寄存器，源操作数不可为 SP、PC 或特殊寄存器。并且当通过寄存器间接寻址时，立即数范围为-255～4095；当通过寄存器基址变址寻址时，立即数范围为 0～3。

例如，以 R0 寄存器中的值为地址，假设以该地址为起始地址的 32 位数据为 0x89ABCDE0，上述 2 条指令的用法如程序清单 7-5 所示。

程序清单 7-5

```
LDR R1,[R0]      ;此时 R1 寄存器中的值变为 0x89ABCDE0
STR R2,[R0]      ;此时以 R0 寄存器中的值为起始地址的 32 位数据，为 R2 寄存器中的值
```

4. 双字访问指令

双字访问指令包括读双字指令 LDRD 和写双字指令 STRD。与其他指令不同的是，双字访问指令具有两个目的操作数，格式如程序清单 7-6 所示。

程序清单 7-6

```
LDRD/STRD Rd1,Rd2,[addr]
```

读双字指令 LDRD 用于从指定地址中读出连续的 2 字数据，并将其分别加载到两个目的操作数中。LDRD Rd1,Rd2,[addr]将以 addr 为起始地址的 32 位数据加载到 Rd1 中，以 addr+4 为起始地址的 32 位数据加载到 Rd2 中。目的操作数 Rd1、Rd2 只能为 R0～R12、LR 寄存器，源操作数只能为 R0～R14 寄存器。当通过寄存器间接寻址时，立即数范围为-1020～1020，并且应为 4 的倍数(确保字对齐)。

写双字指令 STRD 用于将 2 字数据连续写入指定地址中，STRD Rd1,Rd2,[addr]将以 addr 为起始地址写入 Rd1 的值，以 addr+4 为起始地址写入 Rd2 的值。目的操作数 Rd1、Rd2 只能为 R0～R12、LR 寄存器，源操作数只能为 R0～R14 寄存器。当通过寄存器间接

寻址时，立即数范围为-1020～1020，并且应为4的倍数(确保字对齐)。

5. 批量访问指令

批量访问指令包括批量读指令LDM和批量写指令STM，格式如程序清单7-7所示。源操作数{list}是一个寄存器列表，格式如下：

(1) 以符号"{"开始，符号"}"结束。

(2) 通过符号"-"表示寄存器范围，即R2-R5表示R2、R3、R4、R5这4个寄存器。

(3) 通过符号","将寄存器隔开。

(4) 列表按寄存器序号排序，即{R4,R1-R3}{R4,R3,R1,R2}等列表与列表{R1,R2,R3,R4}等效。

批量读指令LDM用于以Rn寄存器中的值为起始地址，将存储器中的数据依次写入寄存器列表中的各个寄存器中，Rn不可为PC寄存器，寄存器列表中不可存在SP寄存器。

批量写指令STM用于以Rn寄存器中的值为起始地址，将寄存器列表中的各个寄存器中的值，依次写入存储器中。Rn不可为PC寄存器，寄存器列表中不可存在SP和PC寄存器。

程序清单7-7

```
LDM/STM Rn,{list}
```

例如，假设以R0寄存器中的值(0x080004E0)为起始地址的后续地址的存储情况如图7-2所示。执行如程序清单7-8所示的语句后，R1寄存器中的值变为0x00000001，R2寄存器中的值变为0x00000002，R3寄存器中的值变为0x00000003，R4寄存器中的值变为0x00000004。

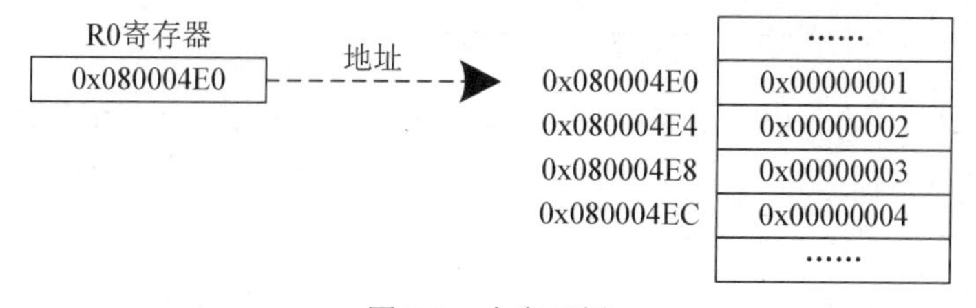

图7-2 内存示例

程序清单7-8

```
LDM R0,{R1-R4}
```

批量访问指令LDM、STM可以通过添加后缀来控制地址增长方向及地址变化方式，可添加的后缀如表7-2所示。

表7-2 批量访问指令可添加的后缀

后缀	作用	等效后缀
IB	地址增加后读/写数据	FA
IA	读/写数据后地址增加	EA
DB	地址减少后读/写数据	FD
DA	读/写数据后地址减少	ED

LDM 和 STM 指令默认采用 IA 寻址方式，通过添加其他后缀可修改寻址方式，如 LDMDB 表示使地址减少 4 字节后再读取数据。在图 7-2 所示的内存状态下，运行程序清单 7-9 所示的代码后，所得结果与程序清单 7-8 所示的语句相同。

程序清单 7-9

```
ADD R0,#16
LDMDB R0,{R1-R4}
```

LDM 相应指令同样可以添加符号“!”实现写回，将程序清单 7-9 中的第 2 条语句修改为 LDMDB R0!,{R1-R4}，R0 寄存器中的值变为 0x080004E0。

7.2.3 存储器空间

在程序运行时，一般都会开辟一定大小的存储空间以存储常量或变量值。在 C 语言中，通过 int、char 等关键字开辟不同大小的空间，通过 const 关键字设置读/写属性。而在汇编语言中，通过 DCB、SPACE 等伪操作开辟空间，通过段的属性设置空间的读/写属性。在 4.2.1 节中介绍了汇编源文件的构成，其中“常量段”区的属性为只读，即在“常量段”区开辟的空间用于存放常量，而“变量段”区的属性为可读可写，即在“变量段”区开辟的空间用于存放变量。

1. DCB、DCW、DCD 伪操作

DCB、DCW、DCD 伪操作分别用于开辟一片连续的字节、半字、字存储单元并赋值。以 DCB 为例，一般通过该伪操作创建连续的字节存储单元存放字符串。如程序清单 7-10 所示的第 1 行代码，其中 s_pInitFinishString 为字符串 Init System has been finished.\r\n 的标号(注意，这里的标号为首地址，与 C 语言中的变量名不是同一个概念)。在该语句的最后面，通过符号“,”分隔下一个数据，0 表示十进制 ASCII 码值为 0 的空字符，程序清单 7-10 所示的两行代码等效。DCB、DCW、DCD 伪操作一般用于开辟常量的存储空间。

程序清单 7-10

```
s_pInitFinishString DCB "Init System has been finished.\r\n", 0
s_pInitFinishString DCB "Init System has been finished.",13,10, 0
```

2. SPACE

SPACE 用于开辟相应大小的存储单元(初始值为 0)，格式如程序清单 7-11 所示，该语句通过 SPACE 伪操作开辟了大小为 num 字节且首地址为 label、初始值为 0 的存储单元。SPACE 伪操作一般用于开辟变量的存储空间。

程序清单 7-11

```
label SPACE num
```

7.2.4 存储器空间使用

通过 DCB、SPACE 等伪操作开辟存储单元后，为了对该存储单元进行操作，可通过标号将其地址加载到寄存器中，再通过 LDR、STR 等指令读/写该存储单元。如程序清单 7-12 所示，该程序使变量 label 的值加 1：第 1 行代码通过 LDR 伪指令，将标号 label 的值，即存储单元的首地址加载到 R0 寄存器中，第 2 行代码通过 LDR 指令读取该存储单元的值到 R1 寄存器中，第 4 行代码通过 STR 指令将 R1 寄存器中的值重新写入该存储单元。

程序清单 7-12

```
LDR R0, =label
LDR R1, [R0]
ADD R1, #1
STR R1, [R0]
```

7.2.5 本章指令汇总

本章指令如表 7-3 所示。

表 7-3　存储器访问指令

<table>
<tr><th>指令</th><th>操作数</th><th>介绍</th></tr>
<tr><td>LDRB</td><td rowspan="8">Rd,[Rm,#num]
Rd,[Rm,#num]!
R0,[R1],#num
Rd,[Rn,Rm,LSL #num]</td><td>读取字节并零扩展</td></tr>
<tr><td>LDRSB</td><td>读取字节并符号扩展</td></tr>
<tr><td>STRB</td><td>写入字节</td></tr>
<tr><td>LDRH</td><td>读取半字并零扩展</td></tr>
<tr><td>LDRSH</td><td>读取半字并符号扩展</td></tr>
<tr><td>STRH</td><td>写入半字</td></tr>
<tr><td>LDR</td><td>读取字</td></tr>
<tr><td>STR</td><td>写入字</td></tr>
<tr><td>LDRD</td><td>Rd1,Rd2,[addr]</td><td>读取双字</td></tr>
<tr><td>STRD</td><td>Rd1,Rd2,[addr]</td><td>写入双字</td></tr>
<tr><td>LDM</td><td>Rn,{list}</td><td>批量读取双字</td></tr>
<tr><td>STM</td><td>Rn,{list}</td><td>批量写入双字</td></tr>
</table>

7.3 实验步骤与代码解析

步骤 1：复制并完善原始工程

首先，将 D:\GD32MicroController\Material\05.MemoryAccess 文件夹复制到 D:\GD32

MicroController\Product 文件夹中。然后，双击运行 D:\GD32MicroController\Product\05.MemoryAccess\Project 文件夹中的 GD32KeilPrj.uvprojx。最后，打开 App 分组下的 Main.s 文件，在“常量段”区添加如程序清单 7-13 所示的代码，通过 DCB 伪指令定义数据，定义地址 ConstData 中存储的数据为 1，地址 ConstData+1 中存储的数据为 2……

程序清单 7-13

```
  AREA MainConstData, DATA, READONLY
ConstData DCB 1, 2, 3, 4
```

在“变量段”区添加如程序清单 7-14 所示的代码，通过 SPACE 伪指令定义数据，定义 4 字节初始值为 0 的数据，且起始地址为 StaticData。

程序清单 7-14

```
  AREA MainStaticData, DATA, READWRITE
StaticData SPACE 4
```

在“代码段”区中的 main 函数中添加如程序清单 7-15 所示的第 3 至 23 行代码，通过循环将“常量段”区的数据与“变量段”区的数据相加，当循环结束后将结果写入 StaticData 中。

程序清单 7-15

```
1.   main PROC
2.
3.     LDR R0, =StaticData        ;通过 LDR 伪指令将变量地址 StaticData 加载到 R0 寄存器中
4.     LDR R1, [R0]               ;通过 LDR 伪指令将变量值加载到 R1 寄存器中
5.
6.     LDR R2, =ConstData         ;通过 LDR 伪指令将常量地址 ConstData 加载到 R2 寄存器中
7.
8.     MOV R12, #0                ;初始化循环计数为 0
9.   CIRCLE_START
10.    CMP R12, #4
11.    BCS CIRCLE_END             ;循环次数大于或等于 4，跳出循环
12.
13.    LDRB R3, [R2], #1          ;以 R2 的值为地址，从地址上读取 1 字节数据加载到 R3 寄存器中，并使
R2 寄存器中的值加 1
14.    ADD R1, R3
15.
16.    ADD R12, #1                ;循环计数+1
17.    B CIRCLE_START             ;重新进入循环
18.  CIRCLE_END
19.
20.    STR R1, [R0]
```

```
21.
22.  MAIN_LOOP
23.    B MAIN_LOOP
24.
25.    ENDP
```

步骤 2：数据读/写测试

代码添加完成后，单击按钮进行编译。编译结束后，在 Build Output 栏中出现 0 Error(s), 0 Warning，表示编译成功。然后单击工具栏中的按钮开始仿真。

通过按钮执行图 7-3 中的第 62 至 65 行代码，将变量地址 StaticData 和变量值分别加载到 R0 和 R1 寄存器中，再将常量地址 ConstData 加载到 R2 寄存器中，可通过 Registers 窗口查看结果。可见，变量地址 StaticData 为 0x20000000，常量地址 ConstData 为 0x080004E0。此外，还可以在.map 文件中通过 Ctrl+F 快捷键查找以获取两个标号表示的地址。

执行菜单命令 View→Memory Windows→Memory 1 打开 Memory 1 窗口，该窗口主要用于查看内存情况。在 Memory 1 窗口的 Address 栏中输入常量地址 0x080004E0 后回车，即可查看以 0x080004E0 为起始地址的一段存储空间内存放的值，如图 7-4 所示。

以 0x080004E0 一行为例说明地址与数据的对应关系：该行共 16 个数据，每个数据占 1 字节，对应一个地址，即该行数据对应的地址范围为 0x080004E0～0x080004EF，且地址从左往右依次递增。则表明地址 0x080004E0～0x080004E3 中存放的数据分别为 0x01、0x02、0x03、0x04，与程序清单 7-13 中的代码符合。

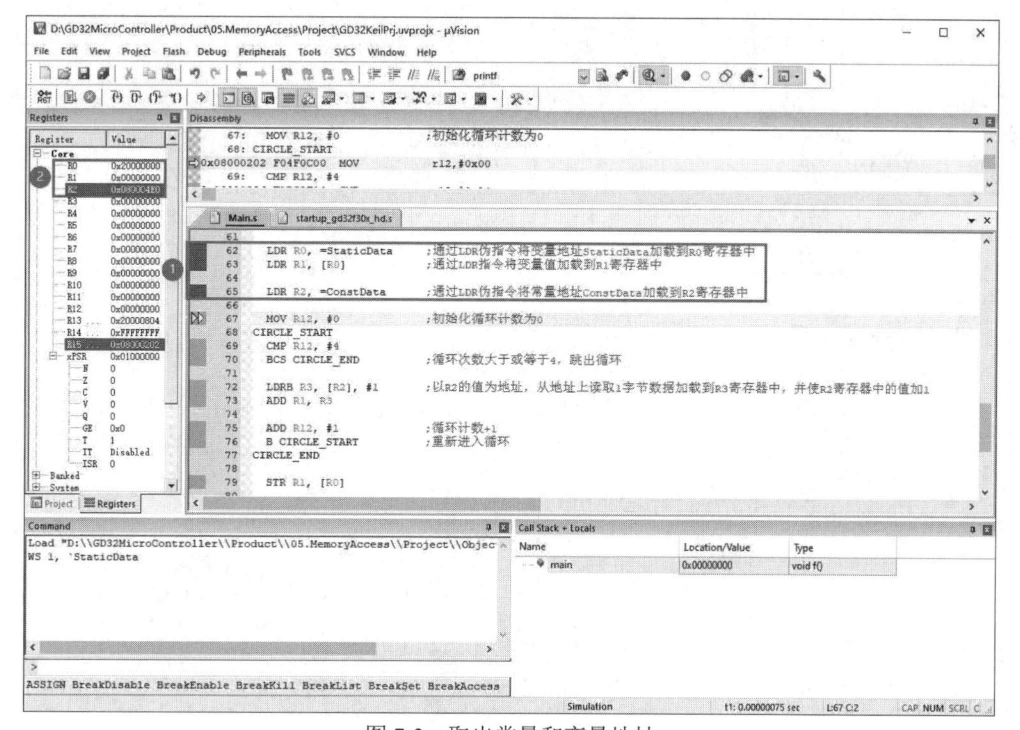

图 7-3　取出常量和变量地址

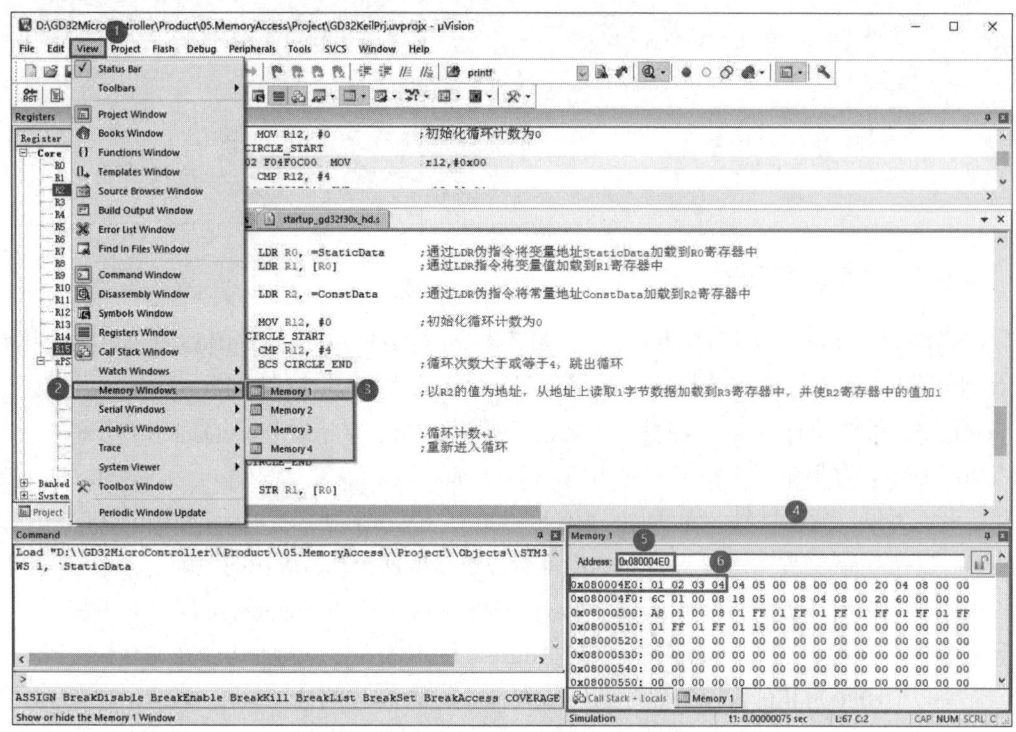

图 7-4　通过 Memory 1 窗口查看内存

通过 按钮执行第 67 至 76 行代码(如图 7-5 所示)，并观察 Registers 窗口中寄存器值的变化。

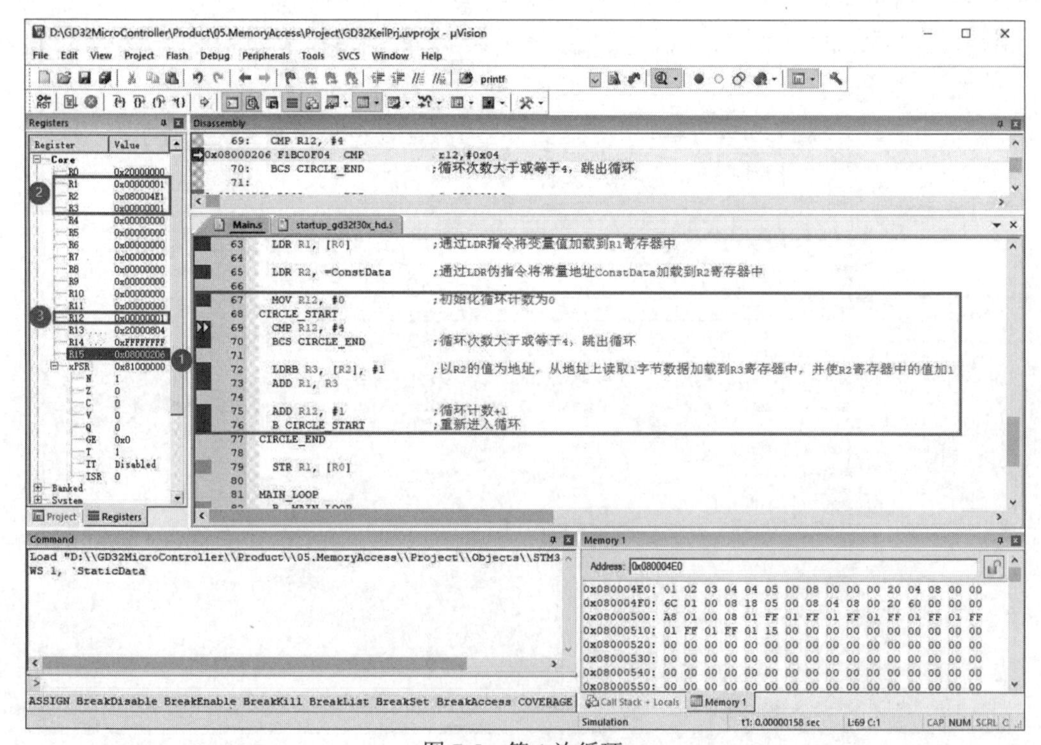

图 7-5　第 1 次循环

(1) 第 67 行代码：将 0 赋值给 R12 寄存器。

(2) 第 69 行代码：计算 R12 寄存器中的值与 4 的差值并更新标志位，0-4<0，目的操作数小于源操作数，因此执行完该行代码后 C 标志位为 0。

(3) 第 70 行代码：在跳转指令 B 之后添加了条件后缀 CS，其功能为根据 C 标志位状态选择性执行程序跳转。若 C 标志位为 1 则跳转至标号 CIRCLE_END。由于上一步的 CMP 指令已将 C 标志位清零，不符合跳转条件，因此程序将继续顺序执行，下一步执行第 72 行代码。

(4) 第 72 行代码：读取 R2 寄存器中的值对应的地址中存放的值，并将其加载到 R3 寄存器中，然后 R2 寄存器中的值加 1。R2 寄存器中的值为 0x080004E0，以该值为地址，其中存放的数据为 0x01。执行完该行代码后，R2 寄存器中的值变为 0x080004E1。

(5) 第 73 行代码：将 R3 寄存器中的值与 R1 寄存器中的值相加，并将结果重新加载到 R1 寄存器中。

(6) 第 75 行代码：将 R12 寄存器中的值加 1，表示进入下一次循环。

将第 69 至 75 行代码循环执行 3 次后跳出循环，即当 R12 寄存器中的值加到 4 时，执行第 69 行代码后，会将 C 标志位置 1，此时满足 BCS 指令的跳转条件，跳出循环，下一步执行第 79 行代码。而循环的结果是将以 ConstData 为首地址的 4 字节数据(0x01、0x02、0x03、0x04)依次累加到 R1 寄存器中，则 R1 寄存器中的值为 0x0A，如图 7-6 所示。

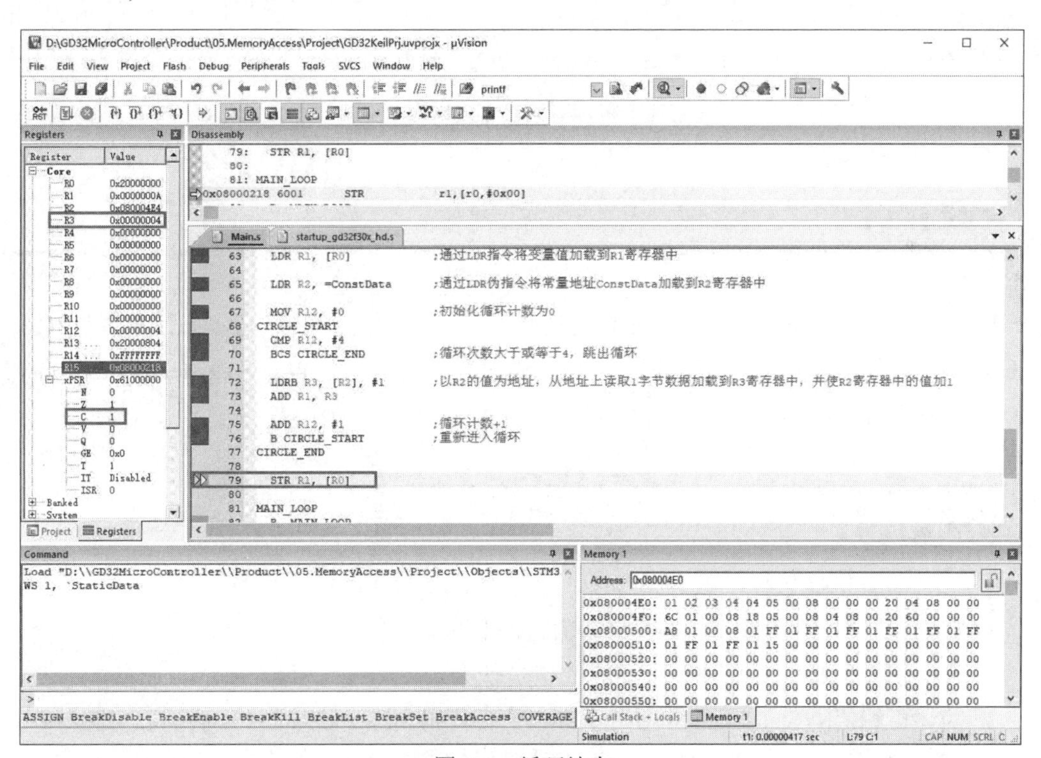

图 7-6 循环结束

通过 按钮执行第 79 行代码，将 R1 寄存器中的值写入以 R0 寄存器中的值为起始地址(0x20000000，即 StaticData)的存储空间。执行完该行代码后，可在 Memory 1 窗口中输入 0x20000000 并回车，查看以 0x20000000 为起始地址的一段地址空间的内存情况，如图 7-7 所示，表明数据写入成功。

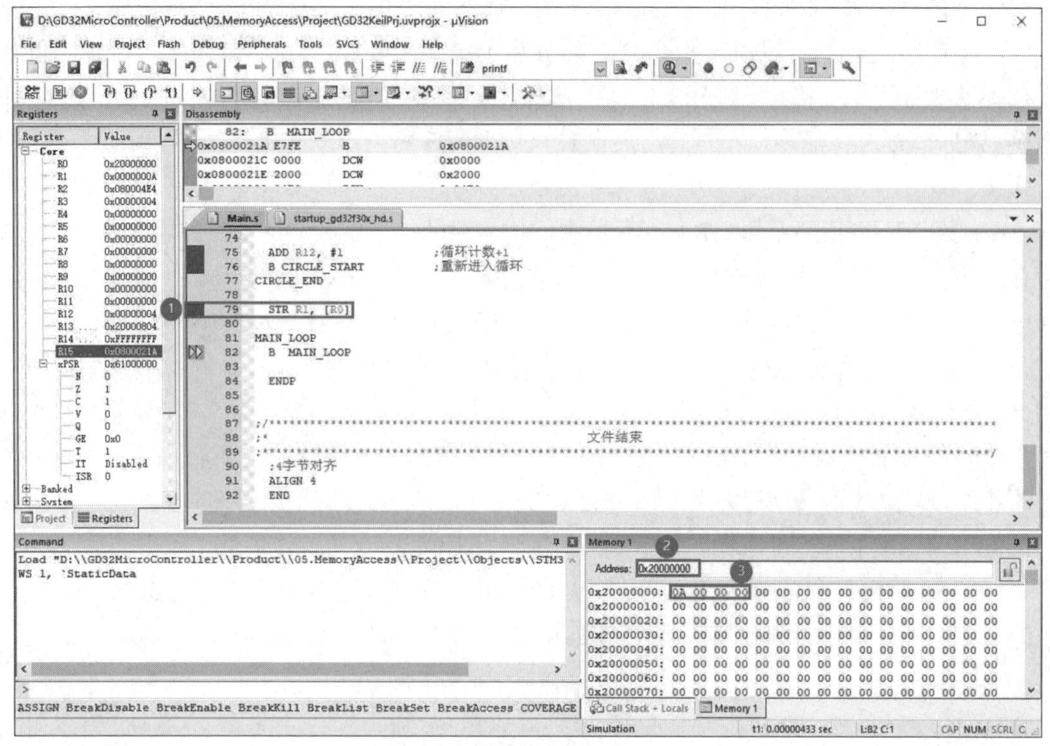

图 7-7　数据写入 StaticData

本章任务

修改本章程序，通过其他的存储器访问指令及后缀验证数据读/写，如使用 LDRH 代替 LDRB，使用 STRH 代替 STR 等，对应修改其他语句，通过查看 Registers 和 Memory 1 窗口验证指令功能。

本章习题

1. 如何设置可读可写、只读存储区域的基址和大小？

2. 存储器访问指令有几种？分类的依据是什么？

3. 简述汇编代码 StaticData SPACE 4 与 C 语言代码 int StaticData = 0 的异同之处。

4. 查看例程生成的.map 文件，并根据第 4.2.6 节内容查看变量和常量的地址以及占据的内存大小。

第 8 章

函数封装实验

本章将开始介绍将子程序封装为函数的方法，并介绍对程序运行有极大作用的栈区，以及与栈区访问相关的指令。通过学习本章，初步掌握用汇编语言的指令来实现函数封装及调用的方法。

8.1 实验内容

在汇编源文件 test.s 中封装一个函数，并在 main.s 文件中调用该函数，通过仿真查看程序执行过程，从而验证函数封装和函数调用的方法。

8.2 实验原理

8.2.1 函数介绍

在使用不同的语言进行编程时，有一种通用且常见的编程思路，那就是将一些功能模块封装为函数，提高程序的可读性和可维护性，并简化程序的设计。以 C 语言和汇编语言的主函数为例，如程序清单 8-1 所示。C 语言定义函数时需要确定函数的返回值及参数，而汇编语言通过 PROC 和 ENDP 伪操作定义函数且不需要确定返回值或参数。

程序清单 8-1

```
//C 语言
void main(void)
{
  //代码块
}

;汇编语言
main PROC
  //代码块
  ENDP
```

函数的调用需要注意两个问题：现场保护和参数传递。现场保护是指对 CPU 资源的保护，由于微控制器内所有的计算都需要通过工作寄存器来完成，因此需要对工作寄存器进行保护。假设存在函数 A 和函数 B，在函数 A 中调用了函数 B，如程序清单 8-2 所示。假设此时函数 A 中的 a、b、c 三个局部变量分别被加载到 R0、R1、R2 寄存器中，并调用了函数 B，而函数 B 同样需要使用 R0、R1、R2 寄存器。由于工作寄存器是全局共享资源(即程序中的任何位置都能对其访问)，如果此时不对寄存器加以保护，那么从函数 B 返回后，函数 A 中的局部变量将不再保持之前的值。因此需要通过栈区保存工作寄存器，在函数 B 执行前将工作寄存器依次保存，执行后再将其恢复，此时函数 B 对工作寄存器的修改才不会影响函数 A 的正常运行。

程序清单 8-2

```
//函数 A
void funcA(void)
{
  int a, b, c;            //假设分别用到了 R0、R1、R2 寄存器
  a = b + c;              //对应的汇编指令为：ADD R0, R1, R2

  //调用函数 B
  funcB();

  …
}

//函数 B
void funcB(void)
{
  int d, e, f;            //假设分别用到了 R0、R1、R2 寄存器
  d = e * f;              //对应的汇编指令为：MUL R0, R1, R2

  …
}
```

参数传递是指调用函数时在父函数中将子函数所需的参数传递给子函数，一般通过工作寄存器传递。当参数较多时，可以通过堆栈或内存空间传递。

8.2.2 堆区和栈区

堆区也称为内存池，用于动态内存分配，由用户通过内存分配函数(如 malloc 函数)和内存释放函数(如 free 函数)完成内存的申请和释放，主要用于分配用户临时申请的内存空间，提高内存利用率。

栈区由编译器自动分配和释放，主要用于分配空间保存临时数据。例如函数执行前，分配栈空间以保存工作寄存器的内容，函数执行后将数据恢复至工作寄存器并释放栈空间。由于栈内存分配运算内置于处理器的指令集中，因此其运行效率较高。在程序中，堆栈一般指栈区。

堆区和栈区本质上都是编译器分配的内存区域，两者的区别在于用途不同，前者用于动态内存分配，存储用户数据；后者用于存储程序运行时产生的临时变量。

8.2.3 栈区设置

在 4.2.5 节中介绍了启动文件的内容，其中包括了对堆栈大小的定义。如程序清单 8-3 所示，通过 AREA 伪操作定义了堆栈数据段，并将属性设置为可读可写。在该段中，首先

通过 EQU 伪操作定义常量 MSP_SIZE 的值为 0x800，再通过 SPACE 伪操作开辟大小为 MSP_SIZE(即 0x800)的区域(单位为字节)，该区域即为栈区，最后通过标号 MSP_ADDR 表示栈区末尾地址。

程序清单 8-3
```
                AREA  STACK_DATA, DATA, READWRITE
                ENTRY
MSP_SIZE         EQU 0x800
STACK           SPACE   MSP_SIZE
MSP_ADDR
```

栈区的增长方向是自上而下的，即数据在栈区中的存储是从高地址到低地址的顺序，先入栈的数据存放于栈区内地址较大的区域，因此表示栈区末尾地址的 MSP_ADDR 同时也被称为栈顶地址。

由于 STACK_DATA 段的属性为可读可写，因此该段开辟的空间位于 SRAM，即栈区的位置位于 SRAM 区域。此外，由于其他可读可写段的存在，栈顶地址并不一定是 0x20000800。SP 寄存器用于保存栈的地址，未操作栈时 SP 寄存器中的值为栈顶地址。

8.2.4 栈操作指令

栈操作指令包括 PUSH 和 POP 指令，格式如程序清单 8-4 所示。PUSH 指令将作为操作数的寄存器列表中的寄存器中的值依次写入栈中，POP 指令从栈中依次取出值，并将其加载到寄存器列表中的寄存器中。

程序清单 8-4
```
PUSH/POP {list}
```

作为 PUSH 指令操作数的寄存器列表中不能有 SP 和 PC 寄存器，作为 POP 指令操作数的寄存器列表中不能有 SP 寄存器，并且 LR 和 PC 寄存器不能同时出现。

8.2.5 LDR 伪指令

汇编语言中的伪指令数量较少，其中最常用的伪指令是 LDR 伪指令，用于加载 32 位立即数或标号地址值到目的寄存器中，格式如程序清单 8-5 所示。

程序清单 8-5
```
LDR Rd,=label/num
```

作为伪指令，编译器在编译时将其等效替换为指令集中的指令，根据源操作数的类型不同可分为以下情况。

(1) 源操作数为标号：被 LDR 指令替换，将标号表示的地址值赋值给目的操作数。

(2) 源操作数为可通过 MOV 指令加载的立即数：被 MOV 指令替换，将立即数赋给目的操作数。

(3) 源操作数为不可通过 MOV 指令加载的立即数：被 LDR 指令替换，将常量放入文字池后，通过 LDR 指令从文字池中赋值给目的操作数。

文字池是 ARM 汇编语言代码段中一段用于存放常量数据的内存。由于 ARM 指令集长度是固定的(Thumb-2 指令为 4 字节或 2 字节)，因此无法将无特定规律的 32 位数据编码在 1 条指令中，此时编译器在代码段中分配一段内存，并将该数据保存在内存的某一块地址上，最后通过指令将该内存地址上的值，即 32 位数据加载到寄存器中。

8.3 实验步骤与代码解析

步骤 1：复制并完善原始工程

首先，将 D:\GD32MicroController\Material\06.FunctionEncapsulate 文件夹复制到 D:\GD32MicroController\Product 文件夹中。然后，双击运行 D:\GD32MicroController\Product\06.FunctionEncapsulate\Project 文件夹中的 GD32KeilPrj.uvprojx。最后，打开 App 分组下的 test.s 文件，在“输出”区添加如程序清单 8-6 所示的代码，通过 EXPORT 将标号 Test 声明为全局标号，使其可以在其他文件中调用。注意，EXPORT 前必须留 2 个空格，否则编译不通过。

程序清单 8-6

```
  EXPORT Test
```

在“代码段”区添加如程序清单 8-7 所示的代码，该代码通过 PROC 和 ENDP 伪操作定义标号为 Test 的函数，并通过 PUSH 和 POP 指令进行现场保护。由于 R2 寄存器是返回值，因此不需要通过栈区对其保存。

程序清单 8-7

```
1.  Test PROC
2.    PUSH {R0,R1,R3-R12, LR}
3.
4.    MOV R0, #1
5.    MOV R1, #1
6.    ADD R2, R1, R0
7.
8.    POP {R0,R1,R3-R12, PC}
9.    ENDP
```

双击打开 Main.s 文件，在 Main.s 文件的“输入”区，添加如程序清单 8-8 所示的代码，该代码通过 IMPORT 引入 Test 标号，使其可以在 main.s 文件中调用。注意，IMPORT 前必须留 2 个空格，否则编译不通过。

程序清单 8-8

```
IMPORT Test
```

在“代码段”区的 main 函数中添加调用 Test 函数的代码，如程序清单 8-9 的第 3 至 9 行代码所示。

程序清单 8-9

```
1.   main PROC
2.
3.     MOV R1, #6
4.     MOV R3, #3
5.
6.     BL Test
7.
8.   MAIN_LOOP
9.     B  MAIN_LOOP
10.
11.    ENDP
```

步骤 2：函数调用测试

代码添加完成后，单击按钮进行编译。编译结束后，在 Build Output 栏中出现 0 Error(s), 0 Warning，表示编译成功。然后单击工具栏中的开始仿真。

通过按钮逐步执行程序清单 8-9 中的第 3 至 6 行代码后，程序将跳转至 test.s 文件中的 Test 函数处，如图 8-1 所示。

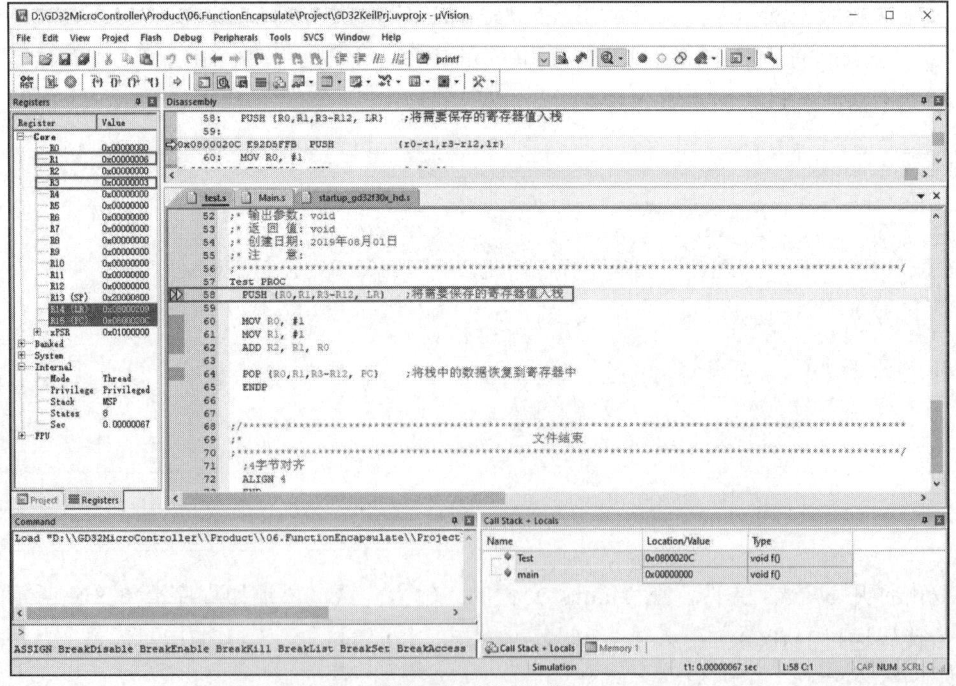

图 8-1　调用函数

通过 按钮逐步执行第 58 至 62 行代码，将工作寄存器和 LR 寄存器中的值入栈，然后对 R0～R2 寄存器进行赋值，如图 8-2 所示。

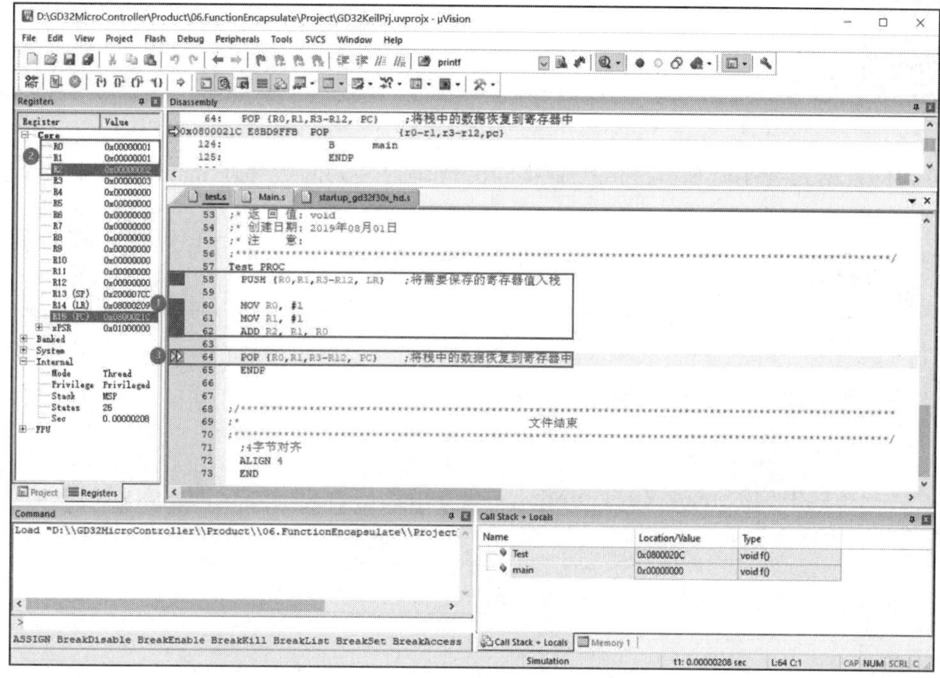

图 8-2 执行函数

最后再通过 POP 指令将栈中的数据恢复到寄存器中，可见 R1 寄存器中的值恢复为调用 Test 函数前的值，如图 8-3 所示。

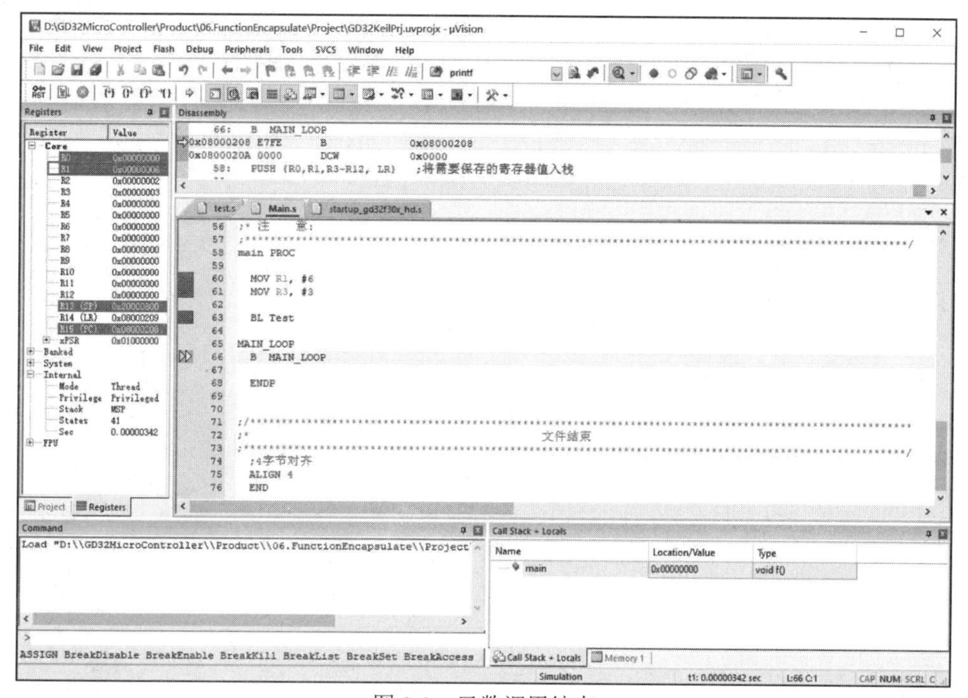

图 8-3 函数调用结束

这样即实现了函数封装和函数调用，且做了现场保护，避免工作寄存器中的值被意外修改。

本章任务

尝试将数据处理实验和程序流控制实验的代码封装为函数并在 main 函数中调用。

本章习题

1. 简述现场保护和参数传递的意义和方法。

2. 堆区和栈区的异同是什么？

3. 查看例程生成的.map 文件，并根据 4.2.6 节的内容查看定义的函数起始地址及占据的内存大小。

第 9 章

GPIO与流水灯实验

从本章开始，将详细介绍在 GD32F3 苹果派开发板上可以完成的代表性实验。GPIO 与流水灯实验旨在通过编写一个简单的流水灯程序，来了解 GD32F30x 系列微控制器的部分 GPIO 功能，并掌握基于寄存器的 GPIO 配置及其使用方法。

9.1 实验内容

通过学习 LED 电路原理图、GPIO 功能框图和寄存器，基于 GD32F3 苹果派开发板设计一个流水灯程序，实现开发板上的两个 LED(LED_1 和 LED_2)交替闪烁，每个 LED 的点亮时间和熄灭时间均为 500ms。

9.2 实验原理

9.2.1 LED 电路原理图

GPIO 与流水灯实验涉及的硬件包括 2 个位于 GD32F3 苹果派开发板上的 LED(LED_1 和 LED_2)，以及分别与 LED_1 和 LED_2 串联的限流电阻 R_{110} 和 R_{115}，LED_1 通过 2kΩ 电阻连接到 GD32F303ZET6 芯片的 PA8 引脚，LED_2 通过 510Ω 电阻连接到 PE6 引脚，如图 9-1 所示。PA8 为高电平时，LED_1 点亮；PA8 为低电平时，LED_1 熄灭。同样，PE6 为高电平时，LED_2 点亮；PE6 为低电平时，LED_2 熄灭。

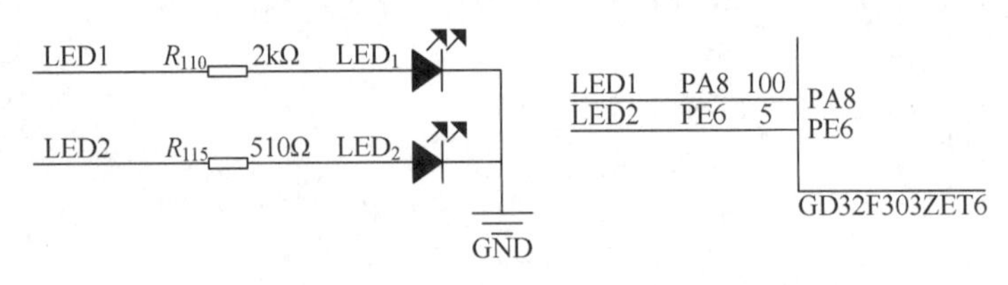

图 9-1　LED 硬件电路

9.2.2 GPIO 功能框图

本节涉及 GPIO 寄存器的相关知识，关于 GD32F30x 系列微控制器的 GPIO 相关寄存器将在 9.2.3 节中详细介绍。

微控制器的 I/O 引脚可以通过寄存器配置为各种不同的功能，如输入或输出，因此被称为 GPIO(General Purpose Input Output，通用输入/输出)。下面以 GD32F30x 系列微控制器为例进行介绍。GD32F30x 系列微控制器最多可提供 112 个 GPIO，GPIO 又分为 GPIOA、GPIOB、…、GPIOG 共 7 组，每组端口又包含 0～15 共 16 个不同的引脚。对于不同型号的 GD32 芯片，端口的组数和引脚数不尽相同，具体可参阅相应芯片的数据手册。

每个通用 I/O 端口都可以通过端口控制寄存器(GPIOx_CTL0 或 GPIOx_CTL1)配置为 8 种模式，包括 4 种输入模式和 4 种输出模式。4 种输入模式分别为浮空输入、上拉输入、下拉输入和模拟输入；4 种输出模式分别为开漏输出、推挽输出、备用推挽输出和备用开漏输出。

图 9-2 所示的 GPIO 功能框图可帮助分析本实验的原理，其中两个 LED 引脚对应的 GPIO 配置为推挽输出模式。下面将按照编号顺序依次介绍各功能部分。

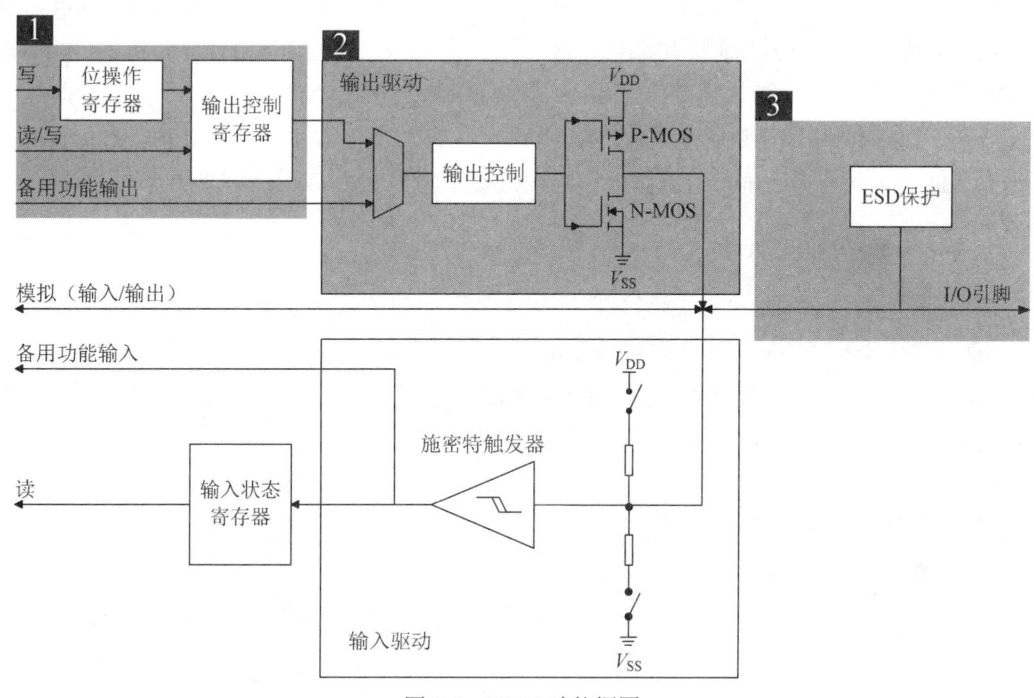

图 9-2 GPIO 功能框图

1. 输出相关寄存器

输出相关寄存器包括端口输出控制寄存器(GPIOx_OCTL)。可以通过更改 GPIOx_OCTL 中的值来改变 GPIO 的引脚电平。然而，写 GPIOx_OCTL 的过程将一次性更改 16 个引脚的电平，这样就很容易把一些不需要更改的引脚电平更改为非预期值。为了准确地更改某一个或某几个引脚的电平，例如，将 GPIOx_OCTL[0]更改为 1，将 GPIOx_OCTL[14]更改为 0，可以先读取 GPIOx_OCTL 的值到一个通用寄存器(R1)，再将 R1[0]更改为 1，将 R1[14]更改为 0，最后将 R1 的值写入 GPIOx_OCTL，如图 9-3 所示。

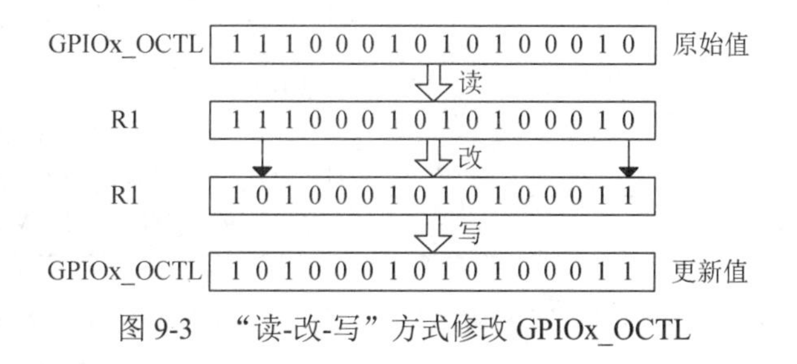

图 9-3 “读-改-写”方式修改 GPIOx_OCTL

2. 输出驱动

输出驱动既可以配置为推挽模式，也可以配置为开漏模式，本实验的两个 LED 均配置为推挽模式，推挽模式的工作原理如下。

输出驱动模块中包含两个MOS晶体管，上方连接 V_{DD} 的为P-MOS晶体管，下方连接 V_{SS} 的为N-MOS晶体管。这两个MOS晶体管组成一个CMOS反相器，当输出驱动模块的输出控制端为高电平时，上方的P-MOS晶体管关闭，下方的N-MOS晶体管导通，I/O引脚对外输出低电平；当输出控制端为低电平时，上方的 P-MOS 晶体管导通，下方的 N-MOS 晶体管关闭，I/O引脚对外输出高电平。当I/O引脚的高、低电平切换时，两个MOS晶体管轮流导通，P-MOS晶体管负责灌电流，N-MOS晶体管负责拉电流，使其负载能力和开关速度均比普通的方式有较大的提升。推挽输出的低电平约为0V，高电平约为3.3V。

3. I/O 引脚和 ESD 保护

I/O引脚即为微控制器的引脚，可以被配置为输出模式或输入模式。I/O引脚上还集成了 ESD 保护模块，ESD 又称为静电放电，其显著特点是高电位和作用时间短，不仅影响电子元器件的使用寿命，严重时甚至会导致元器件损坏。ESD 保护模块可有效防止静电放电对芯片产生不良影响。

9.2.3 GPIO 部分寄存器

每个 GPIO 端口有 8 个寄存器，下面介绍本实验涉及的 GPIO 寄存器。

1. 端口控制寄存器 0(GPIOx_CTL0)和端口控制寄存器 1(GPIOx_CTL1)

每个 GPIO 端口通过 MDy[1:0]、CTLy[1:0]和 SPDy(y = 0，1，2，…，15)可配置为多种模式中的一种，如表 9-1 所示。

表 9-1　GPIO 配置表

配置模式		CTLy[1:0]	SPDy:MDy[1:0]	OCTL
输入	模拟	00	x00	不使用
	浮空	01		不使用
	下拉	10		0
	上拉	10		1
普通输出(GPIO)	推挽	00	x00：保留; x01：最大速度到 10MHz; x10：最大速度到 2 MHz; 011：最大速度到 50 MHz; 111：最大速度到 120MHz	0 或 1
	开漏	01		0 或 1
备用功能输出(AFIO)	推挽	10		不使用
	开漏	11		不使用

GD32F30x 系列微控制器的部分组 GPIO 端口有 16 个引脚，每个引脚都需要 4bit(分别为 MDy[1:0]和 CTLy[1:0])进行输入/输出模式的配置，因此，每组 GPIO 端口就需要 64bit。作为 32 位微控制器，GD32F30x 安排了两组寄存器，分别是端口控制寄存器 0(GPIOx_CTL0)和端口控制寄存器 1(GPIOx_CTL1)，这两组寄存器的结构、偏移地址和复

位值分别如图 9-4 和图 9-5 所示。

偏移地址：0x00
复位值：0x4444 4444

31　30	29　28	27　26	25　24	23　22	21　20	19　18	17　16
CTL7[1:0]	MD7[1:0]	CTL6[1:0]	MD6[1:0]	CTL5[1:0]	MD5[1:0]	CTL4[1:0]	MD4[1:0]
rw	rw	rw	rw	rw	rw	rw	rw

15　14	13　12	11　10	9　8	7　6	5　4	3　2	1　0
CTL3[1:0]	MD3[1:0]	CTL2[1:0]	MD2[1:0]	CTL1[1:0]	MD1[1:0]	CTL0[1:0]	MD0[1:0]
rw	rw	rw	rw	rw	rw	rw	rw

图 9-4　GPIOx_CTL0 的结构、偏移地址和复位值

偏移地址：0x04
复位值：0x4444 4444

31　30	29　28	27　26	25　24	23　22	21　20	19　18	17　16
CTL15[1:0]	MD15[1:0]	CTL14[1:0]	MD14[1:0]	CTL13[1:0]	MD13[1:0]	CTL12[1:0]	MD12[1:0]
rw	rw	rw	rw	rw	rw	rw	rw

15　14	13　12	11　10	9　8	7　6	5　4	3　2	1　0
CTL11[1:0]	MD11[1:0]	CTL10[1:0]	MD10[1:0]	CTL9[1:0]	MD9[1:0]	CTL8[1:0]	MD8[1:0]
rw	rw	rw	rw	rw	rw	rw	rw

图 9-5　GPIOx_CTL1 的结构、偏移地址和复位值

图 9-4 和图 9-5 中只标注了偏移地址，而没有标注绝对地址。因为 GD32F30x 系列微控制器有 7 组 GPIO 端口，如果标注绝对地址，就需要将每组端口的 CTL0 和 CTL1 全部列出来，既没有意义，也没有必要。通过偏移地址计算绝对地址很简单，比如要计算 GPIOA 端口的 CTL1 的绝对地址，可以先查看 GPIOA 端口的起始地址，由图 9-6 可以确定 GPIOA 端口的起始地址为 0x40010800，CTL1 的偏移地址为 0x04，因此，GPIOA 端口的 CTL1 的绝对地址为 0x40010804(即 0x40010800+0x04)。又如，要计算 GPIOC 端口的 BOP 的绝对地址，可以先查看 GPIOC 端口的起始地址，由图 9-6 可知 GPIOC 端口的起始地址为 0x40011000，BOP 的偏移地址为 0x10，因此，GPIOC 端口的 BOP 的绝对地址为 0x40011010。

地址范围	外设
0x4001 2000~0x4001 23FF	GPIOG
0x4001 1C00~0x4001 1FFF	GPIOF
0x4001 1800~0x4001 1BFF	GPIOE
0x4001 1400~0x4001 17FF	GPIOD
0x4001 1000~0x4001 13FF	GPIOC
0x4001 0C00~0x4001 0FFF	GPIOB
0x4001 0800~0x4001 0BFF	GPIOA

偏移	寄存器
00h	GPIOx_CTL0
04h	GPIOx_CTL1
08h	GPIOx_ISTAT
0Ch	GPIOx_OCTL
10h	GPIOx_BOP
14h	GPIOx_BC
18h	GPIOx_LOCK
3Ch	GPIOx_SPD

GPIOA 的起始地址 0x4001 0800
\+ CTL1的偏移地址 0x04
GPIOA 的CTl1的绝对地址 0x4001 0804

GPIOC的起始地址 0x4001 1000
\+ BOP的偏移地址 0x10
GPIOC的BOP的绝对地址 0x4001 1010

图 9-6　绝对地址计算示例

CTL0 和 CTL1 用于控制 GPIO 端口的输入/输出模式，且与 SPD 协同控制输出速度，

CTL0 用于控制 GPIO 端口(A～G)低 8 位的输入/输出模式及输出速度，CTL1 用于控制 GPIO 端口(A～G)高 8 位的输入/输出模式及输出速度。每个 GPIO 端口的引脚占用 CTL0 或 CTL1 的 4 位，高 2 位为 CTLy[1:0]，低 2 位为 MDy[1:0]，CTLy[1:0]和 MDy[1:0]的解释说明如表 9-2 所示。从图 9-4 和图 9-5 可以看到，这两个寄存器的复位值均为 0x4444 4444，即 CTLy[1:0]为 01，MDy[1:0]为 00，从表 9-2 可以得出这样的结论：GD32F30x 系列微控制器复位后所有引脚配置为浮空输入模式。

表 9-2　CTLy[1:0]和 MDy[1:0]的解释说明

位/位域	名称	描述
31:30 27:26 23:22 19:18 15:14 11:10 7:6 3:2	CTLy[1:0]	Piny 配置位(y=0，1，2，…，15)。 该位由软件置位和清除。 输入模式(MDy[1:0] = 00)。 00：模拟输入； 01：浮空输入； 10：上拉输入/下拉输入； 11：保留。 输出模式(MDy[1:0] > 00)。 00：GPIO 推挽输出； 01：GPIO 开漏输出； 10：AFIO 推挽输出； 11：AFIO 开漏输出
29:28 25:24 21:20 17:16 13:12 9:8, 5:4 1:0	MDy[1:0]	Piny 模式位(y=0，1，2，…，15)。 该位由软件置位和清除。 00：输入模式(复位状态)； 01：输出模式，最大速度 10MHz； 10：输出模式，最大速度 2MHz； 11：输出模式，最大速度 50MHz

2. 端口输出控制寄存器(GPIOx_OCTL)

GPIOx_OCTL 是一组 GPIO 端口的 16 个引脚的输出控制寄存器，因此只用了低 16 位。该寄存器为可读可写，从该寄存器读出的数据可以用于判断某组 GPIO 端口的输出状态，向该寄存器写数据可以控制某组 GPIO 端口的输出电平。GPIOx_OCTL 的结构、偏移地址和复位值，以及各个位的解释说明如图 9-7 和表 9-3 所示。GPIOx_OCTL 也简称为 OCTL。

偏移地址：0x14
复位值：0x0000 0000

31	30	29	28	27	26	25	24	23	22	21	20	19	18	17	16
保留															

15	14	13	12	11	10	9	8	7	6	5	4	3	2	1	0
OCTL15	OCTL14	OCTL13	OCTL12	OCTL11	OCTL10	OCTL9	OCTL8	OCTL7	OCTL6	OCTL5	OCTL4	OCTL3	OCTL2	OCTL1	OCTL0
rw	rw	rw	rw	rw	rw	rw	rw	rw	rw	rw	rw	rw	rw	rw	rw

图 9-7　GPIOx_OCTL 的结构、偏移地址和复位值

表 9-3　GPIOx_OCTL 各个位的解释说明

位/位域	名称	描述
31:16	保留	必须保持复位值
15:0	OCTLy	端口输出数据(y=0，1，…，15)。 该位由软件置位和清除。 0：引脚输出低电平； 1：引脚输出高电平

例如，通过寄存器操作的方式，将 PA4 引脚输出设置为高电平，且 GPIOA 端口的其他引脚电平不变。

```
LDR R0, =GPIOA_OCTL
LDR R1, [R0]
ORR R1, #(1 << 4)
STR R1, [R0]
```

这里修改端口 A 的寄存器值时，使用到了 GPIOA_OCTL，该寄存器地址定义在 Reg.s 文件中。关于 GPIO 端口的寄存器的宏定义如下，与用户手册中的一致，首先定义寄存器基址，然后具体寄存器地址就是基址直接加上对应的偏移量。

```
…
GPIOA_BASE          EQU 0x40010800
…
GPIOA_CTL0  EQU GPIOA_BASE + 0x00
GPIOA_CTL1  EQU GPIOA_BASE + 0x04
GPIOA_ISTAT  EQU GPIOA_BASE + 0x08
GPIOA_OCTL  EQU GPIOA_BASE + 0x0C
GPIOA_BOP   EQU GPIOA_BASE + 0x10
GPIOA_BC    EQU GPIOA_BASE + 0x14
GPIOA_LOCK  EQU GPIOA_BASE + 0x18
GPIOA_SPD   EQU GPIOA_BASE + 0x3C
…
```

因此，如果要修改 GPIOA 的 GPIO_OCTL 的值，先把 GPIOA_OCTL 的地址保存到通用寄存器 R0 中，然后将 GPIOA_OCTL 寄存器中的值保存到 R1 中，再对该值进行修改，最后将 R1 的值写回寄存器 GPIOA_OCTL 中。

除了以上介绍的 3 种寄存器，GD32F30x 系列微控制器的 GPIO 相关寄存器还有 13 种，由于在本实验中并未涉及，这里不作介绍，感兴趣的读者可参见《GD32F30x 用户手册(中文版)》的第 180～201 页，也可参见《GD32F30x 用户手册(英文版)》的第 187～208 页(上述文件存放在资料包的“09.参考资料”文件夹下)。

9.2.4 RCU 部分寄存器

本实验涉及的RCU寄存器只有APB2使能寄存器(RCU_APB2EN)，该寄存器的结构、偏移地址和复位值如图 9-8 所示，部分位的解释说明如表 9-4 所示。本章只对该寄存器进行简单介绍，第 14 章将详细介绍。

偏移地址：0x18

复位值：0x0000 0000

31	30	29	28	27	26	25	24	23	22	21	20	19	18	17	16
保留										TIMER10EN	TIMER9EN	TIMER8EN	保留		
										rw	rw	rw			

15	14	13	12	11	10	9	8	7	6	5	4	3	2	1	0
保留	USART0EN	TIMER7EN	SPI0EN	TIMER0EN	ADC1EN	ADC0EN	PGEN	PFEN	PEEN	PDEN	PCEN	PBEN	PAEN	保留	AFEN
	rw	rw	rw	rw	rw	rw	rw	rw	rw	rw	rw	rw	rw		rw

图 9-8　RCU_APB2EN 的结构、偏移地址和复位值

表 9-4　RCU_APB2EN 部分位的解释说明

位/位域	名称	描述
8	PGEN	GPIO 端口 G 时钟使能。 由软件置 1 或清零。 0：GPIOG 时钟关闭； 1：GPIOG 时钟开启
7	PFEN	GPIO 端口 F 时钟使能。 由软件置 1 或清零。 0：GPIOF 时钟关闭； 1：GPIOF 时钟开启
6	PEEN	GPIO 端口 E 时钟使能。 由软件置 1 或清零。 0：GPIOE 时钟关闭； 1：GPIOE 时钟开启

(续表)

位/位域	名称	描述
5	PDEN	GPIO 端口 D 时钟使能。 由软件置 1 或清零。 0：GPIOD 时钟关闭； 1：GPIOD 时钟开启
4	PCEN	GPIO 端口 C 时钟使能。 由软件置 1 或清零。 0：GPIOC 时钟关闭； 1：GPIOC 时钟开启
3	PBEN	GPIO 端口 B 时钟使能。 由软件置 1 或清零。 0：GPIOB 时钟关闭； 1：GPIOB 时钟开启
2	PAEN	GPIO 端口 A 时钟使能。 由软件置 1 或清零。 0：GPIOA 时钟关闭； 1：GPIOA 时钟开启
0	AFEN	复用功能 I/O 时钟使能。 由软件置 1 或清零。 0：关闭复用功能 I/O 时钟； 1：开启复用功能 I/O 时钟

9.2.5 程序架构

本实验的程序架构如图 9-9 所示，该图简要介绍了程序开始运行后各个函数的执行和调用流程，图中仅列出了与本实验相关的一部分函数。下面解释说明程序架构。

(1) 在 main 函数中调用 InitHardware 函数进行硬件相关模块初始化，包含 RCU、NVIC、Timer 和 LED 等模块。这里仅介绍 LED 模块初始化函数 InitLED。在 InitLED 函数中调用 ConfigLEDGPIO 函数对 LED 对应的 GPIO(PA8 和 PE6)进行配置。

(2) 调用 InitSoftware 函数进行软件相关模块初始化。本实验中，InitSoftware 函数为空。

(3) 调用 Proc2msTask 函数进行 2ms 任务处理。在该函数中，调用 LEDFlicker 函数改变 LED 状态。

(4) 2ms 任务之后再调用 Proc1SecTask 函数进行 1s 任务处理。在该函数中，调用 PrintString 函数打印字符串，可以通过计算机上的串口助手查看。

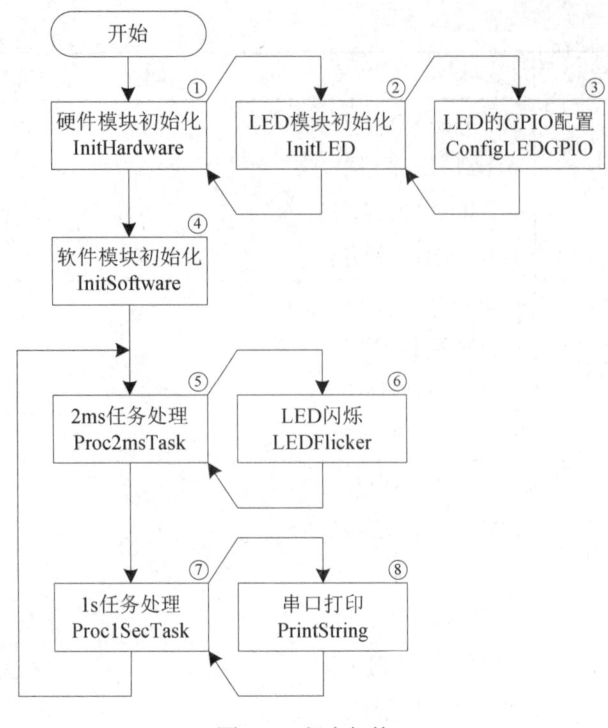

图 9-9　程序架构

(5) Proc2msTask 和 Proc1SecTask 均在 MAIN_LOOP 主循环中调用，因此，Proc1SecTask 函数执行完后将再次执行 Proc2msTask 函数。循环调用 LEDFlicker 函数，即可实现 LED 闪烁的功能。

在图 9-9 中，编号①④⑤和⑦的函数在 Main.s 文件中实现；编号②③和⑥的函数在 LED.s 文件中实现。

本实验编程要点：

(1) GPIO 配置，通过寄存器操作使能对应的 GPIO 端口时钟和配置 GPIO 引脚的功能模式等。

(2) 通过读/写 GPIO 相关寄存器来实现读/写引脚的电平。

(3) LED 闪烁逻辑的实现，即在固定的时间间隔后同时改变两个 LED 的状态。

实现 LED 的点亮和熄灭，本质上即为控制对应的 GPIO 输出高/低电平，通过读/写 GPIO 相关寄存器即可。

在本实验中，初步介绍了 GPIO 部分寄存器的功能和用法，为后续实验奠定了基础。GD32F30x 系列微控制器有着丰富的外设资源，也包含一系列寄存器，篇幅所限，本书无法一一列举，读者可自行查阅数据手册等官方参考资料。养成查阅官方参考资料的习惯对程序开发人员十分重要，对初学者更是大有裨益。掌握各个外设的寄存器的功能和用法，将使程序开发变得更加灵活简单。

9.3 实验步骤与代码解析

步骤 1：复制并编译原始工程

首先，将 D:\GD32MicroController\Material\07.GPIOLED 文件夹复制到 D:\GD32MicroController\Product 文件夹中。然后，双击运行 D:\GD32MicroController\Product\07.GPIOLED\Project 文件夹中的 GD32KeilPrj.uvprojx，单击工具栏中的按钮。当 Build Output 栏出现 FromELF:creating hex file...时，表示已经成功生成.hex 文件，出现 0 Error(s), 0 Warning 时，表示编译成功。最后，将.axf 文件下载到 GD32F303ZET6 芯片的内部 Flash 中，然后按下 GD32F3 苹果派开发板的 RST 按键进行复位，打开串口助手，观察是否每秒输出一次 This is a GD32F303 project.。本实验实现的是两个 LED 交替闪烁功能，因此，资料包里 Material 提供的“07.GPIOLED”工程中的 LED 模块是空白的，开发板上不会出现两个 LED 交替闪烁的现象。如果串口正常输出字符串，表示原始工程是正确的，可以进入下一步操作。

步骤 2：添加 LED.s 文件

将 D:\GD32MicroController\Product\07.GPIOLED\App 文件夹中的 LED.s 文件添加到 App 分组中。

步骤 3：完善 LED.s 文件

在 LED.s 文件的“文件类型”区，添加如程序清单 9-1 所示的代码。这两行代码指示汇编器使用 Thumb 指令集对代码进行汇编。

程序清单 9-1

```
PRESERVE8
THUMB
```

在“输出”区，添加如程序清单 9-2 所示的代码，通过 EXPORT 将 InitLED 和 LEDFlicker 声明为全局标号。本工程中使用多文件的方式编写汇编语言代码，为了在其他文件中能够调用 LED.s 文件中的函数，需要将这些函数的标号声明为全局标号。

程序清单 9-2

```
EXPORT InitLED          ;初始化 LED 的 GPIO
EXPORT LEDFlicker       ;LED 闪烁任务
```

与 C 语言中的包含头文件类似，为了 LED.s 文件能够调用其他文件中的标号，需要在“输入”区添加如程序清单 9-3 所示的代码，通过 IMPORT 引入在 Reg.s 文件中定义的 RCU 与 GPIO 相关寄存器标号，使这些标号可以在 LED.s 文件中调用。Reg.s 文件包含了 GD32F303ZET6 微控制器所有外设寄存器的地址定义，若其他文件需要使用对应的寄存器，直接导入 Reg.s 文件中的标号即可。

程序清单 9-3

```
1.    IMPORT RCU_APB2EN
2.    IMPORT GPIOA_CTL1
3.    IMPORT GPIOE_CTL0
4.    IMPORT GPIOA_OCTL
5.    IMPORT GPIOE_OCTL
```

在“常量段”区，添加定义常量段代码，如程序清单 9-4 所示，常量段为只读。注意，段定义的作用范围为下一段定义开始前。

程序清单 9-4

```
AREA LEDConstData, DATA, READONLY
```

在“变量段”区，添加定义变量段代码，如程序清单 9-5 所示，变量段为可读可写。

程序清单 9-5

```
AREA LEDStaticData, DATA, READWRITE
```

在“代码段”区，添加定义代码段代码，如程序清单 9-6 所示，代码段为只读。

程序清单 9-6

```
AREA |.text|, CODE, READONLY
```

在上述代码后添加 ConfigLEDGPIO 函数的实现代码，如程序清单 9-7 所示。

程序清单 9-7

```
1.  ConfigLEDGPIO PROC
2.    PUSH {R0-R12, LR}
3.
4.    ;开启 GPIOA 时钟
5.    LDR R0, =RCU_APB2EN
6.    LDR R1, [R0]
7.    ORR R1, #(1 << 2)
8.    STR R1, [R0]
9.
10.   ;开启 GPIOE 时钟
11.   LDR R0, =RCU_APB2EN
12.   LDR R1, [R0]
13.   ORR R1, #(1 << 6)
14.   STR R1, [R0]
15.
16.   ;设置 PA8 为推挽输出模式(LED1)
17.   LDR R0, =GPIOA_CTL1
```

```
18.    LDR R1, [R0]
19.    AND R1, #~(15 << 0)
20.    ORR R1, #(3 << 0)
21.    STR R1, [R0]
22.
23.    ;设置 PE6 为推挽输出模式(LED2)
24.    LDR R0, =GPIOE_CTL0
25.    LDR R1, [R0]
26.    AND R1, #~(15 << 24)
27.    ORR R1, #(3 << 24)
28.    STR R1, [R0]
29.
30.    ;PA8 输出高电平(点亮 LED1)
31.    LDR R0, =GPIOA_OCTL
32.    LDR R1, [R0]
33.    ORR R1, #(1 << 8)
34.    STR R1, [R0]
35.
36.    ;PE6 输出低电平(熄灭 LED2)
37.    LDR R0, =GPIOE_OCTL
38.    LDR R1, [R0]
39.    AND R1, #~(1 << 6)
40.    STR R1, [R0]
41.
42.    ;返回
43.    POP {R0-R12, PC}
44.    ENDP
```

(1) 第 2 行代码：进入函数时，需要对之前保存在寄存器中的值进行现场保护操作，因此需要将工作寄存器 R0～R12 及 LR 寄存器压入栈区。

(2) 第 4 至 14 行代码：GD32F3 苹果派开发板的 LED_1 和 LED_2 分别与 GD32F303ZET6 芯片的 PA8 和 PE6 相连接，因此需要使能 GPIOA 和 GPIOE 时钟。通过将 APB2 使能寄存器 RCU_APB2EN 的第 2 位 PAEN(最低位为第 0 位)和第 6 位 PEEN 置 1，开启 GPIOA 和 GPIOE 时钟，可参见图 9-8 和表 9-4。注意，按位与操作将对应位清零，按位或操作将对应位置 1。

(3) 第 16 至 28 行代码：将 PA8 和 PE6 配置为推挽输出模式，并将两个 I/O 的最大输出速度配置为 50MHz。以 PA8 为例介绍配置过程：配置端口控制寄存器 GPIOA_CTL1 的第 2～3 位为 00，第 0～1 位为 11。其中，第 0～1 位为 PA8 模式位，设置为 11 表示 PA8 引脚为输出模式，且最大速度为 50MHz；第 2～3 位为 PA8 配置位，设置为 00 表示 PA8 引脚为推挽输出模式，可参见图 9-4、图 9-5 和表 9-2。

(4) 第 30 至 40 行代码：将 PA8 和 PE6 的默认电平分别设置为高电平和低电平，即将 LED_1 和 LED_2 的默认状态分别设置为点亮和熄灭。分别通过将 GPIOA_OCTL 的第 8 位置 1 和 GPIOE_OCTL 的第 6 位清零来实现，可参见图 9-7 和表 9-3。

(5) 第 43 至 44 行代码：函数结束时，将之前保存进栈区的寄存器值进行出栈操作。

在 ConfigLEDGPIO 函数实现代码后，添加 InitLED 和 LEDFlicker 函数的实现代码，如程序清单 9-8 所示。

程序清单 9-8

```
1.  InitLED PROC
2.    PUSH {R0-R12, LR}
3.
4.    ;配置 LED 的 GPIO
5.    BL ConfigLEDGPIO
6.
7.    POP {R0-R12, PC}
8.    ENDP
9.
10. LEDFlicker PROC
11.   PUSH {R0-R12, LR}
12.
13.   ;读入 GPIOA 输出状态
14.   LDR  R0, =GPIOA_OCTL
15.   LDR  R1, [R0]
16.   ANDS R1, #(1 << 8)
17.   BNE  CLR_LED1    ;计算结果不为零，表示当前输出高电平
18.   BEQ  SET_LED1    ;计算结果等于零，表示当前输出低电平
19.
20.   ;LED1 位置 1
21. SET_LED1
22.   LDR R0, =GPIOA_OCTL
23.   LDR R1, [R0]
24.   ORR R1, #(1 << 8)
25.   STR R1, [R0]
26.   B   LED2_PROC
27.
28.   ;LED1 位清零
29. CLR_LED1
30.   LDR R0, =GPIOA_OCTL
31.   LDR R1, [R0]
32.   AND R1, #~(1 << 8)
33.   STR R1, [R0]
34.   B   LED2_PROC
```

```
35.
36.    ;LED2处理
37.  LED2_PROC
38.
39.    ;读入 GPIOE 输出状态
40.    LDR  R0, =GPIOE_OCTL
41.    LDR  R1, [R0]
42.    ANDS R1, #(1 << 6)
43.    BNE  CLR_LED2   ;计算结果不为零，表示当前输出高电平
44.    BEQ  SET_LED2   ;计算结果等于零，表示当前输出低电平
45.
46.    ;LED2位置 1
47.  SET_LED2
48.    LDR R0, =GPIOE_OCTL
49.    LDR R1, [R0]
50.    ORR R1, #(1 << 6)
51.    STR R1, [R0]
52.    POP {R0-R12, PC}
53.
54.    ;LED2位清零
55.  CLR_LED2
56.    LDR R0, =GPIOE_OCTL
57.    LDR R1, [R0]
58.    AND R1, #~(1 << 6)
59.    STR R1, [R0]
60.    POP {R0-R12, PC}
61.    ENDP
```

(1) 第 5 行代码：InitLED 函数为 LED 模块的初始化函数，调用 ConfigLEDGPIO 函数实现对 LED 模块的初始化。

(2) 第 10 至 61 行代码：LEDFlicker 函数通过改变 GPIO 引脚电平实现 LED 的闪烁。以 LED_1 为例进行说明：首先判断与 LED_1 相连的 PA8 引脚的输出电平，通过读取 GPIOA_OCTL 的第 8 位来实现，根据读取到的结果是否为 0 分别跳转到 SET_LED1 和 CLR_LED1 标号，将 PA8 设置为高电平或低电平，从而改变 LED_1 灯的点亮或熄灭状态。LED_2 同理。

步骤 4：完善 GPIO 与流水灯实验应用层

在 Project 面板中，双击打开 Main.s 文件，在“输入”区的最后，添加代码 IMPORT InitLED 和 IMPORT LEDFlicker。这样就可以在 Main.s 文件中调用 LED 模块的函数，实现对 LED 模块的操作。

在 InitHardware 函数中，添加调用 InitLED 函数的代码，如程序清单 9-9 的第 9 行代

码所示，这样就实现了对 LED 模块的初始化。

程序清单 9-9

```
1.  InitHardware PROC
2.    PUSH {R0-R12, LR}
3.
4.    BL InitRCU        ;初始化 RCU
5.    BL InitNVIC       ;初始化 NVIC 分组
6.    BL InitUART       ;初始化串口
7.    BL InitTimer      ;初始化定时器
8.    BL InitSysTick    ;初始化 SysTick
9.    BL InitLED        ;初始化 LED
10.
11.   POP {R0-R12, PC}
12.   ENDP
```

在 Proc2msTask 函数中，添加调用 LEDFlicker 函数的代码，如程序清单 9-10 的第 11 至 21 行代码所示。这样就可以实现 LED_1 和 LED_2 每 500ms 交替闪烁一次的功能。实现思路为：在 Main.s 文件的“变量段”区定义 LED 闪烁计数器 s_iLEDFlickerCnt，每 2ms 将 s_iLEDFlickerCnt 进行加 1 操作，当进行 250 次后时间到达 500ms，此时调用 LEDFlicker 函数翻转 LED_1 和 LED_2 的电平。

程序清单 9-10

```
1.  Proc2msTask PROC
2.    PUSH {R0-R12, LR}
3.
4.    ;获取 2ms 标志位，保存在 R0 寄存器中
5.    BL Get2msFlag
6.
7.    ;判断 2ms 标志位是否非零，若为 0 则直接退出
8.    TEQ R0, #0
9.    BEQ PROC_2MS_TASK_EXIT
10.
11.   ;LED 500ms 闪烁
12.   LDR R0, =s_iLEDFlickerCnt
13.   LDR R1, [R0]
14.   ADD R1, #1
15.   STR R1, [R0]
16.   CMP R1, #250
17.   BLO PROC_2MS_LED_END
18.   MOV R1, #0
```

```
19.    STR R1, [R0]
20.    BL LEDFlicker
21.  PROC_2MS_LED_END
22.
23.    ;清除 2ms 标志位
24.    BL Clr2msFlag
25.
26.  PROC_2MS_TASK_EXIT
27.    POP {R0-R12, PC}
28.    ENDP
```

步骤 6：编译及下载验证

代码编写完成后，单击按钮，进行编译。编译结束后，在 Build Output 栏中出现 0 Error(s), 0 Warning，表示编译成功。然后，参见 3.3 节下的“步骤 11：通过 GD-Link 下载程序”小节，通过 Keil μVision5 软件将.axf 文件下载到 GD32F3 苹果派开发板。下载完成后，按下开发板上的 RST 按键进行复位，可以观察到开发板上的 LED_1 和 LED_2 交替闪烁，表示实验成功。

本章任务

基于 GD32F3 苹果派开发板，编写程序，实现 LED 编码计数功能。假设 LED 熄灭为 0，点亮为 1，初始状态的 LED_1 和 LED_2 均熄灭(00)，第二状态的 LED_1 熄灭、LED_2 点亮(01)，第三状态的 LED_1 点亮、LED_2 熄灭(10)，第四状态为 LED_1 点亮、LED_2 点亮(11)，按照“初始状态→第二状态→第三状态→第四状态→初始状态”循环执行，两个相邻状态之间的时间间隔为 1s。

任务提示：

(1) 可使用静态变量作为状态计数器，每个数值对应 LED 的一种状态。

(2) 可仿照 LEDFlicker 函数编写 LEDCounter 函数，并在 Proc1SecTask 函数中调用 LEDCounter 函数实现 LED 编码计数功能。

本章习题

1. GPIO 都有哪些工作模式。
2. GPIO 都有哪些寄存器？CTL0、CTL1 和 OCTL 的功能分别是什么？
3. 计算 GPIO_BOP(GPIOA)的绝对地址。

第 10 章

GPIO与独立按键输入实验

GD32F30x 系列微控制器的 GPIO 既能作为输出使用，也能作为输入使用。第 9 章通过一个简单的 GPIO 与流水灯实验，介绍了 GPIO 的输出功能，本章将以一个简单的 GPIO 与独立按键输入实验为例，介绍 GPIO 的输入功能。

10.1 实验内容

通过学习独立按键电路原理图、GPIO 功能框图、GPIO 部分寄存器及按键去抖原理，基于 GD32F3 苹果派开发板设计一个独立按键程序，每次按下一个按键，通过串口助手输出按键按下的信息，比如 KEY_1 按下时，输出 KEY1 Push Down；按键弹起时，输出按键弹起的信息，比如 KEY_2 弹起时，输出 KEY2 Release。在进行独立按键程序设计时，需要对按键的抖动进行处理，即每次按下时，只能输出一次按键按下信息；每次弹起时，也只能输出一次按键弹起信息。

10.2 实验原理

10.2.1 独立按键电路原理图

独立按键硬件电路如图 10-1 所示。本实验涉及的硬件包括 3 个独立按键(KEY_1、KEY_2 和 KEY_3)，以及与独立按键串联的 10kΩ 上拉电阻、与独立按键相连的 100nF 滤波电容。KEY1 网络连接到 GD32F303ZET6 芯片的 PA0 引脚，KEY2 网络连接到 PG13 引脚，KEY3 网络连接到 PG14 引脚。对于 KEY_2 和 KEY_3 按键，按键未按下时，输入到芯片引脚上的电平为高电平；按键按下时，输入到芯片引脚上的电平为低电平。KEY_1 按键的电路与另外两个按键不同，连接 KEY1 网络的 PA0 引脚除了可以用作 GPIO，还可以通过配置备用功能来实现芯片的唤醒。在本实验中，PA0 用作 GPIO，且被配置为下拉输入模式。因此，KEY_1 按键未按下时，PA0 引脚为低电平；KEY_1 按键按下时，PA0 引脚为高电平。

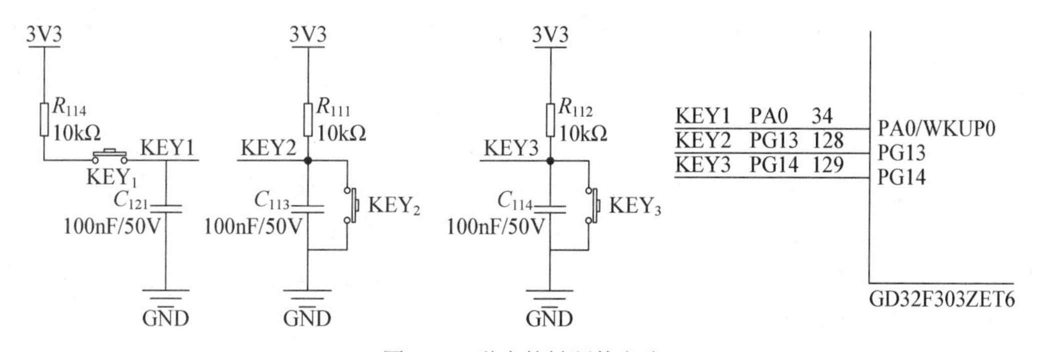

图 10-1 独立按键硬件电路

10.2.2 GPIO 功能框图

本实验所用到的 GPIO 功能框图如图 10-2 所示。在本实验中，3 个独立按键引脚对应的 GPIO 配置为输入模式。下面介绍各主要功能模块。

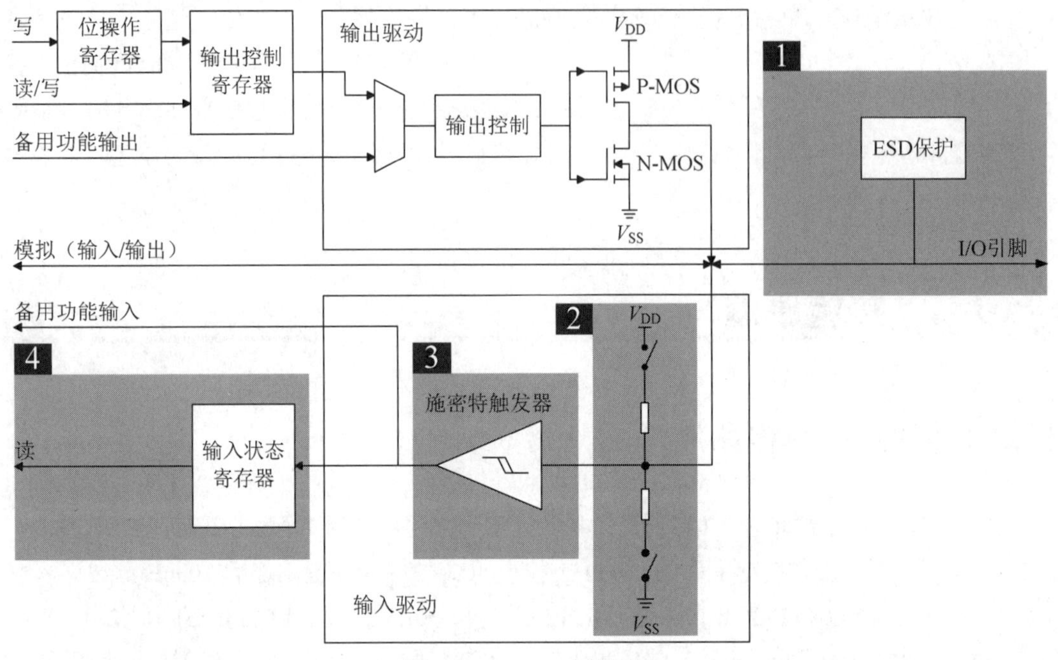

图 10-2　GPIO 功能框图

1. I/O 引脚和 ESD 保护

独立按键与 GD32F303ZET6 的 I/O 引脚相连接。由第 9 章可知，ESD 保护模块可有效防止静电对芯片产生不良影响。I/O 引脚还可以配置为上拉/下拉输入模式。由于本实验中的 KEY_2 和 KEY_3 按键在电路中通过一个 10kΩ 电阻连接到 3.3V 电源，因此，为了保持电路的一致性，内部也需要通过寄存器配置为上拉输入模式。KEY_1 按键则需要配置为下拉输入模式。

2. 上拉/下拉电阻

当将 I/O 引脚配置为输入时，可以选择配置为上拉输入模式、下拉输入模式或浮空输入模式(无上拉和下拉)，通过控制上拉/下拉电阻的通断来实现。上拉即将引脚的默认电平设置为高电平(接近 V_{DD})，下拉即将引脚的默认电平设置为低电平(接近 V_{SS})，引脚悬空时，默认电平不定。

3. 施密特触发器

经过上拉或下拉电路的输入信号依然是模拟信号，而本实验将独立按键的输入视为数字信号，因此，还需要通过施密特触发器将输入的模拟信号转换为数字信号。

4. 输入状态寄存器

经过施密特触发器转换之后的数字信号存储在端口输入状态寄存器(GPIOx_ISTAT)中，通过读取 GPIOx_ISTAT，即可获得 I/O 引脚的电平状态。

10.2.3 GPIO 部分寄存器

第 9 章介绍了 GPIO 的部分寄存器，本节主要介绍端口输入状态寄存器 GPIOx_ISTAT。

端口输入状态寄存器(GPIOx_ISTAT)用于读取一组 GPIO 端口的 16 个引脚的输入电平状态，只占用低 16 位。该寄存器为只读，其结构、偏移地址和复位值，以及部分位的解释说明如图 10-3 和表 10-1 所示。GPIOx_ISTAT 也简称为 ISTAT。

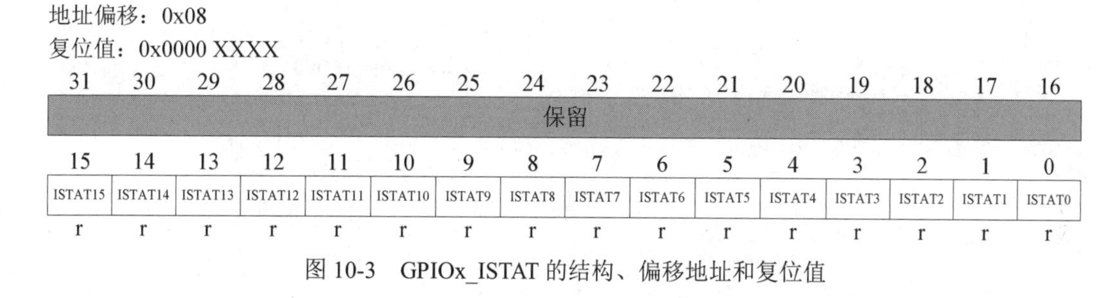

图 10-3　GPIOx_ISTAT 的结构、偏移地址和复位值

表 10-1　GPIOx_ISTAT 部分位的解释说明

位/位域	名称	描述
15:0	ISTATy	端口输入状态位(y=0，1，…，15)。 这些位由软件置位和清除。 0：引脚输入信号为低电平； 1：引脚输入信号为高电平

10.2.4 按键去抖原理

目前，市面上绝大多数按键都是机械式开关结构，而机械式开关的核心部件为弹性金属簧片，在开关切换的瞬间，在接触点会出现来回弹跳的现象，当按键弹起时，也会出现类似的情况，这种情况称为抖动。按键按下时产生前沿抖动，按键弹起时产生后沿抖动，如图 10-4 所示。不同类型的按键，其最长抖动时间也有差别，抖动时间的长短和按键的机械特性有关，一般为 5～10ms，而通常手动按下按键持续的时间大于 100ms。

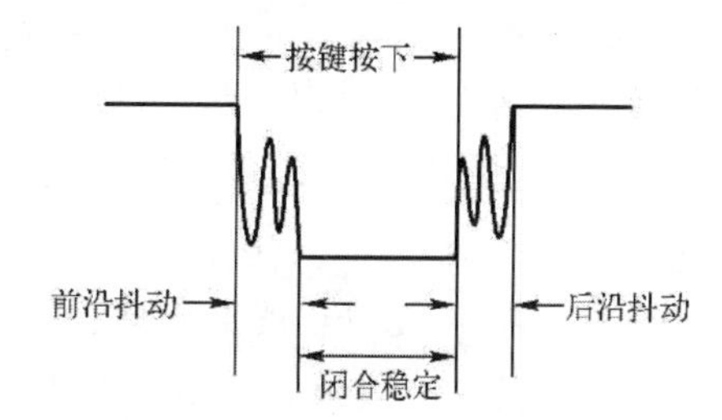

图 10-4　前沿抖动和后沿抖动

GD32F3 苹果派开发板的独立按键可以实现硬件去抖，去抖原理如下：将按键与 10kΩ 上拉电阻串联，然后与一个电容并联。利用电容充放电产生的延时，消除按键抖动对电平检测的影

响。以KEY_1按键为例进行说明：KEY_1按键弹起时，PA0 引脚输入低电平，与KEY_1并联的电容两端的电压约为0V。当按下KEY_1时，电容开始充电，直到充电至微控制器引脚能检测到的高电平阈值时，PA0 引脚的输入电平才会由低变高，表示按键有效按下。按键弹起时同理，电容放电至低电平阈值时，表示按键有效弹起。这样就避免了按键的抖动产生的变化电平直接输入到 PA0 引脚，导致出现误触发信号。

10.2.5 程序架构

本实验的程序架构如图 10-5 所示，该图简要介绍了程序开始运行后各个函数的执行和调用流程，图中仅列出了与本实验相关的一部分函数。下面解释说明程序架构。

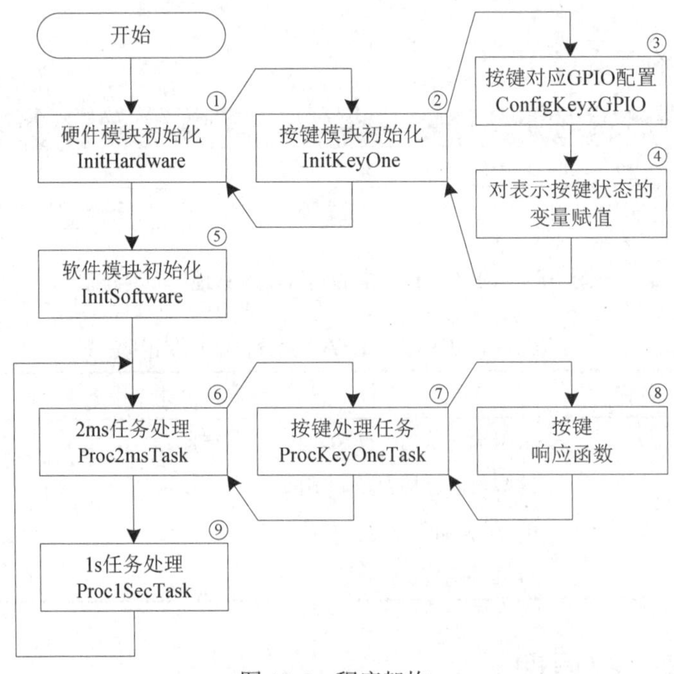

图 10-5 程序架构

(1) 在 main 函数中调用 InitHardware 函数进行硬件相关模块初始化，包含 RCU、NVIC、Timer、KeyOne 和 ProcKeyOne 模块。这里仅介绍按键模块初始化函数 InitKeyOne。在 InitKeyOne 函数中调用 ConfigKeyxGPIO 函数对 3 个按键对应的 GPIO(PA0、PG13 和 PG14)进行配置，并对表示按键状态的变量进行赋值。

(2) 调用 InitSoftware 函数进行软件相关模块初始化。在本实验中，InitSoftware 函数为空。

(3) 调用 Proc2msTask 函数进行 2ms 任务处理。在该函数中，调用 ProcKeyOneTask 函数依次扫描 3 个按键的状态，如果判断到某一按键有效按下或弹起，则调用对应按键的按下和弹起响应函数。

(4) 2ms 任务之后再调用 Proc1SecTask 函数进行 1s 任务处理。在本实验中，没有需要处理的 1s 任务。

(5) Proc2msTask 和 Proc1SecTask 均在 MAIN_LOOP 主循环中调用，因此，Proc1SecTask 函数执行完后将再次执行 Proc2msTask 函数。循环调用 ProcKeyOneTask 函数进行按键扫描。

在图 10-5 中，编号①⑤⑥和⑨的函数在 Main.s 文件中实现；编号②和③的函数在 KeyOne.s 文件中实现；编号⑦和⑧中的按键弹起响应函数在 ProcKeyOne.s 文件中实现。

本实验编程要点：

(1) 按键对应的 GPIO 配置，包括对应外设的时钟使能和配置 GPIO 的功能模式。

(2) 在对按键对应引脚进行设置的过程中，把 3 个引脚配置和扫描的代码分开编写。以 KEY_1 为例，首先定义 KEY_1 的状态标志位，然后配置 GPIO 参数，并编写一个获取引脚电平的函数，最后通过编写 KEY_1 的按键扫描代码对引脚输入电平状态进行扫描。

以上要点均在 KeyOne.s 文件中实现，KeyOne.s 文件为按键驱动文件，向外提供了按键扫描的接口函数 ScanKeyx。理解按键驱动的原理及 ScanKeyx 函数的实现过程和功能用法，即可掌握本实验的核心知识点。

10.3 实验步骤与代码解析

步骤 1：复制并编译原始工程

首先，将 D:\GD32MicroController\Material\08.GPIOKEY 文件夹复制到 D:\GD32MicroController\Product 文件夹中。然后，双击运行 D:\GD32MicroController\Product\08.GPIOKEY\Project 文件夹中的 GD32KeilPrj.uvprojx。编译通过后，下载程序并进行复位。打开串口助手，如果串口正常输出字符串，表示原始工程是正确的，可以进入下一步操作。

步骤 2：添加 KeyOne.s 和 ProcKeyOne.s 文件

首先，将 D:\GD32MicroController\Product\08.GPIOKEY\App 文件夹中的 KeyOne.s 和 ProcKeyOne.s 文件添加到 App 分组中。

步骤 3：完善 KeyOne.s 文件

单击按钮进行编译。编译结束后，在 Project 面板中，双击 KeyOne.s 文件。在“输出”区，添加如程序清单 10-1 所示的代码，声明全局标号。

程序清单 10-1

```
1.    EXPORT InitKeyOne      ;初始化独立按键驱动
2.    EXPORT ScanKey1        ; KEY1 扫描(边沿检测)
3.    EXPORT ScanKey2        ; KEY2 扫描(边沿检测)
4.    EXPORT ScanKey3        ; KEY3 扫描(边沿检测)
```

在“输入”区，添加如程序清单 10-2 所示的代码，引入后续需要使用的寄存器。

程序清单 10-2

```
1.      IMPORT RCU_APB2EN
2.      IMPORT GPIOA_CTL0
3.      IMPORT GPIOG_CTL1
4.      IMPORT GPIOA_OCTL
5.      IMPORT GPIOG_OCTL
6.
7.      IMPORT GPIOA_ISTAT
8.      IMPORT GPIOG_ISTAT
```

在“变量段”区，添加如程序清单 10-3 所示的代码，开辟 3 个变量的存储空间，3 个变量分别用于指示当前按键的电平状态，且初始值均为 0。

程序清单 10-3

```
s_iKey1State SPACE 4   ;KEY1状态标志位
s_iKey2State SPACE 4   ;KEY2状态标志位
s_iKey3State SPACE 4   ;KEY3状态标志位
```

在“代码段”区，添加 ConfigKey1GPIO 函数的实现代码，如程序清单 10-4 所示。

程序清单 10-4

```
1.    ConfigKey1GPIO PROC
2.      PUSH {R0-R12, LR}
3.
4.      ;开启 GPIOA 时钟
5.      LDR R0, =RCU_APB2EN
6.      LDR R1, [R0]
7.      ORR R1, #(1 << 2)
8.      STR R1, [R0]
9.
10.     ;设置 PA0 为上/下拉输入模式(KEY1)
11.     LDR R0, =GPIOA_CTL0
12.     LDR R1, [R0]
13.     AND R1, #~(15 << 0)
14.     ORR R1, #(8 << 0)
15.     STR R1, [R0]
16.
17.     ;设置下拉
18.     LDR R0, =GPIOA_OCTL
19.     LDR R1, [R0]
```

```
20.    AND R1, #~(1 << 0)
21.    STR R1, [R0]
22.
23.    ;返回
24.    POP {R0-R12, PC}
25.    ENDP
```

(1) 第 4 至 8 行代码：GD32F3 苹果派开发板的 KEY1 网络与 GD32F303ZET6 芯片的 PA0 引脚相连接，因此需要使能 GPIOA 时钟。通过将 RCU_APB2EN 寄存器的第 2 位 PAEN 置 1 来实现。

(2) 第 10 至 21 行代码：将 PA0 引脚配置为下拉输入模式。

在 ConfigKey1GPIO 函数实现区后，依次添加 ConfigKey2GPIO 和 ConfigKey3GPIO 函数的实现代码，分别用于配置与 KEY2 和 KEY3 网络相连的 PG13 和 PG14 引脚，如程序清单 10-5 所示。

程序清单 10-5

```
1.   ConfigKey2GPIO PROC
2.     PUSH {R0-R12, LR}
3.
4.     ;开启 GPIOG 时钟
5.     LDR R0, =RCU_APB2EN
6.     LDR R1, [R0]
7.     ORR R1, #(1 << 8)
8.     STR R1, [R0]
9.
10.    ;设置 PG13 为上/下拉输入模式(KEY2)
11.    LDR R0, =GPIOG_CTL1
12.    LDR R1, [R0]
13.    AND R1, #~(15 << 20)
14.    ORR R1, #(8 << 20)
15.    STR R1, [R0]
16.
17.    ;设置上拉
18.    LDR R0, =GPIOG_OCTL
19.    LDR R1, [R0]
20.    ORR R1, #(1 << 13)
21.    STR R1, [R0]
22.
23.    ;返回
24.    POP {R0-R12, PC}
```

```
25.   ENDP
26.
27.  ConfigKey3GPIO PROC
28.   PUSH {R0-R12, LR}
29.
30.   ;开启 GPIOG 时钟
31.   LDR R0, =RCU_APB2EN
32.   LDR R1, [R0]
33.   ORR R1, #(1 << 8)
34.   STR R1, [R0]
35.
36.   ;设置 PG14 为上/下拉输入模式(KEY3)
37.   LDR R0, =GPIOG_CTL1
38.   LDR R1, [R0]
39.   AND R1, #~(15 << 24)
40.   ORR R1, #(8 << 24)
41.   STR R1, [R0]
42.
43.   ;设置上拉
44.   LDR R0, =GPIOG_OCTL
45.   LDR R1, [R0]
46.   ORR R1, #(1 << 14)
47.   STR R1, [R0]
48.
49.   ;返回
50.   POP {R0-R12, PC}
51.   ENDP
```

在 ConfigKey3GPIO 函数实现区后，添加 GetKey1Input 函数的实现代码，用于获取 PA0 引脚的电平状态，如程序清单 10-6 所示。

程序清单 10-6

```
1.  GetKey1Input PROC
2.    PUSH {R1-R12, LR}
3.
4.    ;获取 GPIOA 输入
5.    LDR R4, =GPIOA_ISTAT
6.    LDR R5, [R4]
7.
8.    ;判断
9.    ANDS  R5, #(1 << 0)
```

```
10.    MOVEQ R0, #0
11.    MOVNE R0, #1
12.
13.    POP {R1-R12, PC}
14.    ENDP
```

(1) 第5至6行代码：读取GPIOA_ISTAT寄存器中的值并将其保存在工作寄存器R5中。

(2) 第9至11行代码：根据R5寄存器最低位的值(即读取到的PA0引脚的输入电平值)设置工作寄存器R0。若R5最低位的值为0，则将R0清零，表示KEY_1按键处于弹起状态；若R5最低位的值为1，则将R0置1，表示KEY_1按键处于按下状态。

在GetKey1Input函数实现区后，添加GetKey2Input和GetKey3Input函数的实现代码，分别用于获取PG13和PG14引脚的电平状态，如程序清单10-7所示。R0为0表示KEY_2或KEY_3按键处于弹起状态，R0为1表示KEY_2或KEY_3按键处于按下状态。

程序清单 10-7

```
1.  GetKey2Input PROC
2.     PUSH {R1-R12, LR}
3.
4.     ;获取 GPIOG 输入
5.     LDR R4, =GPIOG_ISTAT
6.     LDR R5, [R4]
7.
8.     ;判断
9.     ANDS  R5, #(1 << 13)
10.    MOVEQ R0, #1
11.    MOVNE R0, #0
12.
13.    POP {R1-R12, PC}
14.    ENDP
15.
16. GetKey3Input PROC
17.    PUSH {R1-R12, LR}
18.
19.    ;获取 GPIOG 输入
20.    LDR R4, =GPIOG_ISTAT
21.    LDR R5, [R4]
22.
23.    ;判断
24.    ANDS  R5, #(1 << 14)
25.    MOVEQ R0, #1
```

```
26.    MOVNE R0, #0
27.
28.    POP {R1-R12, PC}
29.    ENDP
```

注意，由于 KEY_1 与 KEY_2 和 KEY_3 按键电路结构的差异性，在通过 ANDS 指令判断引脚输入电平状态后对 R0 进行赋值，KEY1 与 KEY2 和 KEY3 网络的赋值情况相反。对比程序清单 10-6 和程序清单 10-7 的第 10 至 11 行代码，PA0 引脚输入高电平时将 R0 置 1，而 PG13 引脚输入高电平时将 R0 清零。

在 GetKey3Input 函数实现区后，添加 InitKeyOne 和 ScanKey1 函数的实现代码，如程序清单 10-8 所示。

程序清单 10-8

```
1.   InitKeyOne PROC
2.     PUSH {R0-R12, LR}
3.
4.     ;配置独立按键的 GPIO
5.     BL ConfigKey1GPIO
6.     BL ConfigKey2GPIO
7.     BL ConfigKey3GPIO
8.
9.     ;标记所有按键均为弹起
10.    MOV R1, #0
11.    LDR R0, =s_iKey1State
12.    STR R1, [R0]
13.    LDR R0, =s_iKey2State
14.    STR R1, [R0]
15.    LDR R0, =s_iKey3State
16.    STR R1, [R0]
17.
18.    POP {R0-R12, PC}
19.    ENDP
20.
21.  ScanKey1 PROC
22.    PUSH {R2-R12, LR}
23.
24.    ;获取按键标志位
25.    LDR R4, =s_iKey1State
26.    LDR R5, [R4]
27.
```

```
28.    ;获取 KEY1 输入，并跳转
29.    BL  GetKey1Input
30.    TEQ R0, #0
31.    BNE SCAN_KEY1_DOWN_PROC
32.    BEQ SCAN_KEY1_UP_PROC
33.
34.    ;按键处于按下状态处理
35.  SCAN_KEY1_DOWN_PROC
36.    TEQ   R5, #1
37.    MOVEQ R1, #1
38.    MOVNE R1, #0
39.    MOV   R5, #0
40.    STR   R5, [R4]
41.    B SCAN_KEY1_EXIT
42.
43.    ;按键处于弹起状态处理
44.  SCAN_KEY1_UP_PROC
45.    TEQ   R5, #0
46.    MOVEQ R1, #1
47.    MOVNE R1, #0
48.    MOV   R5, #1
49.    STR   R5, [R4]
50.    B SCAN_KEY1_EXIT
51.
52.    ;退出节点
53.  SCAN_KEY1_EXIT
54.    POP {R2-R12, PC}
55.    ENDP
```

(1) 第 1 至 19 行代码：InitKeyOne 函数为 KeyOne 模块的初始化函数，通过调用 ConfigKey1GPIO、ConfigKey2GPIO 和 ConfigKey3GPIO 函数配置独立按键的 GPIO，然后分别将 3 个按键的状态设置为弹起。

(2) 第 21 至 55 行代码：ScanKey1 为 KEY_1 扫描函数，每 20ms 调用一次。函数首先获取 KEY_1 状态标志位的值并存放在 R5 寄存器中，然后调用 GetKey1Input 函数获取 PA0 引脚输入电平，并根据获取到的电平跳转到按键按下或弹起状态处理标号。然后根据当前 KEY_1 状态标志位判断 KEY_1 是否为有效按下或弹起，如当处理 KEY_1 按下状态时，若 KEY_1 状态标志位已为 1(R5 为 1)，表示按键此前正处于按下状态，则本次为无效按下，将 R1 清零；反之，若 KEY_1 状态标志位为 0(R5 为 0)，表示按键此前正处于弹起状态，则本次为有效按下。若为有效按下或弹起，则将 R1 置 1，反之清零。最后更新 KEY_1 状态标志

位，保证一个持续的按键状态下只能产生一个有效状态。

在 ScanKey1 函数实现区后添加 ScanKey2 和 ScanKey3 函数的实现代码，如程序清单 10-9 所示。分别用于扫描 KEY_2 和 KEY_3 按键，原理同 KEY_1 按键。

程序清单 10-9

```
1.   ScanKey2 PROC
2.     PUSH {R2-R12, LR}
3.
4.     ;获取按键标志位
5.     LDR R4, =s_iKey2State
6.     LDR R5, [R4]
7.
8.     ;获取 KEY2 输入，并跳转
9.     BL  GetKey2Input
10.    TEQ R0, #0
11.    BNE SCAN_KEY2_DOWN_PROC
12.    BEQ SCAN_KEY2_UP_PROC
13.
14.    ;按键处于按下状态处理
15.  SCAN_KEY2_DOWN_PROC
16.    TEQ   R5, #1
17.    MOVEQ R1, #1
18.    MOVNE R1, #0
19.    MOV   R5, #0
20.    STR   R5, [R4]
21.    B SCAN_KEY2_EXIT
22.
23.    ;按键处于弹起状态处理
24.  SCAN_KEY2_UP_PROC
25.    TEQ   R5, #0
26.    MOVEQ R1, #1
27.    MOVNE R1, #0
28.    MOV   R5, #1
29.    STR   R5, [R4]
30.    B SCAN_KEY2_EXIT
31.
32.    ;退出节点
33.  SCAN_KEY2_EXIT
34.    POP {R2-R12, PC}
35.    ENDP
```

```
36.
37.  ScanKey3 PROC
38.    PUSH {R2-R12, LR}
39.
40.    ;获取按键标志位
41.    LDR R4, =s_iKey3State
42.    LDR R5, [R4]
43.
44.    ;获取 KEY3 输入，并跳转
45.    BL  GetKey3Input
46.    TEQ R0, #0
47.    BNE SCAN_KEY3_DOWN_PROC
48.    BEQ SCAN_KEY3_UP_PROC
49.
50.    ;按键处于按下状态处理
51.  SCAN_KEY3_DOWN_PROC
52.    TEQ   R5, #1
53.    MOVEQ R1, #1
54.    MOVNE R1, #0
55.    MOV   R5, #0
56.    STR   R5, [R4]
57.    B SCAN_KEY3_EXIT
58.
59.    ;按键处于弹起状态处理
60.  SCAN_KEY3_UP_PROC
61.    TEQ   R5, #0
62.    MOVEQ R1, #1
63.    MOVNE R1, #0
64.    MOV   R5, #1
65.    STR   R5, [R4]
66.    B SCAN_KEY3_EXIT
67.
68.    ;退出节点
69.  SCAN_KEY3_EXIT
70.    POP {R2-R12, PC}
71.    ENDP
```

步骤 4：完善 ProcKeyOne.s 文件

单击按钮，进行编译。编译结束后，在 Project 面板中，双击 ProcKeyOne.s 文件。在“输出”区，添加如程序清单 10-10 所示的代码，声明全局标号。

程序清单 10-10

```
EXPORT InitProcKeyOne ;初始化独立按键处理模块
EXPORT ProcKeyOneTask ;按键测试任务
```

在“输入”区，添加如程序清单 10-11 所示的代码，引入标号，用于在本文件调用 InitKeyOne、PrintString、ScanKey1、ScanKey2 和 ScanKey3 函数。PrintString 为字符串打印函数，在 UART.s 文件中实现。

程序清单 10-11

```
1.      IMPORT InitKeyOne
2.      IMPORT PrintString
3.      IMPORT ScanKey1
4.      IMPORT ScanKey2
5.      IMPORT ScanKey3
```

在“常量段”区，添加定义常量的代码。如程序清单 10-12 所示，定义了 6 个字符串常量，用于按键响应事件打印输出。

程序清单 10-12

```
1.    s_pProcKey1DownString DCB "KEY1 Push Down\r\n", 0  ;KEY1按下输出的字符串
2.    s_pProcKey2DownString DCB "KEY2 Push Down\r\n", 0  ;KEY2按下输出的字符串
3.    s_pProcKey3DownString DCB "KEY3 Push Down\r\n", 0  ;KEY3按下输出的字符串
4.    s_pProcKey1UpString DCB   "KEY1 Release\r\n", 0    ;KEY1弹起输出的字符串
5.    s_pProcKey2UpString DCB   "KEY2 Release\r\n", 0    ;KEY2弹起输出的字符串
6.    s_pProcKey3UpString DCB   "KEY3 Release\r\n", 0    ;KEY3弹起输出的字符串
```

在“代码段”区，添加 InitProcKeyOne、ProcKey1Down 和 ProcKey1Up 函数的实现代码，如程序清单 10-13 所示。InitProcKeyOne 函数用于初始化 ProcKeyOne 模块。ProcKey1Down 和 ProcKey1Up 分别用于响应 KEY_1 按下和弹起事件。PrintString 为字符串打印函数，用于将 s_pProcKey1DownString 或 s_pProcKey1UpString 中的字符串通过串口输出，从而打印在串口助手中。注意，由于 3 个按键的按下和弹起事件处理函数类似，因此在程序清单 10-13 中只添加了 KEY_1 按键的按下和弹起事件处理函数，KEY_2 和 KEY_3 的处理函数可仿照 KEY_1 自行添加。

程序清单 10-13

```
1.   InitProcKeyOne PROC
2.     PUSH {R0-R12, LR}
3.
4.     POP {R0-R12, PC}
5.     ENDP
6.
7.   ProcKey1Down PROC
8.     PUSH {R0-R12, LR}
```

```
9.
10.    ;打印提示字符串
11.    LDR R0, =s_pProcKey1DownString
12.    BL  PrintString
13.
14.    POP {R0-R12, PC}
15.    ENDP
16.
17.  ProcKey1Up PROC
18.    PUSH {R0-R12, LR}
19.
20.    ;打印提示字符串
21.    LDR R0, =s_pProcKey1UpString
22.    BL  PrintString
23.
24.    POP {R0-R12, PC}
25.    ENDP
```

在 ProcKey3Up 函数实现区后，添加 ProcKeyOneTask 函数的实现代码，如程序清单 10-14 所示。该函数先调用 ScanKey1 函数扫描 KEY_1 状态，并将结果保存至 R0 寄存器，然后通过判断 R0 寄存器中的值是否为 1 来判断 KEY_1 是否为按下状态，若为 1，则继续通过判断 R1 的值是否为 1 来判断本次 KEY_1 的按下状态是否为有效状态，R1 为 1 则表示有效，此时跳转到按键按下响应函数 ProcKey1Down 并执行。当 R0 为 0 且 R1 为 1 时，则跳转到按键弹起响应函数 ProcKey1Down 并执行。对 KEY_2 和 KEY_3 的处理过程类似，不再赘述。

程序清单 10-14

```
1.   ProcKeyOneTask PROC
2.     PUSH {R0-R12, LR}
3.
4.     ;KEY1 扫描
5.     BL   ScanKey1
6.     CMP  R0, #1
7.     TEQCC R1,#0
8.     BLNE ProcKey1Up
9.     CMPCS R1,#1
10.    BLCS ProcKey1Down
11.
12.    ;KEY2 扫描
13.    BL   ScanKey2
14.    CMP  R0, #1
```

```
15.   TEQCC R1,#0
16.   BLNE ProcKey2Up
17.   CMPCS R1,#1
18.   BLCS ProcKey2Down
19.
20.   ;KEY3扫描
21.   BL   ScanKey3
22.   CMP  R0, #1
23.   TEQCC R1,#0
24.   BLNE ProcKey3Up
25.   CMPCS R1,#1
26.   BLCS ProcKey3Down
27.
28.   POP {R0-R12, PC}
29.   ENDP
```

步骤 5：完善 GPIO 与独立按键输入实验应用层

在 Project 面板中，双击打开 Main.s 文件，在“输入”区添加如程序清单 10-15 所示的第 4 至 6 行代码。这样就可以在 Main.s 文件中调用 KeyOne 和 ProcKeyOne 模块相关函数，实现对按键模块的操作。

程序清单 10-15

```
1.  …
2.    IMPORT InitUART
3.    IMPORT PrintString
4.    IMPORT InitKeyOne
5.    IMPORT InitProcKeyOne
6.    IMPORT ProcKeyOneTask
```

在“变量段”区，添加如程序清单 10-16 所示的变量定义代码，s_iKeyTaskCnt 用于进行时间计数。

程序清单 10-16

```
s_iKeyTaskCnt    SPACE 4 ;按键时间计数器
```

在 InitHardware 函数中，添加调用 InitKeyOne 和 InitProcKeyOne 函数的代码，如程序清单 10-17 的第 10 至 11 行代码所示，这样就实现了对按键模块的初始化。

程序清单 10-17

```
1.  InitHardware PROC
2.    PUSH {R0-R12, LR}
3.
```

```
4.    BL InitRCU           ;初始化 RCU
5.    BL InitNVIC          ;初始化 NVIC 分组
6.    BL InitSysTick       ;初始化 SysTick
7.    BL InitTimer         ;初始化定时器
8.    BL InitUART          ;初始化串口
9.    BL InitLED           ;初始化 LED
10.   BL InitKeyOne        ;初始化独立按键驱动
11.   BL InitProcKeyOne    ;初始化独立按键处理模块
12.
13.   POP {R0-R12, PC}
14.   ENDP
```

在 Proc2msTask 函数中，添加如程序清单 10-18 所示的第 11 至 21 行代码。

程序清单 10-18

```
1.  Proc2msTask PROC
2.    PUSH {R0-R12, LR}
3.
4.    ;获取 2ms 标志位，保存在 R0 中
5.    BL Get2msFlag
6.
7.    ;判断 2ms 标志位是否非零，若为 0 则直接退出
8.    TEQ R0, #0
9.    BEQ PROC_2MS_TASK_EXIT
10.
11.   ;独立按键测试任务(20ms)
12.   LDR R0, =s_iKeyTaskCnt
13.   LDR R1, [R0]
14.   ADD R1, #1
15.   STR R1, [R0]
16.   CMP R1, #10
17.   BLO PROC_2MS_KEY_END
18.   MOV R1, #0
19.   STR R1, [R0]
20.   BL ProcKeyOneTask
21. PROC_2MS_KEY_END
22.
23.   ;清除 2ms 标志位
24.   BL Clr2msFlag
25.
26. PROC_2MS_TASK_EXIT
```

```
27.    POP {R0-R12, PC}
28.    ENDP
```

ProcKeyOneTask 函数需要每 20ms 调用一次，而独立按键测试任务每 2ms 执行一次，因此，需要通过设计一个计数器(变量 s_iKeyTaskCnt)进行计数，每 2ms 让 s_iKeyTaskCnt 进行一次加 1 操作，当从 0 计数到 10，即经过 10 个 2ms 时，执行一次 ProcKeyOneTask 函数，这样就实现了每 20ms 进行一次按键扫描。

由于本实验通过按键按下响应函数打印字符串，不需要每秒输出一次 This is a GD32F303 project，因此还需要屏蔽 Proc1SecTask 函数中的字符串打印语句。

步骤 6：编译及下载验证

代码编写完成并编译通过后，下载程序并进行复位。打开串口助手，依次按下 GD32F3 苹果派开发板上的 KEY_1、KEY_2 和 KEY_3 按键，可以看到串口助手中输出如图 10-6 所示的按键按下提示信息，表示实验成功。

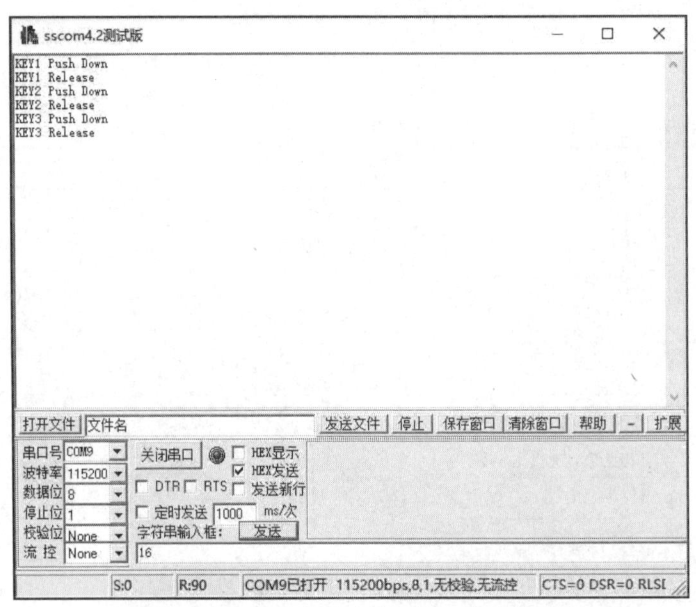

图 10-6　GPIO 与独立按键输入实验结果

本章任务

基于 GD32F3 苹果派开发板编写程序，实现通过按键切换 LED 编码计数方向。假设 LED 熄灭为 0，点亮为 1，初始状态为 LED_1 和 LED_2 均熄灭(00)，第二状态为 LED_1 熄灭、LED_2 点亮(01)，第三状态为 LED_1 点亮、LED_2 熄灭(10)，第四状态为 LED_1 点亮、LED_2 点亮(11)。按下 KEY_1 按键，按照“初始状态→第二状态→第三状态→第四状态→初始状态”顺序进行递增编码计数；按下 KEY_3 按键，按照“初始状态→第四状态→第三状态→

第二状态→初始状态”顺序进行递减编码计数。无论是递增编码计数，还是递减编码计数，两个相邻状态之间的时间间隔均为 1s。

任务提示：

(1) KeyOne 文件为按键的驱动文件，在按键对应 GPIO 不变的情况下，编写完成后不需要再修改。在本章任务的程序中，按键的操作应添加在 ProcKeyOne.s 文件中，如按键按下的操作应添加在 ProcKeyxDown 函数中。

(2) 定义一个变量表示按键按下标志，在 KEY_1 和 KEY_3 的按键按下响应函数中设置该标志为按键按下。然后仿照 LEDFlicker 函数编写 LEDCounter 函数，在该函数中先判断按键按下标志，如果有按键按下，则开始递增或递减编码。

(3) 分别单独观察 LED_1 和 LED_2 的状态变化情况：在递增编码时，LED_1 每 2s 切换一次状态；在递减编码时，LED_1 第一次切换状态需要 1s，随后每 2s 切换一次状态。而 LED_2 无论在递增编码还是在递减编码时，均为 1s 切换一次状态。因此，可分别定义两个变量对 LED_1 和 LED_2 计数，计数完成后，翻转引脚电平实现切换 LED 状态。

本章习题

1. GPIO 的 ISTAT 的功能是什么？
2. 计算 GPIOA 的 ISTAT 的绝对地址。
3. 如何通过寄存器操作读取 PA4 引脚的电平？

第 11 章

外部中断实验

通过 GPIO 与独立按键输入实验，读者已经掌握了将 GD32F30x 系列微控制器的 GPIO 作为输入使用。本章将基于中断/事件控制器 EXTI，通过 GPIO 检测输入脉冲，并产生中断，打断原来的代码执行流程，进入中断服务函数中进行处理，处理完成后再返回中断之前的代码继续执行，从而实现和 GPIO 与独立按键输入实验类似的功能。

11.1 实验内容

通过学习EXTI功能框图、EXTI的相关寄存器和系统配置SYSCFG的相关寄存器，了解异常和中断以及NVIC寄存器的概念，基于EXTI，通过GD32F3苹果派开发板上的KEY_1按键，控制LED_1的亮灭。

11.2 实验原理

11.2.1 EXTI 功能框图

EXTI 管理了 20 个中断/事件线。每个中断/事件线都对应一个边沿检测电路，可以对输入线的上升沿、下降沿或上升/下降沿进行检测。每个中断/事件线可以通过寄存器进行单独配置，既可以产生中断触发，也可以产生事件触发。图 11-1 所示是 EXTI 的功能框图，下面介绍各主要功能模块。

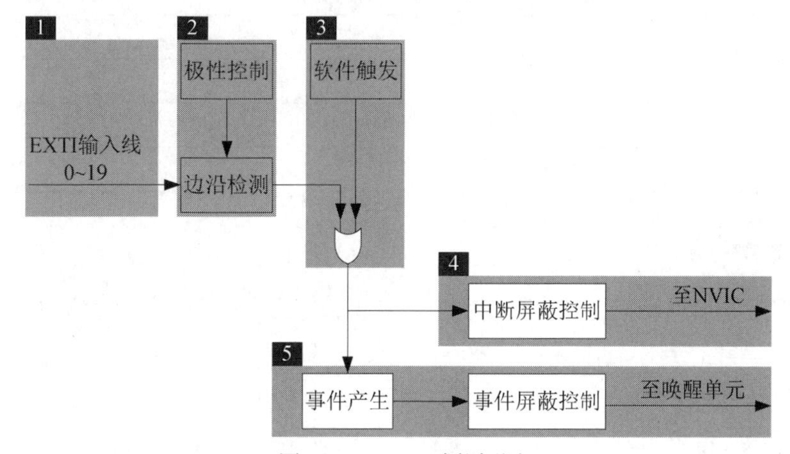

图 11-1　EXTI 功能框图

1. EXTI 输入线

GD32F30x 系列微控制器的 EXTI 输入线有 20 条，即 EXTI0～EXTI19，且都有触发源，表 11-1 列出了 EXTI 所有输入线的输入源。其中，EXTI0～EXTI15 用于 GPIO，每个 GPIO 都可以作为 EXTI 的输入源。EXTI16 与 LVD 相连接，EXTI17 与 RTC 闹钟事件相连接，EXTI18 与 USB 唤醒相连接，EXTI19 与以太网唤醒相连接。

表 11-1　EXTI 输入线

EXTI 线编号	输入源
0	PA0/PB0/PC0/PD0/PE0/PF0/PG0
1	PA1/PB1/PC1/PD1/PE1/PF1/PG1
2	PA2/PB2/PC2/PD2/PE2/PF2/PG2
3	PA3/PB3/PC3/PD3/PE3/PF3/PG3
4	PA4/PB4/PC4/PD4/PE4/PF4/PG4
5	PA5/PB5/PC5/PD5/PE5/PF5/PG5
6	PA6/PB6/PC6/PD6/PE6/PF6/PG6
7	PA7/PB7/PC7/PD7/PE7/PF7/PG7
8	PA8/PB8/PC8/PD8/PE8/PF8/PG8
9	PA9/PB9/PC9/PD9/PE9/PF9/PG9
10	PA10/PB10/PC10/PD10/PE10/PF10/PG10
11	PA11/PB11/PC11/PD11/PE11/PF11/PG11
12	PA12/PB12/PC12/PD12/PE12/PF12/PG12
13	PA13/PB13/PC13/PD13/PE13/PF13/PG13
14	PA14/PB14/PC14/PD14/PE14/PF14/PG14
15	PA15/PB15/PC15/PD15/PE15/PF15/PG15
16	LVD
17	RTC 闹钟
18	USB 唤醒
19	以太网唤醒

2. 边沿检测电路

通过配置上升沿触发使能寄存器(EXTI_RTEN)和下降沿触发使能寄存器(EXTI_FTEN)，可以实现输入信号的上升沿检测、下降沿检测或上升/下降沿同时检测。EXTI_RTEN 的各位与 EXTI 输入线的编号一一对应，例如，第 1 位 RTEN0 对应 EXTI0 输入线，当 RTEN0 配置为 1 时，EXTI0 输入线的上升沿触发有效；第 20 位 RTEN19 对应 EXTI19 输入线，当 RTEN19 配置为 0 时，EXTI19 输入线的上升沿触发无效。同样，EXTI_FTEN 的各位也分别对应一个 EXTI 输入线，例如，第 2 位 FTEN1 对应 EXTI1 输入线，当 FTEN1 配置为 1 时，EXTI1 输入线的下降沿触发有效。

3. 软件中断

软件中断事件寄存器(EXTI_SWIEV)的输出和边沿检测电路的输出通过或运算输出到下一级，因此，无论 EXTI_SWIEV 输出高电平，还是边沿检测电路输出高电平，下一级都会输出高电平。虽然通过 EXTI 输入线产生触发源，但是使用软件中断触发的设计方法能够让 GD32F30x 系列微控制器的应用变得更加灵活。例如，在默认情况下，通过 PA4 的上升沿脉冲触发A/D转换，而在某种特定场合，又需要人为地触发A/D转换，这时就可以借助 EXTI_SWIEV，只需要向该寄存器的 SWIEV4 位写入 1，即可触发 A/D 转换。

4. 中断输出

EXTI 的最后一个环节是输出，既可以中断输出，也可以事件输出。先简单介绍中断和事件，中断和事件的产生源可以相同，两者的目的都是为了执行某一具体任务，如启动A/D转换或触发DMA数据传输。中断需要CPU的参与，当产生中断时，会执行对应的中断服务函数，具体的任务在中断服务函数中执行；事件通过脉冲发生器产生一个脉冲，该脉冲直接通过硬件执行具体的任务，不需要 CPU 的参与。因为事件触发提供了一个完全由硬件自动完成而不需要 CPU 参与的方式，使用事件触发(如 A/D 转换或 DMA 数据传输任务)不需要软件的参与，降低了 CPU 的负荷，节省了中断资源，提高了响应速度。但是，中断正是因为有 CPU 的参与，才可以对某一具体任务进行调整，例如，A/D 采样通道需要从通道 1 切换到通道 7，就必须在中断服务函数中实现。

软件中断事件寄存器(EXTI_SWIEV)的输出和边沿检测电路的输出进行或运算后的输出，经过中断屏蔽控制后，输出至 NVIC 中断控制器。因此，如果需要屏蔽某 EXTI 输入线上的中断，可以向中断使能寄存器 EXTI_INTEN 的对应位写入 0；如果需要开放某 EXTI 输入线上的中断，可以向 EXTI_INTEN 的对应位写入 1。

5. 事件输出

软件中断事件寄存器(EXTI_SWIEV)的输出和边沿检测电路的输出经过或运算后，产生的事件经过事件屏蔽控制后输出至唤醒单元。因此，如果需要屏蔽某 EXTI 输入线上的事件，可以向事件使能寄存器(EXTI_EVEN)的对应位写入 0；如果需要开放某 EXTI 输入线上的事件，可以向 EXTI_EVEN 的对应位写入 1。

11.2.2 EXTI 部分寄存器

本实验涉及的 EXTI 寄存器如下。

1. 中断使能寄存器(EXTI_INTEN)

EXTI_INTEN 的结构、偏移地址和复位值如图 11-2 所示，部分位的解释说明如表 11-2 所示。

偏移地址：0x00
复位值：0x0000 0000

31	30	29	28	27	26	25	24	23	22	21	20	19	18	17	16
保留												INTEN19	INTEN18	INTEN17	INTEN16
												rw	rw	rw	rw

15	14	13	12	11	10	9	8	7	6	5	4	3	2	1	0
INTEN15	INTEN14	INTEN13	INTEN12	INTEN11	INTEN10	INTEN9	INTEN8	INTEN7	INTEN6	INTEN5	INTEN4	INTEN3	INTEN2	INTEN1	INTEN0
rw	rw	rw	rw	rw	rw	rw	rw	rw	rw	rw	rw	rw	rw	rw	rw

图 11-2　EXTI_INTEN 的结构、偏移地址和复位值

表 11-2　EXTI_INTEN 部分位的解释说明

位/位域	名称	描述
19:0	INTENx	中断使能位 x(x=0，1，…，19)。 0：第 x 线中断被禁止； 1：第 x 线中断被使能

2. 事件使能寄存器(EXTI_EVEN)

EXTI_EVEN 的结构、偏移地址和复位值如图 11-3 所示，部分位的解释说明如表 11-3 所示。

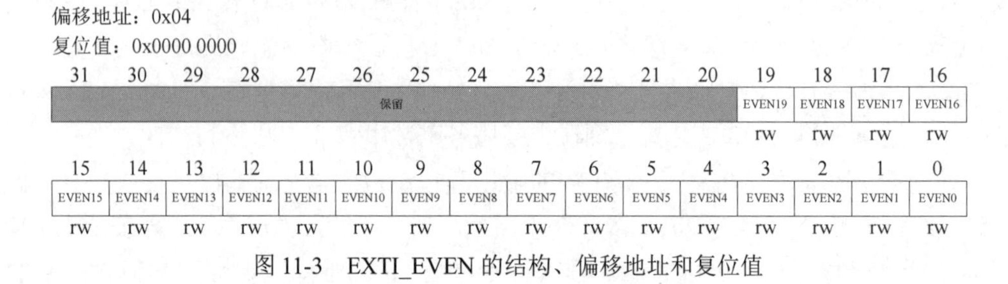

图 11-3　EXTI_EVEN 的结构、偏移地址和复位值

表 11-3　EXTI_EVEN 部分位的解释说明

位/位域	名称	描述
19:0	EVENx	事件使能位 x(x=0，1，…，19)。 0：第 x 线事件被禁止； 1：第 x 线事件被使能

3. 上升沿触发使能寄存器(EXTI_RTEN)

EXTI_RTEN 的结构、偏移地址和复位值如图 11-4 所示，部分位的解释说明如表 11-4 所示。

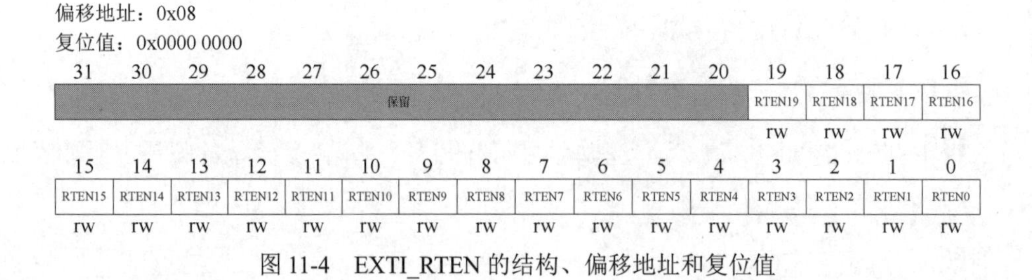

图 11-4　EXTI_RTEN 的结构、偏移地址和复位值

表 11-4　EXTI_RTEN 部分位的解释说明

位/位域	名称	描述
19:0	RTENx	上升沿触发使能(x=0，1，…，19)。 0：第 x 线上升沿触发无效； 1：第 x 线上升沿触发有效(中断/事件请求)

4. 下降沿触发使能寄存器(EXTI_FTEN)

EXTI_FTEN 的结构、偏移地址和复位值如图 11-5 所示，部分位的解释说明如表 11-5 所示。

偏移地址：0x0C

复位值：0x0000 0000

31	30	29	28	27	26	25	24	23	22	21	20	19	18	17	16
保留												FTEN19	FTEN18	FTEN17	FTEN16
												rw	rw	rw	rw

15	14	13	12	11	10	9	8	7	6	5	4	3	2	1	0
FTEN15	FTEN14	FTEN13	FTEN12	FTEN11	FTEN10	FTEN9	FTEN8	FTEN7	FTEN6	FTEN5	FTEN4	FTEN3	FTEN2	FTEN1	FTEN0
rw	rw	rw	rw	rw	rw	rw	rw	rw	rw	rw	rw	rw	rw	rw	rw

图 11-5　EXTI_FTEN 的结构、偏移地址和复位值

表 11-5　EXTI_FTEN 部分位的解释说明

位/位域	名称	描述
19:0	FTENx	下降沿触发使能(x=0，1，…，19)。 0：第 x 线下降沿触发无效； 1：第 x 线下降沿触发有效(中断/事件请求)

5. 挂起寄存器(EXTI_PD)

EXTI_PD 的结构、偏移地址和复位值如图 11-6 所示，部分位的解释说明如表 11-6 所示。

偏移地址：0x14

复位值：未定义

31	30	29	28	27	26	25	24	23	22	21	20	19	18	17	16
保留												PD19	PD18	PD17	PD16
												rc_wl	rc_wl	rc_wl	rc_wl

15	14	13	12	11	10	9	8	7	6	5	4	3	2	1	0
PD15	PD14	PD13	PD12	PD11	PD10	PD9	PD8	PD7	PD6	PD5	PD4	PD3	PD2	PD1	PD0
rc_wl	rc_wl	rc_wl	rc_wl	rc_wl	rc_wl	rc_wl	rc_wl	rc_wl	rc_wl	rc_wl	rc_wl	rc_wl	rc_wl	rc_wl	rc_wl

图 11-6　EXTI_PD 的结构、偏移地址和复位值

表 11-6　EXTI_PD 部分位的解释说明

位/位域	名称	描述
19:0	PDx	中断挂起状态(x=0，1，…，19)。 0：EXTI 线 x 没有被触发； 1：EXTI 线 x 被触发，对这些位写 1，可将其清零

11.2.3　AFIO 部分寄存器

本实验涉及的 AFIO 寄存器如下。

1. EXTI 源选择寄存器 0(AFIO_EXTISS0)

AFIO_EXTISS0 的结构、偏移地址和复位值如图 11-7 所示，部分位的解释说明如表 11-7

所示。

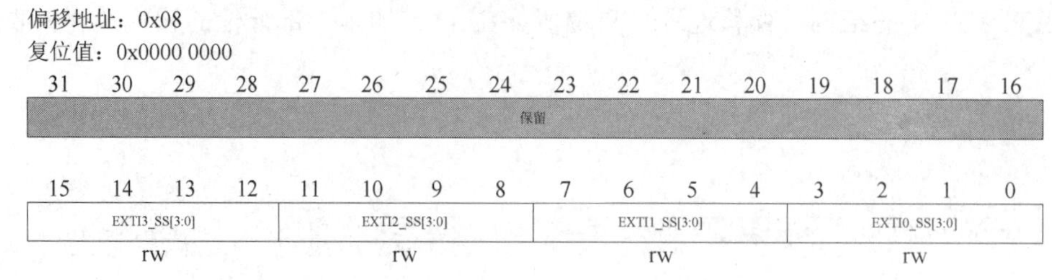

图 11-7 AFIO_EXTISS0 的结构、偏移地址和复位值

表 11-7 AFIO_EXTISS0 部分位的解释说明

位/位域	名称	描述
3:0	EXTI0_SS[3:0]	EXTI 0 源选择。 0000：PA0 引脚； 0001：PB0 引脚； 0010：PC0 引脚； 0011：PD0 引脚； 0100：PE0 引脚； 0101：PF0 引脚； 0110：PG0 引脚； 其他配置保留

2. EXTI 源选择寄存器 3(AFIO_EXTISS3)

AFIO_EXTISS3 的结构、偏移地址和复位值如图 11-8 所示，部分位的解释说明如表 11-8 所示。

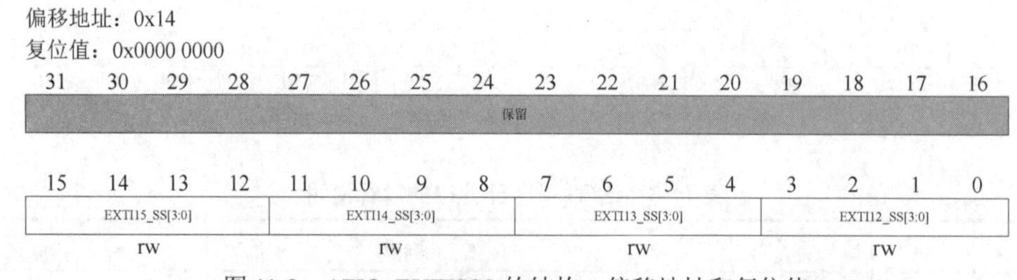

图 11-8 AFIO_EXTISS3 的结构、偏移地址和复位值

表 11-8 AFIO_EXTISS3 部分位的解释说明

位/位域	名称	描述
11:8	EXTI14_SS[3:0]	EXTI14 源选择。 0000：PA14 引脚； 0001：PB14 引脚； 0010：PC14 引脚； 0011：PD14 引脚； 0100：PE14 引脚； 0101：PF14 引脚；

(续表)

位/位域	名称	描述
11:8	EXTI14_SS[3:0]	0110：PG14 引脚； 其他配置保留
7:4	EXTI13_SS[3:0]	EXTI13 源选择。 0000：PA13 引脚； 0001：PB13 引脚； 0010：PC13 引脚； 0011：PD13 引脚； 0100：PE13 引脚； 0101：PF13 引脚； 0110：PG13 引脚； 其他配置保留

11.2.4 异常和中断

由于GD32F30x系列微控制器的内核是Cortex-M4，GD32F30x系列微控制器的异常和中断继承了Cortex-M4的异常响应系统，因此，要理解GD32F30x系列微控制器的异常和中断，首先要知道什么是中断和异常，还要知道什么是线程模式和处理模式，以及什么是Cortex-M4的异常和中断。

1. 中断和异常

中断是主机与外设进行数据通信的重要机制，它负责处理处理器外部的异常事件。异常实质上也是一种中断，主要负责处理处理器内部事件。

2. 线程模式和处理模式

处理器复位或异常退出时为线程模式(Thread Mode)，出现中断或异常时会进入处理模式(Handler Mode)，处理模式下所有代码为特权访问。

3. Cortex-M4 的异常和中断

Cortex-M4 在内核水平上搭载了一个异常响应系统，支持众多的系统异常和外部中断。其中，编号为1～15的对应系统异常，如表11-9所示；编号大于16的对应外部中断，如表11-10所示。除了个别异常的优先级不能被修改，其他异常的优先级都可以通过编程进行修改。

表 11-9 Cortex-M4 系统异常清单

编号	类型	优先级	简介
1	复位	−3(最高)	复位
2	NMI	−2	不可屏蔽中断(外部NMI输入)

(续表)

编号	类型	优先级	简介
3	硬件错误	-1	所有的错误都可能会引发，前提是相应的错误处理未使能
4	MemManage 错误	可编程	存储器管理错误，存储器管理单元(MPU)冲突或访问非法位置
5	总线错误	可编程	总线错误。当高级高性能总线(AHB)接口收到从总线来的错误响应时产生(若为取指也被称作预取终止，数据访问则为数据终止)
6	使用错误	可编程	程序错误或试图访问协处理器导致的错误(Cortex-M4 不支持协处理器)
7～10	保留	N/A	N/A
11	SVC	可编程	请求管理调用。一般用于 OS 环境且允许应用任务访问系统服务
12	调试监视器	可编程	调试监控。在使用基于软件的调试方案时，断点和监视点等调试事件的异常
13	保留	N/A	N/A
14	PendSV	可编程	可挂起的服务调用。OS 一般用该异常进行上下文切换
15	SysTick	可编程	系统节拍定时器。当其在处理器中存在时，由定时器外设产生。可用于 OS 或简单的定时器外设

表 11-10　Cortex-M4 外部中断清单

编号	类型	优先级	简介
16	IRQ #0	可编程	外部中断#0
17	IRQ #1	可编程	外部中断#1
⋮	⋮	⋮	⋮
255	IRQ #239	可编程	外部中断#239

芯片设计厂商(如兆易创新)可以修改 Cortex-M4 的硬件描述源代码，因此可以根据产品定位，对表 11-9 和表 11-10 进行调整。例如，GD32F30x 系列产品将中断号从-15～-1 的向量定义为系统异常，将中断号为 0～67 的向量定义为外部中断。其中，GD32F30x 系列中的非互联型产品和互联型产品(GD32F305xx 系列和 GD32F307xx 系列)的中断向量表有所不同，互联型产品有 68 个(编号 0～67)外部中断，而非互联型产品只有 60 个(编号 0～59)外部中断，非互联型产品的中断向量如表 11-11 所示。其中，优先级为-3、-2 和-1 的系统异常，如复位(Reset)、不可屏蔽中断(NMI)和硬件失效(HardFault)，优先级是固定的，其他异常和中断的优先级可以通过编程修改。向量表中的异常和中断的中断服务函数名可参见启动文件 startup_gd32f30x_hd.s。

表 11-11　GD32F30x 系列非互联型产品的中断向量表

中断号	优先级	名称	中断名	说明	地址
–	–	–	–	保留	0x0000_0000
−15	−3	Reset	–	复位	0x0000_0004
−14	−2	NMI	NonMaskableInt_IRQn	不可屏蔽中断 RCU 时钟安全系统(CSS)联接到 NMI 向量	0x0000_0008
−13	−1	硬件失效 (HardFault)	HardFault_Handler	所有类型的失效	0x0000_000C
−12	可设置	存储管理 (MemManage)	–	存储器管理	0x0000_0010
−11	可设置	总线错误 (BusFault)	–	预取指失败，存储器访问失败	0x0000_0014
−10	可设置	错误应用 (UsageFault)	–	未定义的指令或非法状态	0x0000_0018
–	–	–	–	保留	0x0000_001C ~ 0x0000_002B
-5	可设置	SVCall	SVCall_IRQn	通过 SWI 指令的系统服务调用	0x0000_002C
−4	可设置	调试监控 (DebugMonitor)	–	调试监控器	0x0000_0030
	–	–		保留	0x0000_0034
−2	可设置	PendSV	PendSV_IRQn	可挂起的系统服务	0x0000_0038
−1	可设置	SysTick	SysTick_IRQn	系统节拍定时器	0x0000_003C
0	可设置	WWDGT	WWDGT_IRQn	窗口看门狗中断	0x0000_0040
1	可设置	LVD	LVD_IRQn	连接到 EXTI 线的 LVD 中断	0x0000_0044
2	可设置	TAMPER	TAMPER_IRQn	侵入检测中断	0x0000_0048
3	可设置	RTC	RTC_IRQn	RTC 全局中断	0x0000_004C
4	可设置	FMC	FMC_IRQn	FMC 全局中断	0x0000_0050
5	可设置	RCU_CTC	RCU_CTC_IRQn	RCU 和 CTC 中断	0x0000_0054
6	可设置	EXTI0	EXTI0_IRQn	EXTI 线 0 中断	0x0000_0058
7	可设置	EXTI1	EXTI1_IRQn	EXTI 线 1 中断	0x0000_005C
8	可设置	EXTI2	EXTI2_IRQn	EXTI 线 2 中断	0x0000_0060
9	可设置	EXTI3	EXTI3_IRQn	EXTI 线 3 中断	0x0000_0064

(续表)

中断号	优先级	名称	中断名	说明	地址
10	可设置	EXTI4	EXTI4_IRQn	EXTI 线 4 中断	0x0000_0068
11	可设置	DMA0_Channel0	DMA0_Channel0_IRQn	DMA0 通道 0 全局中断	0x0000_006C
12	可设置	DMA0_Channel1	DMA0_Channel1_IRQn	DMA0 通道 1 全局中断	0x0000_0070
13	可设置	DMA0_Channel2	DMA0_Channel2_IRQn	DMA0 通道 2 全局中断	0x0000_0074
14	可设置	DMA0_Channel3	DMA0_Channel3_IRQn	DMA0 通道 3 全局中断	0x0000_0078
15	可设置	DMA0_Channel4	DMA0_Channel4_IRQn	DMA0 通道 4 全局中断	0x0000_007C
16	可设置	DMA0_Channel5	DMA0_Channel5_IRQn	DMA0 通道 5 全局中断	0x0000_0080
17	可设置	DMA0_Channel6	DMA0_Channel6_IRQn	DMA0 通道 6 全局中断	0x0000_0084
18	可设置	ADC0_1	ADC0_1_IRQn	ADC0 和 ADC1 全局中断	0x0000_0088
19	可设置	USBD_HP_CAN0_TX	USBD_HP_CAN0_TX_IRQn	USB 高优先级或 CAN0 发送中断	0x0000_008C
20	可设置	USBD_LP_CAN0_RX0	USBD_LP_CAN0_RX0_IRQn	USB 低优先级或 CAN0 接收 0 中断	0x0000_0090
21	可设置	CAN0_RX1	CAN0_RX1_IRQn	CAN0 接收 1 中断	0x0000_0094
22	可设置	CAN0_EWMC	CAN0_EWMC_IRQn	CAN0 EWMC 中断	0x0000_0098
23	可设置	EXTI5_9	EXTI5_9_IRQn	EXTI 线[9:5]中断	
24	可设置	TIMER0_BRK/TIMER0_BRK_TIMER8	TIMER0_BRK_IRQn/TIMER0_BRK_TIMER8_IRQn	TIMER0 中止中断/TIMER0 中止中断和 TIMER8 全局中断	
25	可设置	TIMER0_UP/TIMER0_UP_TIMER9	TIMER0_UP_IRQn/TIMER0_UP_TIMER9_IRQn	TIMER0 更新中断/TIMER0 更新中断和 TIMER9 全局中断	0x0000_00A4

(续表)

中断号	优先级	名称	中断名	说明	地址
26	可设置	TIMER0_TRG_CMT/TIMER0_TRG_CMT_TIMER10	TIMER0_TRG_CMT_IRQn/TIMER0_TRG_CMT_TIMER10_IRQn	TIMER0 触发与通道换相中断/TIMER0 触发与通道换相中断和 TIMER10 全局中断	0x0000_00A8
27	可设置	TIMER0_Channel	TIMER0_Channel_IRQn	TIMER0 通道捕获比较中断	0x0000_00AC
28	可设置	TIMER1	TIMER1_IRQn	TIMER1 全局中断	0x0000_00B0
29	可设置	TIMER2	TIMER2_IRQn	TIMER2 全局中断	0x0000_00B4
30	可设置	TIMER3	TIMER3_IRQn	TIMER3 全局中断	0x0000_00B8
31	可设置	I2C0_EV	I2C0_EV_IRQn	I2C0 事件中断	0x0000_00BC
32	可设置	I2C0_ER	I2C0_ER_IRQn	I2C0 错误中断	0x0000_00C0
33	可设置	I2C1_EV	I2C1_EV_IRQn	I2C1 事件中断	0x0000_00C4
34	可设置	I2C1_ER	I2C1_ER_IRQn	I2C1 错误中断	0x0000_00C8
35	可设置	SPI0	SPI0_IRQn	SPI0 全局中断	0x0000_00CC
36	可设置	SPI1	SPI1_IRQn	SPI1 全局中断	0x0000_00D0
37	可设置	USART0	USART0_IRQn	USART0 全局中断	0x0000_00D4
38	可设置	USART1	USART1_IRQn	USART1 全局中断	0x0000_00D8
39	可设置	USART2	USART2_IRQn	USART2 全局中断	0x0000_00DC
40	可设置	EXTI10_15	EXTI10_15_IRQn	EXTI 线[15:10]中断	0x0000_00E0
41	可设置	RTC_Alarm	RTC_Alarm_IRQn	连接 EXTI 线的 RTC 闹钟中断	0x0000_00E4
42	可设置	USBD_WKUP	USBD_WKUP_IRQn	连接 EXTI 线的 USBD 唤醒中断	0x0000_00E8
43	可设置	TIMER7_BRK/TIMER7_BRK_TIMER11	TIMER7_BRK_IRQn/TIMER7_BRK_TIMER11_IRQn	TIMER7 中止中断/TIMER7 中止中断和 TIMER11 全局中断	0x0000_00EC
44	可设置	TIMER7_UP/TIMER7_UP_TIMER12	TIMER7_UP_IRQn/TIMER7_UP_TIMER12_IRQn	TIMER7 更新中断/TIMER7 更新中断和 TIMER12 全局中断	0x0000_00F0

(续表)

中断号	优先级	名称	中断名	说明	地址
45	可设置	TIMER7_TRG_CMT/TIMER7_TRG_CMT_TIMER13	TIMER7_TRG_CMT_IRQn/TIMER7_TRG_CMT_TIMER13_IRQn	TIMER7 触发与通道换相中断/TIMER7 触发与通道换相中断和TIMER13 全局中断	0x0000_00F4
46	可设置	TIMER7_Channel	TIMER7_Channel_IRQn	TIMER7 通道捕获比较中断	0x0000_00F8
47	可设置	ADC2	ADC2_IRQn	ADC2 全局中断	0x0000_00FC
48	可设置	EXMC	EXMC_IRQn	EXMC 全局中断	0x0000_0100
49	可设置	SDIO	SDIO_IRQn	SDIO 全局中断	0x0000_0104
50	可设置	TIMER4	TIMER4_IRQn	TIMER4 全局中断	0x0000_0108
51	可设置	SPI2	SPI2_IRQn	SPI2 全局中断	0x0000_010C
52	可设置	UART3	UART3_IRQn	UART3 全局中断	0x0000_0110
53	可设置	UART4	UART4_IRQn	UART4 全局中断	0x0000_0114
54	可设置	TIMER5	TIMER5_IRQn	TIMER5 全局中断	0x0000_0118
55	可设置	TIMER6	TIMER6_IRQn	TIMER6 全局中断	0x0000_011C
56	可设置	DMA1_Channel0	DMA1_Channel0_IRQn	DMA1 通道 0 全局中断	0x0000_0120
57	可设置	DMA1_Channel1	DMA1_Channel1_IRQn	DMA1 通道 1 全局中断	0x0000_0124
58	可设置	DMA1_Channel2	DMA1_Channel2_IRQn	DMA1 通道 2 全局中断	0x0000_0128
59	可设置	DMA1_Channel3_4	DMA1_Channel3_4_IRQn	DMA1 通道 3 全局中断和DMA1 通道 4 全局中断	0x0000_012C

11.2.5 NVIC 中断控制器

由表 11-11 可以看到，GD32F30x 系列非互联型产品的系统异常个数多达 10 个，而外部中断多达 60 个，如何管理这么多的异常和中断？ARM 公司专门设计了一个功能强大的中断控制器——NVIC(Nested Vectored Interrupt Controller，嵌套向量中断控制器)，它控制着整个微控制器中断相关的功能，NVIC 与 CPU 紧密耦合，是内核里面的一个“外设”，它包含若干系统控制寄存器。NVIC 采用向量中断的机制，在中断发生时，会自动取出对应的服务例程入口地址，并且直接调用，无需软件判定中断源，从而可以大大缩短中断延时。

11.2.6 NVIC 部分寄存器

ARM 公司在设计 NVIC 时，给每个寄存器都预设了很多位，但是各微控制器厂商在设计芯片时，会对 Cortex-M4 内核里面的 NVIC 进行裁剪，把不需要的部分去掉，所以说 GD32F30x 系列微控制器的 NVIC 是 Cortex-M4 的 NVIC 的一个子集。

下面介绍 GD32F30x 系列微控制器的 NVIC 较常用的几个寄存器。

1. 中断的使能与禁止寄存器(NVIC→ISER/NVIC→ICER)

中断的使能与禁止分别由各自的寄存器控制，这与传统的、使用单一位的两个状态来表达使能与禁止截然不同。Cortex-M4 中可以有 240 对使能位/禁止位，每个中断拥有一对，这 240 对分布在 8 对 32 位寄存器中(最后一对只用了一半)。GD32F30x 系列微控制器尽管没有 240 个中断，但是依然预留了 8 对 32 位寄存器(最后一对只用了一半)，分别是 8 个 32 位中断使能寄存器(NVIC→ISER[0]～NVIC→ISER[7])和 8 个 32 位中断禁止寄存器(NVIC→ICER[0]～NVIC→ICER[7])，如表 11-12 所示。

表 11-12　中断的使能与禁止寄存器(NVIC→ISER/NVIC→ICER)

地址	名称	类型	复位值	描述
0xE000E100	NVIC→ISER[0]	R/W	0	设置外部中断#0～31的使能(异常#16～47)。 bit0用于外部中断#0(异常#16)； bit1用于外部中断#1(异常#17)； ⋮ bit31用于外部中断#31(异常#47)。 写1使能外部中断，写0无效。 读出值表示当前使能状态
0xE000E104	NVIC→ISER[1]	R/W	0	设置外部中断#32～63的使能(异常#48～79)
⋮	⋮	⋮	⋮	⋮
0xE000E11C	NVIC→ISER[7]	R/W	0	设置外部中断#224～239 的使能(异常#240～255)
0xE000E180	NVIC→ICER[0]	R/W	0	清零外部中断#0～31的使能(异常#16～47)。 bit0用于外部中断#0(异常#16)； bit1用于外部中断#1(异常#17)； ⋮ bit31用于外部中断#31(异常#47)。 写1清除中断，写0无效。 读出值表示当前使能状态
0xE000E184	NVIC→ICER[1]	R/W	0	清零外部中断#32～63的使能(异常#48～79)
⋮	⋮	⋮	⋮	⋮
0xE000E19C	NVIC→ICER[7]	R/W	0	清零外部中断#224～239 的使能(异常#240～255)

使能一个中断，需要写1到NVIC→ISER的对应位；禁止一个中断，需要写1到NVIC→ICER 的对应位。如果向 NVIC→ISER 或 NVIC→ICER 中写 0，则不会有任何效果。写 0 无效是个非常关键的设计理念，通过这种方式，使能或禁止中断时只需将当事位置 1，其他位全部为 0，从而实现每个中断都可以分别设置而互不影响。用户只需单一地写指令，不再需要“读—改—写”三步曲。

基于 Cortex-M4 内核的微控制器并非都有 240 个中断，因此，只有该微控制器实际使用的中断，其对应的寄存器的相应位才有意义。

2. 中断的挂起与清除寄存器(NVIC→ISPR/NVIC→ICPR)

如果中断发生时，正在处理同级或高优先级的异常，或中断自身被掩蔽，则中断不能立即得到响应，此时中断被“挂起”。中断的挂起状态可以通过中断的挂起寄存器(ISPR)和清除寄存器(ICPR)来读取，还可以通过写 ISPR 来手动挂起中断。GD32F30x 系列微控制器同样预留了 8 对 32 位寄存器，分别是 8 个 32 位中断的挂起寄存器(NVIC→ISPR[0]～NVIC→ISPR[7])和8个32位中断的清除寄存器(NVIC→ICPR[0]～NVIC→ICPR[7])，如表11-13所示。

表 11-13　中断的挂起与清除寄存器(NVIC→ISPR/NVIC→ICPR)

地址	名称	类型	复位值	描述
0xE000E200	NVIC→ISPR[0]	R/W	0	设置外部中断#0～31的挂起(异常#16～47)。 bit0用于外部中断#0(异常#16)； bit1用于外部中断#1(异常#17)； ⋮ bit31用于外部中断#31(异常#47)。 写1挂起外部中断，写0无效。 读出值表示当前挂起状态
0xE000E204	NVIC→ISPR[1]	R/W	0	设置外部中断#32～63的挂起(异常#48～79)
⋮	⋮	⋮	⋮	⋮
0xE000E21C	NVIC→ISPR[7]	R/W	0	设置外部中断#224～239的挂起(异常#240～255)
0xE000E280	NVIC→ICPR[0]	R/W	0	清零外部中断#0～31的挂起(异常#16～47)。 bit0用于外部中断#0(异常#16)； bit1用于外部中断#1(异常#17)； ⋮ bit31用于外部中断#31(异常#47)。 写1清零外部中断挂起，写0无效。 读出值表示当前挂起状态
0xE000E284	NVIC→ICPR[1]	R/W	0	清零外部中断#32～63的挂起(异常#48～79)
⋮	⋮	⋮	⋮	⋮
0xE000E29C	NVIC→ICPR[7]	R/W	0	清零外部中断#224～239的挂起(异常#240～255)

3. 中断优先级寄存器(NVIC→IP)

每个外部中断都有一个对应的优先级寄存器，每个优先级寄存器占用 8 位，但是

Cortex-M4 仅使用 8 位中的高 4 位用于配置中断的优先级。4 个相邻的优先级寄存器组成一个 32 位中断优先级寄存器。根据优先级组的设置，优先级可被分为高、低两个位段，分别是抢占优先级和子优先级。优先级寄存器既可以按字节访问，也可以按半字/字来访问。GD32F30x 系列微控制器预留了 240 个 8 位中断优先级寄存器(NVIC→IP[0]～NVIC→IP[239])，如表 11-14 所示。

表 11-14　中断优先级寄存器(NVIC→IP)

地址	名称	类型	复位值	描述
0xE000E400	NVIC→IP[0]	R/W	0(8位)	外部中断#0的优先级
0xE000E401	NVIC→IP[1]	R/W	0(8位)	外部中断#1的优先级
⋮	⋮	⋮	⋮	⋮
0xE000E4EF	NVIC→IP[239]	R/W	0(8位)	外部中断#239的优先级

中断优先级寄存器 NVIC→IP[0]～NVIC→IP[239]控制着 240 个外部中断的优先级，每个中断优先级寄存器 NVIC→IP[x]有 8 位，用于设置一个外部中断的优先级。每个 8 位优先级寄存器都由高 4 位和低 4 位组成，高 4 位用于设置优先级，低 4 位未使用，如表 11-15 所示。

表 11-15　8 位优先级寄存器的高 4 位和低 4 位

用于设置优先级				未使用			
bit7	bit6	bit5	bit4	bit3	bit2	bit1	bit0

为了解释抢占优先级和子优先级，用一个简单的例子来说明。假设一个科技公司设有 1 名总经理、1 名部门经理和 1 名项目组长，同时，又设有 3 名副总经理、3 名部门副经理和 3 名项目副组长，如图 11-9 所示。总经理的权力高于部门经理的，部门经理的权力高于项目组长的，正职之间的权重相当于抢占优先级。尽管副职对外是平等的，但是实际上，1 号副职的权力略高于 2 号副职的，2 号副职的权力略高于 3 号副职的，副职之间的权重相当于子优先级。

总经理	1号副总经理
	2号副总经理
	3号副总经理
部门经理	1号部门副经理
	2号部门副经理
	3号部门副经理
项目组长	1号项目副组长
	2号项目副组长
	3号项目副组长

图 11-9　科技公司职位示意图

项目组长正在给项目组成员开会(项目组长的中断服务函数)，总经理可以打断会议，向项目组长分配任务(总经理的中断服务函数)。但是，如果 2 号部门副经理正在给部门成员开会(2 号部门副经理的中断服务函数)，即使 1 号部门副经理的权重高，他也不能打断会议，必须等到会议结束(2 号部门副经理的中断服务函数执行完毕)才能向其交代任务(1 号部门副经理的中断服务函数)。

如图 11-10 所示，用于设置优先级的高 4 位可以根据优先级分组情况分为 5 类：①优先级分组为 NVIC_GROUP4 时，每个 8 位优先级寄存器的 bit7～bit4 用于设置抢占优先级，在这种情况下，只有0～15级抢占优先级分级；②优先级分组为NVIC_GROUP3时，8位优先级寄存器的 bit7～bit5 用于设置抢占优先级，bit4 用于设置子优先级，在这种情况下，共有 0～7 级抢占优先级分级和 0～1 级子优先级分级；③优先级分组为 NVIC_GROUP2 时，8 位优先级寄存器的 bit7～bit6 用于设置抢占优先级，bit5～bit4 用于设置子优先级，在这种情况下，共有 0～4 级抢占优先级分级和 0～4 级子优先级分级；④优先级分组为 NVIC_GROUP1 时，8 位优先级寄存器的 bit7 用于设置抢占优先级，bit6～bit4 用于设置子优先级，在这种情况下，共有 0～1 级抢占优先级分级和 0～7 级子优先级分级；⑤优先级分组为 NVIC_GROUP0 时，8 位优先级寄存器的 bit7～bit4 用于设置子优先级，在这种情况下，只有 0～15 级子优先级分级。

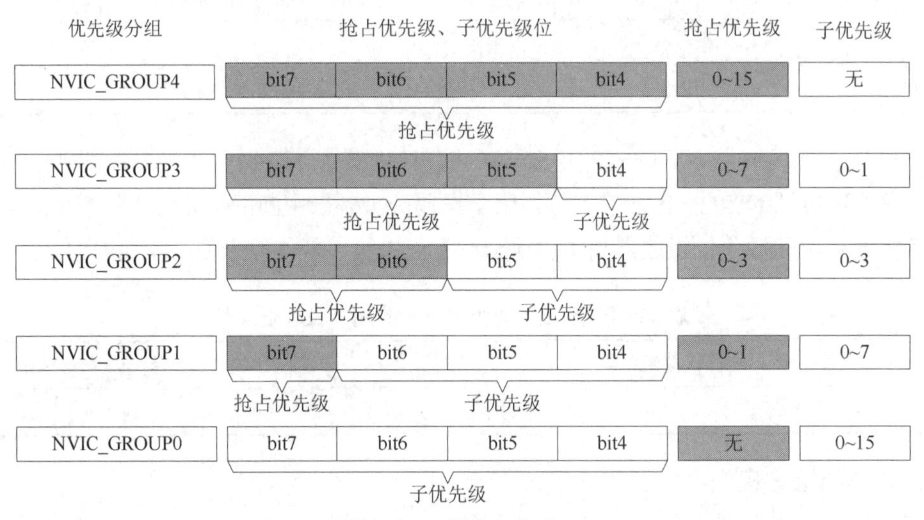

图 11-10　优先级分组

11.2.7　程序架构

外部中断实验的程序架构如图 11-11 所示。该图简要介绍了程序开始运行后各个函数的执行和调用流程，图中仅列出了与本实验相关的一部分函数。下面解释说明程序架构。

(1) 在 main 函数中调用 InitHardware 函数进行硬件相关模块初始化，包含 RCU、NVIC、UART、Timer 和 EXTI 等模块，这里仅介绍 EXTI 模块初始化函数 InitEXTI。在 InitEXTI 函数中先调用 ConfigEXTIGPIO 函数配置 EXTI 的 GPIO，再调用 ConfigEXTI 函数配置 EXTI，包括使能时钟、使能外部中断线、将中断线和 GPIO 连接起来以及配置中断线等。

(2) 调用 InitSoftware 函数进行软件相关模块初始化。本实验中，InitSoftware 函数为空。

(3) 调用 Proc2msTask 函数进行 2ms 任务处理。由于本实验通过按键来控制 LED 的状态，不需要调用 LEDFlicker 函数使 LED 闪烁。

(4) 2ms 任务之后再调用 Proc1SecTask 函数进行 1s 任务处理。在该函数中，只需要清除 2ms 标志位即可，无需执行其他的任务。

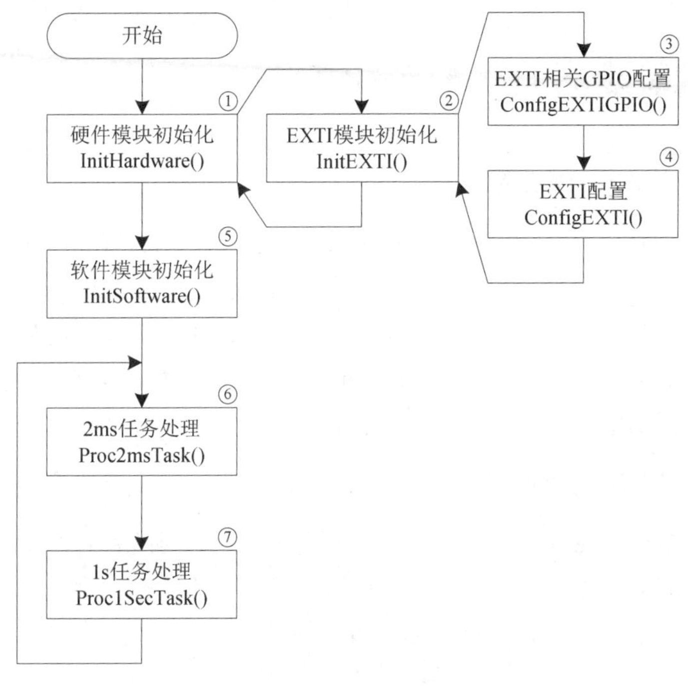

图 11-11　程序架构

(5) Proc2msTask 和 Proc1SecTask 均在循环中调用。

在图 11-11 中，编号①⑤⑥和⑦的函数在 Main.s 文件中实现；编号②③和④的函数在 EXTI.s 文件中实现。在编号④的 ConfigEXTI 函数中，对前面介绍的寄存器进行配置。

外部中断的实现还涉及 EXTI.s 文件中的 EXTI0_IRQHandler 函数，不过该函数未在图 11-11 中体现。EXTI0_IRQHandler 为 EXTI0 的中断服务函数。当 EXTI0 产生中断时会自动调用该函数，该函数的函数名可在 ARM 分组下的 startup_gd32f30x_hd.s 启动文件中查找到。该启动文件中列出了 GD32F30x 系列微控制器的所有中断服务函数名，后续实验使用到的其他中断服务函数的函数名也可以在该文件中查找。

本实验编程要点：

(1) 配置 EXTI 相关的 GPIO。本实验使用独立按键触发外部中断，因此，应配置独立按键对应的 GPIO。将 KEY_1 对应的 PA0 引脚配置为下拉输入模式，当按下 KEY_1 时，PA0 的电平由低变高。

(2) 通过寄存器配置 EXTI，包括配置 GPIO 作为外部中断的引脚以及配置外部中断的边沿触发模式等。由 KEY_1 触发的外部中断线应配置为上升沿触发。

(3) 编写 EXTI 的中断服务函数。若检测到按键对应的 EXTI 线产生中断，则翻转 LED 引脚的电平。

本实验的主要内容为将独立按键的 GPIO 配置为 EXTI 输入线，通过检测按键按下时对应 GPIO 的电平变化来触发外部中断，在中断服务函数中实现 LED 状态翻转。掌握了 EXTI 线与 GPIO 的对应关系以及 EXTI 的配置方法，即可快速完成本实验。本章代码仅对 KEY_1 进行配置，若要实现 KEY_2 和 KEY_3 触发外部中断，可参考 KEY_1 自行配置。

11.3 实验步骤与代码解析

步骤 1：复制并编译原始工程

首先，将 D:\GD32MicroController\Material\09.EXTIKeyInterrupt 文件夹复制到 D:\GD32MicroController\Product 文件夹中。然后，双击运行 D:\GD32MicroController\Product\09.EXTIKeyInterrupt\Project 文件夹中的 GD32KeilPrj.uvprojx。编译通过后，下载程序并进行复位，观察 GD32F3 苹果派开发板上的两个 LED 是否交替闪烁。如果两个 LED 每隔 500ms 交替闪烁，表示原始工程是正确的，可以进入下一步操作。

步骤 2：添加 EXTI.s 文件

首先，将 D:\GD32MicroController\Product\09.EXTIKeyInterrupt\HW 文件夹中的 EXTI.s 文件添加到 HW 分组中。

步骤 3：完善 EXTI.s 文件

单击按钮进行编译，编译结束后，在 Project 面板中，双击打开 EXTI.s 文件。在 EXTI.s 文件的“输出”区，添加如程序清单 11-1 所示的代码，声明全局标号。

程序清单 11-1

```
EXPORT EXTI0_IRQHandler      ;外部中断 0 中断服务函数
EXPORT InitEXTI              ;初始化外部中断
```

在“输入”区，添加如程序清单 11-2 所示代码，引入后续需要使用的寄存器和函数。

(1) 第 1 至 12 行代码：引入在 reg.s 文件中定义的寄存器。其中，NVIC_ISER0 和 NVIC_ICPR0 分别为中断挂起设置寄存器和中断挂起清除寄存器。

(2) 第 13 行代码：引入函数，PrintString 为打印字符串函数。

程序清单 11-2

```
1.    IMPORT RCU_APB2EN
2.    IMPORT GPIOA_CTL0
3.    IMPORT GPIOA_OCTL
4.    IMPORT AFIO_EXTISS0
5.    IMPORT EXTI_INTEN
6.    IMPORT EXTI_EVEN
7.    IMPORT EXTI_RTEN
8.    IMPORT EXTI_FTEN
9.    IMPORT EXTI_PD
10.   IMPORT NVIC_IP6
11.   IMPORT NVIC_ISER0
```

```
12.    IMPORT NVIC_ICPR0
13.    IMPORT PrintString
```

在“常量段”区，添加外部中断提示字符串 s_pExitString 的定义，如程序清单 11-3 所示。

程序清单 11-3

```
s_pExitString DCB "EXTI0_IRQHandler!\r\n", 0 ;外部中断提示字符串
```

在“代码段”区，添加 ConfigEXTIGPIO 函数的实现代码，如程序清单 11-4 所示。

程序清单 11-4

```
1.   ConfigEXTIGPIO PROC
2.     PUSH {R0-R12, LR}
3.
4.     ;开启 GPIOA 时钟
5.     LDR R0, =RCU_APB2EN
6.     LDR R1, [R0]
7.     ORR R1, #(1 << 2)
8.     STR R1, [R0]
9.
10.    ;设置 PA0 为上/下拉输入模式(KEY1)
11.    LDR R0, =GPIOA_CTL0
12.    LDR R1, [R0]
13.    AND R1, #~(15 << 0)
14.    ORR R1, #(8 << 0)
15.    STR R1, [R0]
16.
17.    ;设置下拉
18.    LDR R0, =GPIOA_OCTL
19.    LDR R1, [R0]
20.    AND R1, #~(1 << 0)
21.    STR R1, [R0]
22.
23.    POP {R0-R12, PC}
24.    ENDP
```

(1) 第 5 至 8 行代码：通过配置 APB2 使能寄存器 RCU_APB2EN，开启 GPIOA 时钟。RCU_APB2EN 的第 2 位(最低位为第 0 位)为 GPIO 端口 A 时钟使能位。

(2) 第 11 至 15 行代码：设置与 KEY_1 相连的 PA0 引脚为下拉输入模式。配置端口控制寄存器 GPIOA_CTL0 的第 0～2 位为 0，第 3 位为 1。其中，第 3:2 位为 PA0 配置位，设置为 10 表示 PA0 端口为上/下拉输入模式，第 1:0 位为 PA0 模式位，设置为 00 表示 PA0 端口为输入模式(复位状态)。

(3) 第 18 至 21 行代码：设置 PA0(KEY$_1$)为下拉模式，通过配置端口输出控制寄存器 GPIOA_OCTL 的第 0 位为 0 来实现。

在 ConfigEXTIGPIO 函数实现区后，添加 ConfigEXTI 函数的实现代码，如程序清单 11-5 所示。

程序清单 11-5

```
1.  ConfigEXTI PROC
2.    PUSH {R0-R12, LR}
3.
4.    ;使能 AFIO 时钟
5.    LDR R0, =RCU_APB2EN
6.    LDR R1, [R0]
7.    ORR R1, #(1 << 0)
8.    STR R1, [R0]
9.
10.   ;将 GPIOA 与 Line0 连接起来
11.   LDR R0, =AFIO_EXTISS0
12.   LDR R1, [R0]
13.   AND R1, #~(15 << 0)
14.   STR R1, [R0]
15.
16.   ;开放 Line0 的中断请求
17.   LDR R0, =EXTI_INTEN
18.   LDR R1, [R0]
19.   ORR R1, #(1 << 0)
20.   STR R1,[R0]
21.
22.   ;屏蔽 Line0 上的事件请求
23.   LDR R0, =EXTI_EVEN
24.   LDR R1, [R0]
25.   AND R1, #~(1 << 0)
26.   STR R1, [R0]
27.
28.   ;允许 Line0 上升沿触发
29.   LDR R0, =EXTI_RTEN
30.   LDR R1, [R0]
31.   ORR R1, #(1 << 0)
32.   STR R1, [R0]
33.
34.   ;禁止 Line0 下降沿触发
```

```
35.    LDR R0, =EXTI_FTEN
36.    LDR R1, [R0]
37.    AND R1, #~(1 << 0)
38.    STR R1, [R0]
39.
40.    ;配置 EXTI0 中断的优先级
41.    LDR  R0, =NVIC_IP6
42.    MOV  R1, #(2 << 4)
43.    STRB R1, [R0]
44.
45.    ;使能 EXTI0 中断
46.    LDR  R0, =NVIC_ISER0
47.    LDR  R1, [R0]
48.    ORR  R1, #(1 << 6)
49.    STR  R1, [R0]
50.
51.    POP {R0-R12, PC}
52.    ENDP
```

(1) 第 5 至 8 行代码：通过配置 APB2 使能寄存器 RCU_APB2EN，使能 AFIO 时钟。

(2) 第 11 至 20 行代码：通过配置相应的 EXTI 源选择寄存器 AFIO_EXTISSx 来选择触发中断或事件，GPIO 引脚可以用作 EXTI 中断线。通过配置 AFIO_EXTISS0 将 GPIOA 与 EXTI 线 Line0 相连接，并配置中断使能寄存器 EXTI_INTEN 的第 0 位为 1，表示使能中断线 0。

(3) 第 23 至 38 行代码：先配置事件使能寄存器 EXTI_EVEN 的第 1 位为 0，屏蔽 Line0 上的事件请求，再配置 EXTI_RTEN 和 EXTI_FTEN 使 Line0 为上升沿触发。

(4) 第 41 至 49 行代码：先设置 EXTI0 中断的抢占优先级为 2，并使能 EXTI0 中断。该操作涉及中断使能寄存器(NVIC→ISER[x])和中断优先级寄存器(NVIC→IP[x])，由于 GD32F30x 系列微控制器的 EXTI0_IRQn 中断号为 6(该中断号可以参见表 11-11)，因此，通过向 NVIC→ISER[0]的 bit6 写入 1 使能 EXTI0 中断，并将优先级写入 NVIC_IP6，可参见表 11-12 和表 11-14。

注意，由于在 NVIC.s 文件中，设置优先级分组寄存器 SCB_AIRCR 为 NVIC_GROUP4，因此，有 4 位抢占优先级，0 位子优先级。

在 ConfigEXTI 函数实现区后，添加 EXTI0_IRQHandler 中断服务函数的实现代码，如程序清单 11-6 所示。

程序清单 11-6

```
1.  EXTI0_IRQHandler PROC
2.    PUSH {R0-R12, LR}
3.
```

```
4.      ;清除中断标志位
5.      LDR R0, =EXTI_PD
6.      LDR R1, [R0]
7.      ORR R1, #(1 << 0)
8.      STR R1, [R0]
9.
10.     ;字符串输出
11.     LDR R0, =s_pExitString
12.     BL  PrintString
13.
14.     ;LED1 处理
15.   LED1_PROC
16.
17.     ;读入 GPIOA 输出状态
18.     LDR  R0, =GPIOA_OCTL
19.     LDR  R1, [R0]
20.     ANDS R1, #(1 << 8)
21.     BNE  CLR_LED1     ;计算结果不为零，表示当前输出高电平
22.     BEQ  SET_LED1     ;计算结果等于零，表示当前输出低电平
23.
24.     ;PA8 位置 1
25.   SET_LED1
26.     LDR R0, =GPIOA_OCTL
27.     LDR R1, [R0]
28.     ORR R1, #(1 << 8)
29.     STR R1, [R0]
30.     POP {R0-R12, PC}
31.
32.     ;PA8 位清零
33.   CLR_LED1
34.     LDR R0, =GPIOA_OCTL
35.     LDR R1, [R0]
36.     AND R1, #~(1 << 8)
37.     STR R1, [R0]
38.     POP {R0-R12, PC}
39.
40.     POP {R0-R12, PC}
41.     ENDP
```

(1) 第 5 至 8 行代码：将挂起寄存器 EXTI_PD 的 PD0 位置 1 以清除中断线 Line0 挂起标志。

(2) 第 11 至 12 行代码：输出外部中断提示字符串。

(3) 第 15 至 38 行代码：实现 LED_1 状态翻转。读取端口输出控制寄存器 GPIOA_OCTL 中 GPIOA 的输出状态，其中第 8 位为与 LED_1 相连的 PA8 引脚电平状态。如果当前输出高电平，则将 PA8 位清零；如果当前输出低电平，则将 PA8 位置 1。

在 EXTI0_IRQHandler 函数实现区后，添加 InitEXTI 函数的实现代码，如程序清单 11-7 所示，InitEXTI 函数通过调用 ConfigEXTIGPIO 和 ConfigEXTI 函数初始化 EXTI 模块。

程序清单 11-7

```
1.  InitEXTI PROC
2.    PUSH {R0-R12, LR}
3.
4.    ;配置外部中断的 GPIO
5.    BL ConfigEXTIGPIO
6.
7.    ;配置外部中断
8.    BL ConfigEXTI
9.
10.   POP {R0-R12, PC}
11.   ENDP
```

步骤 4：完善外部中断实验应用层

在 Project 面板中，双击打开 Main.s 文件。在 Main.s 文件的“输入”区的最后，添加代码 IMPORT InitEXTI。

在 InitHardware 函数中，添加调用 InitEXTI 函数的代码，如程序清单 11-8 的第 10 行代码所示，这样就实现了对 EXTI 模块的初始化。

程序清单 11-8

```
1.  InitHardware PROC
2.    PUSH {R0-R12, LR}
3.
4.    BL InitRCU       ;初始化 RCU
5.    BL InitNVIC      ;初始化 NVIC 分组
6.    BL InitSysTick   ;初始化 SysTick
7.    BL InitTimer     ;初始化定时器
8.    BL InitUART      ;初始化串口
9.    BL InitLED       ;初始化 LED
10.   BL InitEXTI      ;初始化外部中断
11.
12.   POP {R0-R12, PC}
13.   ENDP
```

本实验通过外部中断控制 GD32F3 苹果派开发板上 LED_1 的状态，因此需要注释掉 Proc2msTask 函数中的 LED 闪烁代码，如程序清单 11-9 的第 11 至 21 行代码所示。

程序清单 11-9

```
1.  Proc2msTask PROC
2.    PUSH {R0-R12, LR}
3.
4.    ;获取 2ms 标志位，保存在 R0 中
5.    BL Get2msFlag
6.
7.    ;判断 2ms 标志位是否非零，若为 0 则直接退出
8.    TEQ R0, #0
9.    BEQ PROC_2MS_TASK_EXIT
10.
11.   ;;LED 500ms 闪烁
12.   ;LDR R0, =s_iLEDFlickerCnt
13.   ;LDR R1, [R0]
14.   ;ADD R1, #1
15.   ;STR R1, [R0]
16.   ;CMP R1, #250
17.   ;BLO PROC_2MS_LED_END
18.   ;MOV R1, #0
19.   ;STR R1, [R0]
20.   ;BL LEDFlicker
21. ;PROC_2MS_LED_END
22.
23.   ;清除 2ms 标志位
24.   BL Clr2msFlag
25.
26. PROC_2MS_TASK_EXIT
27.   POP {R0-R12, PC}
28.   ENDP
```

步骤 5：编译及下载验证

代码编写完成并编译通过后，下载程序并进行复位。LED_1 点亮，此时按下 KEY_1 按键，LED_1 状态会发生翻转，且串口助手打印“EXTI0_IRQHandler!”，表示实验成功。

本章任务

通过学习本章内容，基于GD32F3苹果派开发板，编写程序，添加KEY_2和KEY_3按键的外部中断，实现KEY_2控制LED_2的状态翻转，KEY_3控制LED_1和LED_2的状态同时翻转。

本章习题

1. 简述什么是外部输入中断。

2. 简述外部中断服务函数的中断标志位的作用，应该在什么时候清除中断标志位，如果不清除中断标志位会有什么后果？

第12章 定时器实验

GD32F30x 系列微控制器的定时器系统非常强大，包含 2 个基本定时器 TIMER5 和 TIMER6，10 个通用定时器 TIMER1～TIMER4 和 TIMER8～TIMER13，以及 2 个高级定时器 TIMER0 和 TIMER7。本章将详细介绍通用定时器(TIMER2 和 TIMER4)，包括功能框图、通用定时器部分寄存器和 RCU 部分寄存器；然后以设计一个定时器为例，介绍 Timer 模块的驱动设计过程和使用方法，包括定时器的配置、定时器中断服务函数的设计、2ms 和 1s 标志位的产生和清除，还将介绍 2ms 和 1s 任务的创建。

12.1 实验内容

基于 GD32F3 苹果派开发板设计一个定时器，其功能包括：①将 TIMER2 配置为每 1ms 进入一次中断服务函数；②在 TIMER2 的中断服务函数中，将 2ms 标志位和 1s 标志位置 1；③在 Main 模块中，基于 2ms 和 1s 标志位，分别创建 2ms 任务和 1s 任务；④在 2ms 任务中，调用 LED 模块的 LEDFlicker 函数实现 LED_1 和 LED_2 交替闪烁；⑤在 1s 任务中，调用 UART0 模块的 PrintString 函数，每秒输出一次“This is a GD32F303 project.”。

12.2 实验原理

12.2.1 通用定时器 L0 结构框图

GD32F30x 系列微控制器的基本定时器(TIMER5、TIMER6)功能最简单，其次是通用定时器(TIMER1～TIMER4、TIMER8～TIMER13)，最复杂的是高级定时器(TIMER0、TIMER7)。通用定时器又分为 3 种：L0(TIMER1～TIMER4)、L1(TIMER8、TIMER11)和 L2(TIMER9、TIMER10、TIMER12 和 TIMER13)。关于基本定时器、通用定时器和高级定时器之间的区别，可参见《GD32F30x 用户手册(中文版)》中的表 16-1。本实验只用到通用定时器 L0，其结构框图如图 12-1 所示。

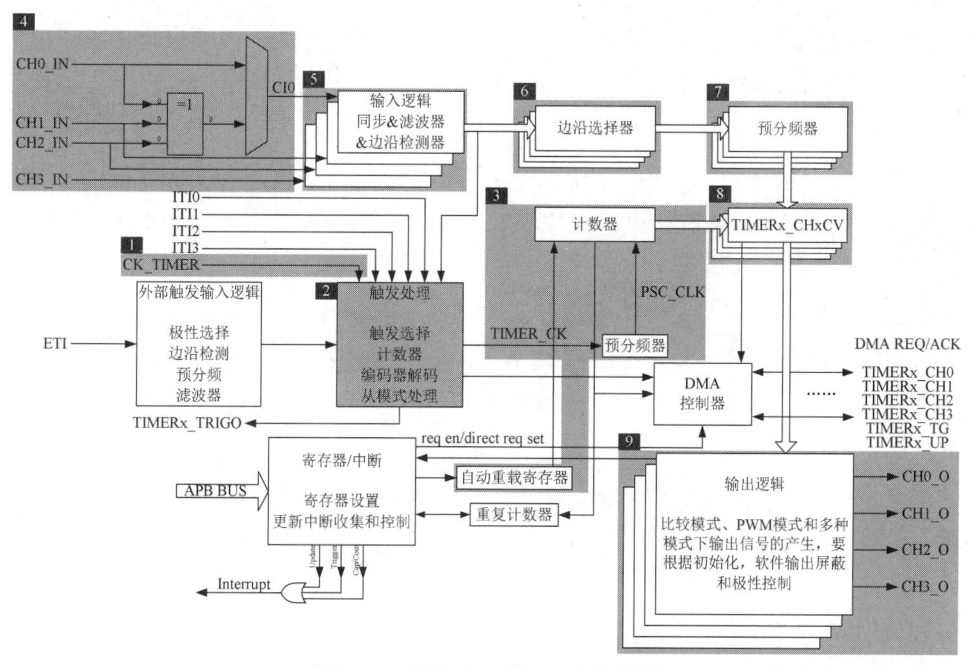

图 12-1　通用定时器 L0 功能框图

1. 定时器时钟源

通用定时器L0可以由内部时钟源驱动或由SMC(TIMERx_SMCFG寄存器位[2:0])控制的复用时钟源驱动。本章实验使用的 TIMER2 由内部时钟源驱动，内部时钟源即连接到RCU模块的CK_TIMER。该CK_TIMER时钟由APB1时钟分频而来，除了为通用定时器L0(TIMER1～TIMER4)提供时钟，还为基本定时器(TIMER5 和 TIMER6)和其他通用定时器提供时钟。由于本书所有实验的APB1预分频器的分频系数均配置为2，APB1时钟频率为60MHz，因此，TIMER1～TIMER6和TIMER11～TIMER13的时钟频率为120MHz。

2. 触发控制器

触发控制器的基本功能包括设置定时器的计数方式(递增/递减计数)，以及将通用定时器设置为其他定时器或DAC/ADC的触发源等。由触发控制器输出的TIMER_CK时钟等于来自RCU模块的CK_TIMER时钟。

3. 时基单元

时基单元对触发控制器输出的TIMER_CK时钟进行预分频得到PSC_CLK时钟，然后计数器对经过分频后的 PSC_CLK 时钟进行计数，当计数器的计数值与计数器自动重载寄存器(TIMERx_CAR)的值相等时，产生事件。时基单元包括 3 个寄存器，分别为计数器寄存器(TIMERx_CNT)、预分频寄存器(TIMERx_PSC)和计数器自动重载寄存器(TIMERx_CAR)。

TIMERx_PSC 带有缓冲器，可以在运行时向 TIMERx_PSC 写入新值，新的预分频数值将在下一个更新事件到来时被应用，然后分频得到的PSC_CLK时钟才会发生改变。

TIMERx_CAR有1个影子寄存器，这表示在物理上该寄存器对应2个寄存器：一个是可以写入或读出的寄存器，称为预装载寄存器；另一个是无法对其进行读/写操作的，但在使用时真正起作用的寄存器，称为影子寄存器。可以通过TIMERx_CTL0的ARSE位使能或禁止TIMERx_CAR的影子寄存器。如果ARSE为1，则影子寄存器被使能，要等到更新事件产生时才把写入 TIMERx_CAR 预装载寄存器中的新值更新到影子寄存器；如果ARSE 为 0，则影子寄存器被禁止，向 TIMERx_CAR 写入新值之后，TIMERx_CAR 立即更新。

通过前面的分析可知，定时器事件产生时间由TIMERx_PSC和TIMERx_CAR这两个寄存器决定。计算分为两步：①根据公式 $f_{PSC\_CLK}=f_{TIMER\_CK}/(TIMERx\_PSC+1)$，计算PSC_CLK 时钟频率；②根据公式“定时器事件产生时间$=(1/f_{PSC_CLK})\times(TIMERx_CAR+1)$”，计算定时器事件产生时间。

假设 TIMER2 的时钟频率 f_{TIMER_CK} 为 120MHz，对 TIMER2 进行初始化配置，向TIMER2_PSC写入119，向TIMER2_CAR写入999，计算定时器事件产生时间，分两步进行计算：

① 计算PSC_CLK时钟频率。

$$f_{PSC\_CLK}=f_{TIMER\_CK}/(TIMER2\_PSC+1)=120MHz/(119+1)=1MHz$$

因此，PSC_CLK 的时钟周期为 1μs。

② 计数器的计数值与自动重载寄存器中的值相等时，产生事件，TIMER2_CAR 为 999，因此定时器事件产生时间=$(1/f_{PSC\_CLK})$×(TIMER2_CAR+1)=1μs×1000=1ms。

4. 输入通道

通用定时器 L0 有 4 个输入通道：CI0、CI1、CI2 和 CI3。其中，CI1、CI2 和 CI3 通道分别对应 CH1_IN、CH2_IN 和 CH3_IN，即对应 TIMERx_CH1、TIMERx_CH2 和 TIMERx_CH3 引脚。CI0 通道可以将 CH0_IN(TIMERx_CH0)作为信号源，也可以将 CH0_IN、CH1_IN 和 CH2_IN 的异或结果作为信号源。定时器对这 4 个输入通道对应引脚输入信号的上升沿或下降沿进行捕获。

5. 滤波器和边沿检测器

滤波器首先对输入信号 CIx 进行滤波处理，滤波器的参数由控制寄存器 0(TIMERx_CTL0)的 CKDIV[1:0]、通道控制寄存器 0(TIMERx_CHCTL0)和通道控制寄存器 1(TIMERx_CHCTL1)的 CHxCAPFLT[3:0]决定。其中，输入滤波器使用的采样频率 f_{DTS} 可以与 TIMER_CK 时钟频率 f_{TIMER_CK} 相等，也可以是 f_{TIMER_CK} 的 2 分频或 4 分频，具体由 CKDIV[1:0]决定。

边沿检测器实际上是一个事件计数器，该计数器对经过滤波后的输入信号的边沿事件进行检测，当检测到 N 个事件后会产生一个输出的跳变，其中 N 由 CHxCAPFLT[3:0]决定。

6. 边沿选择器

边沿选择器可设置输入信号的捕获时机(上升沿或下降沿)，它由通道控制寄存器 2(TIMERx_CHCTL2)的 CHxP 决定。当 CHxP 为 0 时，捕获发生在输入信号的上升沿；当 CHxP 为 1 时，捕获发生在输入信号的下降沿。

7. 预分频器

如果边沿选择器输出的信号直接输入到通道捕获/比较寄存器(TIMERx_CHxCV)，则只能连续捕获每个边沿，而无法实现边沿的间隔捕获，比如每 4 个边沿捕获一次。兆易创新在设计通用定时器和高级定时器时，增加了一个预分频器，边沿选择器输出的信号经过预分频器后才会输入到 TIMERx_CHxCV，这样不仅可以实现边沿的连续捕获，还可以实现边沿的间隔捕获。具体多少个边沿捕获一次，由通道控制寄存器 0(TIMERx_CHCTL0)的 CHxCAPPSC[1:0]决定，如果希望连续捕获每个事件，则将 CHxCAPPSC[1:0]配置为 00；如果希望每 4 个事件触发一次捕获，则将 CHxCAPPSC[1:0]配置为 10。

8. 通道捕获/比较寄存器

通道捕获/比较寄存器(TIMERx_CHxCV)既是捕获输入的寄存器，又是比较输出的寄存器。TIMERx_CHxCV 有影子寄存器，可以通过 TIMERx_CHCTL0 的 CHxCOMSEN 位使能或禁止影子寄存器。将 CHxCOMSEN 设置为 1，使能影子寄存器，则写该寄存器要等到更新事件产生时，才将 TIMERx_CHxCV 预装载寄存器中的值传送至影子寄存器，读取该寄存器实际上是读取 TIMERx_CHxCV 预装载寄存器中的值。将 CHxCOMSEN 设置为0，禁止影子寄存器，则只有一个寄存器，不存在预装载寄存器和影子寄存器的概念，因此，读/写该寄存器实际上就是读/写 TIMERx_CHxCV。

TIMERx_CHCTL2 的 CHxEN 决定禁止或使能捕获/比较功能。在通道配置为输入的情况下，当 CHxEN 为 0 时，禁止捕获；当 CHxEN 为 1 时，使能捕获。在通道配置为输出的情况下，当 CHxEN 为 0 时，禁止输出；当 CHxEN 为 1 时，输出信号输出到对应的引脚。下面分别对输入捕获和输出比较的工作流程进行介绍。

(1) 输入捕获。预分频器的输出信号作为捕获输入的输入信号，当第 1 次捕获到边沿事件时，计数器中的值会被锁存到 TIMERx_CHxCV，同时中断标志寄存器(TIMERx_INTF)的中断标志 CHxIF 会被置为 1，如果 DMA 和中断使能寄存器(TIMERx_DMAINTEN)的 CHxIE 为 1，则产生中断。当第 2 次捕获到边沿事件(CHxIF 依然为 1)时，TIMERx_INTF 的捕获溢出标志 CHxOF 会被置为 1。CHxIF 和 CHxOF 标志均由硬件置 1，软件清零。

(2) 输出比较。输出比较有 8 种模式，分别为时基、匹配时设置为高、匹配时设置为低、匹配时翻转、强制为低、强制为高、PWM 模式 0 和 PWM 模式 1，通过 TIMERx_CHCTL0 的 CHxCOMCTL[2:0]选择输出比较模式，可参见《GD32F30x 用户手册(中文版)》的第 336～339 页，也可参见英文版用户手册《GD32F30x 用户手册(英文版)》的第 349～352 页(上述文件存放在资料包的“09.参考资料”文件夹下)。

9. 输出控制和输出引脚

参考信号 OxCPRE 经过输出控制之后产生的最终输出信号，将通过通用定时器 L0 的外部引脚输出，外部引脚包括TIMERx_CH0、TIMERx_CH1、TIMERx_CH2和TIMERx_CH3。

12.2.2 通用定时器部分寄存器

本实验涉及的通用定时器寄存器如下。

1. 控制寄存器 0(TIMERx_CTL0)

TIMERx_CTL0 的结构、偏移地址和复位值如图 12-2 所示，部分位的解释说明如表 12-1 所示。

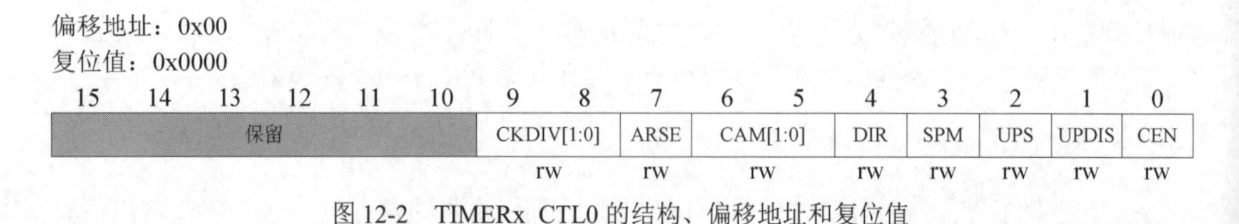

图 12-2 TIMERx_CTL0 的结构、偏移地址和复位值

表 12-1 TIMERx_CTL0 部分位的解释说明

位/位域	名称	描述
9:8	CKDIV[1:0]	时钟分频。 通过软件配置 CKDIV，规定定时器时钟(TIMER_CK)与死区时间和采样时钟(DTS)之间的分频系数，死区发生器和数字滤波器会用到 DTS 时间。 00：$f_{DTS}=f_{TIMER\_CK}$； 01：$f_{DTS}=f_{TIMER\_CK}/2$； 10：$f_{DTS}=f_{TIMER\_CK}/4$； 11：保留
7	ARSE	自动重载影子使能。 0：禁止 TIMERx_CAR 寄存器的影子寄存器； 1：使能 TIMERx_CAR 寄存器的影子寄存器
0	CEN	计数器使能。 0：计数器禁止； 1：计数器使能。 在软件将 CEN 位置 1 后，外部时钟、暂停模式和编码器模式才能工作。触发模式可以自动通过硬件设置 CEN 位

2. DMA 和中断使能寄存器(TIMERx_DMAINTEN)

TIMERx_DMAINTEN 的结构、偏移地址和复位值如图 12-3 所示，部分位的解释说明如表 12-2 所示。

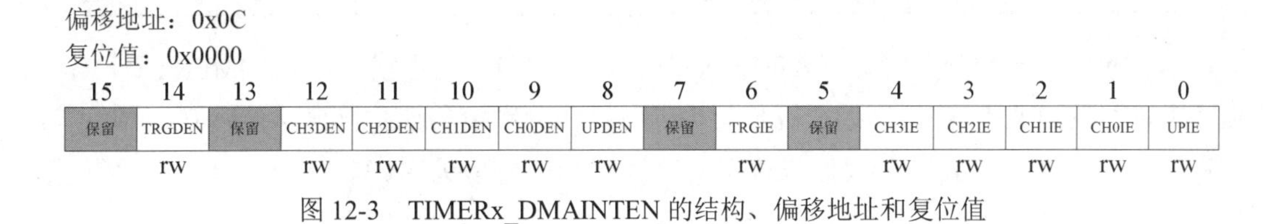

图 12-3 TIMERx_DMAINTEN 的结构、偏移地址和复位值

表 12-2 TIMERx_DMAINTEN 部分位的解释说明

位/位域	名称	描述
1	CH0IE	通道 0 比较/捕获中断使能。 0：禁止通道 0 中断； 1：使能通道 0 中断
0	UPIE	更新中断使能。 0：禁止更新中断； 1：使能更新中断

3. 中断标志寄存器(TIMERx_INTF)

TIMERx_INTF 的结构、偏移地址和复位值如图 12-4 所示，部分位的解释说明如表 12-3 所示。

偏移地址：0x10
复位值：0x0000

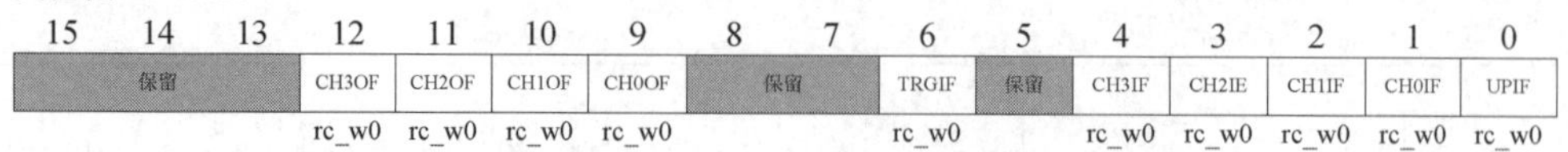

图 12-4　TIMERx_INTF 的结构、偏移地址和复位值

表 12-3　TIMERx_INTF 部分位的解释说明

位/位域	名称	描述
9	CH0OF	通道 0 捕获溢出标志。 当通道 0 被配置为输入模式时，在 CH0IF 标志位已经被置 1 后，捕获事件再次发生时，该标志位可以由硬件置 1。该标志位由软件清零。 0：无捕获溢出中断发生； 1：发生了捕获溢出中断
1	CH0IF	通道 0 比较/捕获中断标志。 此标志由硬件置 1 软件清零。当通道 0 在输入模式下时，捕获事件发生时此标志位被置 1；当通道 0 在输出模式下时，此标志位在一个比较事件发生时被置 1。 0：无通道 0 中断发生； 1：通道 0 中断发生
0	UPIF	更新中断标志。 此位在任何更新事件发生时都由硬件置 1，软件清零。 0：无更新中断发生； 1：发生更新中断

本实验还涉及预分频寄存器(TIMERx_PSC)和计数器自动重载寄存器(TIMERx_CAR)，这 2 个寄存器的低 16 位分别用于存放计数器时钟预分频值和计数器自动重载值。

关于上述寄存器及更多其他寄存器的定义和功能可参见《GD32F30x 用户手册(中文版)》第 363～382 页，也可参见《GD32F30x 用户手册(英文版)》第 379～399 页。

12.2.3　RCU 部分寄存器

本实验涉及的RCU寄存器只有APB1使能寄存器(RCU_APB1EN)，其结构、偏移地址和复位值如图 12-5 所示，部分位的解释说明如表 12-4 所示。

地址偏移：0x1C
复位值：0x0000 0000

31	30	29	28	27	26	25	24	23	22	21	20	19	18	17	16
保留		DACEN	PMUEN	BKPIEN	CAN1EN	CAN0EN	保留		I2C1EN	I2C0EN	UART4 EN	UART3 EN	USART2 EN	USART1 EN	保留
		rw	rw	rw	rw	rw			rw	rw	rw	rw	rw	rw	

15	14	13	12	11	10	9	8	7	6	5	4	3	2	1	0
SPI2EN	SPI1EN	保留		WWDGT EN	保留		TIMER13 EN	TIMER12 EN	TIMER11 EN	TIMER6 EN	TIMER5 EN	TIMER4 EN	TIMER3 EN	TIMER2 EN	TIMER1 EN
rw	rw			rw			rw	rw	rw	rw	rw	rw	rw	rw	rw

图 12-5　RCU_APB1EN 的结构、偏移地址和复位值

表 12-4　RCU_APB1EN 部分位的解释说明

位/位域	名称	描述
3	TIMER4EN	TIMER4 定时器时钟使能。 由软件置 1 或清零。 0：关闭 TIMER4 定时器时钟； 1：开启 TIMER4 定时器时钟
1	TIMER2EN	TIMER2 定时器时钟使能。 由软件置 1 或清零。 0：关闭 TIMER2 定时器时钟； 1：开启 TIMER2 定时器时钟

12.2.4　程序架构

定时器中断实验的程序架构如图 12-6 所示。该图简要介绍了程序开始运行后各个函数的执行和调用流程，图中仅列出了与本实验相关的一部分函数。下面解释说明程序架构。

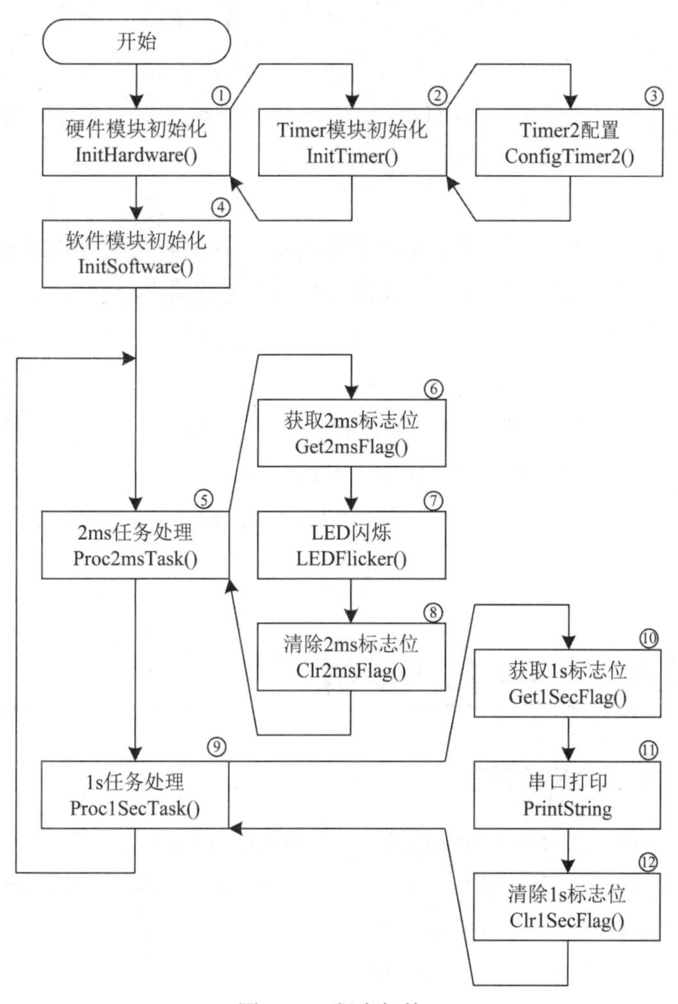

图 12-6　程序架构

(1) 在 main 函数中调用 InitHardware 函数进行硬件相关模块初始化，包括 RCU、NVIC、UART 和 Timer 等模块。这里仅介绍 Timer 模块初始化函数 InitTimer。在 InitTimer 函数中先调用 ConfigTimer2 函数配置 TIMER2，包括 TIMER 时钟使能、TIMER 初始化、TIMER 更新中断使能、TIMER 中断使能和 TIMER 使能。

(2) 调用 InitSoftware 函数进行软件相关模块初始化。在本实验中，InitSoftware 函数为空。

(3) 调用 Proc2msTask 函数进行 2ms 任务处理。在该函数中，先通过 Get2msFlag 函数获取 2ms 标志位，若标志位为 1，则调用 LEDFlicker 函数实现 LED 电平翻转，随后通过 Clr2msFlag 函数清除 2ms 标志位。

(4) 2ms 任务之后再调用 Proc1SecTask 函数进行 1s 任务处理。在该函数中，先通过 Get1SecFlag 函数获取 1s 标志位，若标志位为 1，则通过 PrintString 函数打印输出信息，随后通过 Clr1SecFlag 函数清除 1s 标志位。

(5) Proc2msTask 和 Proc1SecTask 均在循环中调用，因此，Proc1SecTask 函数执行完后将再次执行 Proc2msTask 函数，从而实现 LED 交替闪烁，且串口每秒输出一次字符串。

在图12-6中，编号①、④、⑤和⑨的函数在 Main.s 文件中实现；编号②、③、⑥、⑧和⑩的函数在 Timer.s 文件中实现。此外，定时器中断功能的实现还涉及 Timer.s 文件中的定时器中断服务函数 TIMER2_IRQHandler，每当定时器完成一次计时都将自动调用对应的中断服务函数。

本实验编程要点：

(1) TIMER 配置，通过设置预分频器值和自动重装载值来配置定时器事件产生时间。

(2) 定时器中断服务函数的编写，包括定时器更新中断标志的获取和清除，以及通过定义一个变量作为计数器，对定时器产生事件的次数进行计数，这样即可通过设置计数器的上限值来实现计时指定的时间。

(3) 计时标志的处理，中断服务函数中的计数器达到计数上限时，将计时标志置 1。此外，还需要声明和实现两个函数分别用于获取和清除计时标志。

本实验中，需要配置 TIMER2 定时器，通过中断服务函数中对计数器上限值的设置可实现指定时间的计时。

12.3 实验步骤与代码解析

步骤 1：复制并编译原始工程

首先，将 D:\GD32MicroController\Material\10.TimerInterrupt 文件夹复制到 D:\GD32MicroController\Product 文件夹中。然后，双击运行 D:\GD32MicroController\Product\10.TimerInterrupt\Project 文件夹中的 GD32KeilPrj.uvprojx，单击工具栏中的按钮进行编译。由于本实验的目的是实现定时器功能，因此工程中的 Timer.s 文件是空白的，而

Main.s 文件的 Proc2msTask 和 Proc1SecTask 函数均依赖于 Timer 模块，也就无法通过计算机上的串口助手软件查看串口输出的信息，GD32F3 苹果派开发板上两个 LED 也无法正常闪烁。这里只要编译成功，可以进入下一步操作。

步骤 2：添加 Timer.s 文件

将 D:\GD32MicroController\Product\10.TimerInterrupt\HW 文件夹中的 Timer.s 文件添加到 HW 分组中。

步骤 3：完善 Timer.s 文件

单击按钮进行编译。编译结束后，在 Project 面板中，双击打开 Timer.s 文件。在 Timer.s 文件的“输出”区，添加如程序清单 12-1 所示的代码，声明全局标号。

程序清单 12-1
```
1.      EXPORT TIMER2_IRQHandler    ;TIMER2 中断服务函数
2.      EXPORT InitTimer            ;初始化定时器
3.      EXPORT Get2msFlag           ;获取 2ms 标志位
4.      EXPORT Get1SecFlag          ;获取 1s 标志位
5.      EXPORT Clr2msFlag           ;清除 2ms 标志位
6.      EXPORT Clr1SecFlag          ;清除 1s 标志位
```

在“输入”区，添加如程序清单 12-2 所示的代码，引入后续需要使用的寄存器。

程序清单 12-2
```
1.      IMPORT RCU_APB1EN
2.      IMPORT TIMER2_CAR
3.      IMPORT TIMER2_PSC
4.      IMPORT NVIC_IP29
5.      IMPORT NVIC_ISER0
6.      IMPORT TIMER2_DMAINTEN
7.      IMPORT TIMER2_CTL0
8.      IMPORT TIMER2_INTF
```

在“变量段”区，添加如程序清单 12-3 所示的代码，开辟 4 个变量的存储空间。其中，s_i2msFlag 为 2ms 标志位，s_i1secFlag 为 1s 标志位。

程序清单 12-3
```
1.    s_i2msFlag  SPACE 4    ;2ms 标志位
2.    s_i1secFlag SPACE 4    ;1s 标志位
3.    s_iCnt2     SPACE 4    ;2ms 计数器
4.    s_iCnt1000  SPACE 4    ;1s 计数器
```

在“代码段”区，添加 ConfigTimer2 函数的实现代码，如程序清单 12-4 所示。

程序清单 12-4

```
1.  ConfigTimer2 PROC
2.    PUSH {R0-R12, LR}
3.
4.    ;开启 TIMER2 时钟
5.    LDR R0, =RCU_APB1EN
6.    LDR R1, [R0]
7.    ORR R1, #(1 << 1)
8.    STR R1, [R0]
9.
10.   ;设置自动重装载值
11.   LDR R0, =TIMER2_CAR
12.   MOV R1, #999
13.   STR R1,[R0]
14.
15.   ;设置预分频值
16.   LDR R0, =TIMER2_PSC
17.   MOV R1, #119
18.   STR R1, [R0]
19.
20.   ;设置 TIMER2 中断优先级
21.   LDR  R0, =NVIC_IP29
22.   MOV  R1, #(0 << 4)
23.   STRB R1, [R0]
24.
25.   ;允许 TIMER2 NVIC 中断
26.   LDR  R0, =NVIC_ISER0
27.   LDR  R1, [R0]
28.   ORR  R1, #(1 << 29)
29.   STR  R1, [R0]
30.
31.   ;使能 TIMER2 更新中断
32.   LDR  R0, =TIMER2_DMAINTEN
33.   LDRH R1, [R0]
34.   ORR  R1, #(1 << 0)
35.   STRH R1, [R0]
36.
37.   ;设置 TIMER2 时钟分频因子，并使能 TIMER2
38.   LDR  R0, =TIMER2_CTL0
39.   LDRH R1, [R0]
```

```
40.    AND  R1, #0xFC00    ;低 10 位清零，高 6 位为保留位
41.    ORR  R1, #(1 << 0)
42.    STRH R1, [R0]
43.
44.    POP {R0-R12, PC}
45.    ENDP
```

(1) 第 5 至 8 行代码：通过将 APB1 使能寄存器 RCU_APB1EN 的第 1 位配置为 1，开启 TIMER2 时钟，具体请参见表 12-4 和图 12-5。

(2) 第 11 至 18 行代码：由于 TIMER2 的时钟源为 APB1 时钟，APB1 时钟频率为 60MHz，而 APB1 预分频器的分频系数为 2，因此 TIMER2 的时钟频率等于 APB1 时钟频率的 2 倍，即 120MHz。将预分频器 TIMER2_PSC 的值设置为 119，则 PSC_CLK 时钟频率 $f_{PSC\_CLK}=f_{TIMER\_CK}/(TIMER2\_PSC+1)=120MHz/(119+1)=1MHz$，因此，PSC_CLK 的时钟周期为 1μs。将自动重装载寄存器 TIMER2_CAR 的值设置为 999，则定时器事件产生时间 $=(1/f_{PSC\_CLK})\times(TIMER2\_CAR+1)=1\mu s\times 1000=1ms$。计算过程可参见 12.2.1 节。

(3) 第 21 至 29 行代码：设置中断优先级寄存器中的值为 0，将中断优先级设置为最高。设置中断使能设置寄存器 NVIC_ISER0 的第 29 位为 1，使能 TIMER2 中断。

(4) 第 32 至 42 行代码：配置 DMA 和中断使能寄存器的第 0 位为 1，使能 TIMER2 更新中断。然后设置 TIMER2 时钟分频因子，并使能 TIMER2。先将控制寄存器 TIMER2_CTL0 的低 10 位清零，再将第 0 位置 1。此操作将定时器时钟(TIMER_CK)与死区时间和采样时钟(DTS)之间的分频系数设置为 1，禁止 TIMERx_CAR 寄存器的影子寄存器并开启计数器。关于寄存器的具体信息请参见图 12-2 及表 12-1 部分位的解释说明。

在 ConfigTimer2 函数实现区后，添加 TIMER2_IRQHandler 中断服务函数的实现代码，如程序清单 12-5 所示。Timer.s 文件中的 ConfigTimer2 函数使能 TIMER2 的更新中断，因此，当 TIMER2 递增计数产生溢出时，会执行 TIMER2_IRQHandler 函数。

程序清单 12-5

```
1.   TIMER2_IRQHandler PROC
2.     PUSH {R0-R12, LR}
3.
4.     ;清除 TIMER2 更新中断标志
5.     LDR  R0, =TIMER2_INTF
6.     LDRH R1, [R0]
7.     AND  R1, #~(1 << 0)
8.     STRH R1, [R0]
9.
10.    ;2ms 计算
11.    LDR R0, =s_iCnt2
12.    LDR R1, [R0]
```

```
13.    ADD R1, #1
14.    STR R1, [R0]
15.    CMP R1, #2
16.    BLO TIM2_2MS_CNT_END
17.    MOV R1, #0
18.    STR R1, [R0]
19.    LDR R0, =s_i2msFlag
20.    MOV R1, #1
21.    STR R1, [R0]
22.  TIM2_2MS_CNT_END
23.
24.    ;1s 计算
25.    LDR R0, =s_iCnt1000
26.    LDR R1, [R0]
27.    ADD R1, #1
28.    STR R1, [R0]
29.    CMP R1, #1000
30.    BLO TIM2_1S_CNT_END
31.    MOV R1, #0
32.    STR R1, [R0]
33.    LDR R0, =s_i1secFlag
34.    MOV R1, #1
35.    STR R1, [R0]
36.  TIM2_1S_CNT_END
37.
38.    POP {R0-R12, PC}
39.    ENDP
```

(1) 第 5 至 8 行代码：清除 TIMER2 更新中断标志。将中断标志寄存器 TIMERx_INTF 的第 0 位 UPIF 清零。本实验中，中断使能寄存器 TIMER2_DMAINTEN 的第 0 位 UPIE 为 1，表示使能更新中断。当 TIMER2 递增计数产生溢出时，UPIF 由硬件置 1，并产生更新中断，执行 TIMER2_IRQHandler 函数。因此，在 TIMER2_IRQHandler 函数中需要将 UPIF 清零。

(2) 第 10 至 36 行代码：在 2ms 计算中，变量 s_i2msFlag 为 2ms 标志位，而 TIMER2_IRQHandler 函数每 1ms 执行一次，因此，还需要一个计数器(s_iCnt2)。TIMER2_IRQHandler 函数每执行一次，计数器 s_iCnt2 就执行一次加 1 操作。当 s_iCnt2 等于 2 时，将 s_i2msFlag 置 1，并将 s_iCnt2 清零。1s 计算同理。

在 TIMER2_IRQHandler 函数实现区后，添加初始化定时器函数 InitTimer 的实现代码，如程序清单 12-6 所示。

程序清单 12-6

```
1.  InitTimer PROC
2.    PUSH {R0-R12, LR}
3.
4.    ;初始化静态变量
5.    MOV R1, #0
6.    LDR R0, =s_i2msFlag
7.    STR R1, [R0]
8.    LDR R0, =s_i1secFlag
9.    STR R1, [R0]
10.   LDR R0, =s_iCnt2
11.   STR R1, [R0]
12.   LDR R0, =s_iCnt1000
13.   STR R1, [R0]
14.
15.   ;配置 TIMER2
16.   BL ConfigTIMER2
17.
18.   POP {R0-R12, PC}
19.   ENDP
```

(1) 第 5 至 13 行代码：将 2ms 标志位 s_i2msFlag、1s 标志位 s_i1secFlag、2ms 计数器 s_iCnt2、1s 计数器 s_iCnt1000 初始化为 0。

(2) 第 16 行代码：调用 ConfigTimer2 函数初始化 TIMER2。

在 InitTimer 函数实现区后，添加 Get2msFlag 和 Get1SecFlag 函数的实现代码，如程序清单 12-7 所示。Get2msFlag 和 Get1SecFlag 函数将静态变量 s_i2msFlag 与 s_i1secFlag 的值取出并存放于 R0 寄存器中，用于判断 TIMER2 是否完成 2ms 或 1s 计时。

程序清单 12-7

```
1.  Get2msFlag PROC
2.    PUSH {R1-R12, LR}
3.    LDR R0, =s_i2msFlag
4.    LDR R0, [R0]
5.    POP {R1-R12, PC}
6.    ENDP
7.
8.  Get1SecFlag PROC
9.    PUSH {R1-R12, LR}
10.   LDR R0, =s_i1secFlag
11.   LDR R0, [R0]
12.   POP {R1-R12, PC}
```

```
13.    ENDP
```

在 Get2msFlag 和 Get1SecFlag 函数实现区后，添加 Clr2msFlag 及 Clr1SecFlag 函数的实现代码，如程序清单 12-8 所示。Clr2msFlag 和 Clr1SecFlag 函数将静态变量 s_i2msFlag 与 s_i1secFlag 清零，一般在完成 2ms 或 1s 事件后调用。

程序清单 12-8

```
1.   Clr2msFlag PROC
2.     PUSH {R0-R12, LR}
3.     LDR R0, =s_i2msFlag
4.     MOV R1, #0
5.     STR R1, [R0]
6.     POP {R0-R12, PC}
7.     ENDP
8.
9.   Clr1SecFlag PROC
10.    PUSH {R0-R12, LR}
11.    LDR R0, =s_i1secFlag
12.    MOV R1, #0
13.    STR R1, [R0]
14.    POP {R0-R12, PC}
15.    ENDP
```

步骤 4：完善定时器实验应用层

在 Project 面板中，双击打开 Main.s 文件。在 Main.s 文件的“输入”区，添加如程序清单 12-9 所示的代码，即可在 Main.s 文件中调用 Timer 模块的函数，实现对 Timer 模块的操作。

程序清单 12-9

```
1.     IMPORT InitTimer
2.     IMPORT Get2msFlag
3.     IMPORT Get1SecFlag
4.     IMPORT Clr2msFlag
5.     IMPORT Clr1SecFlag
```

在 InitHardware 函数中，添加调用 InitTimer 函数的代码，如程序清单 12-10 的第 9 行代码所示，即可实现对 Timer 模块的初始化。

程序清单 12-10

```
1.   InitHardware PROC
2.     PUSH {R0-R12, LR}
3.
4.     BL InitRCU         ;初始化 RCU
```

```
5.    BL InitNVIC      ;初始化 NVIC 分组
6.    BL InitSysTick   ;初始化 SysTick
7.    BL InitUART      ;初始化串口
8.    BL InitLED       ;初始化 LED
9.    BL InitTimer     ;初始化定时器
10.
11.   POP {R0-R12, PC}
12.   ENDP
```

在 Proc2msTask 函数中，添加第 4 至 24 行代码，如程序清单 12-11 所示。Proc2msTask 函数在主函数中循环调用，因此，若调用 Get2msFlag 函数后 R0 寄存器中的值为 1，即检测到 Timer 模块的 TIMER2 计数到 2ms(TIMER2 计数到 2ms 时，2ms 标志位会被置 1)时，第 11 至 24 行代码才会执行。最后要通过 Clr2msFlag 函数清除 2ms 标志位。这里还需要添加调用 LEDFlicker 函数的代码，该函数每 500ms 执行一次，因此，两个 LED 每 500ms 交替闪烁。

程序清单 12-11

```
1.  Proc2msTask PROC
2.    PUSH {R0-R12, LR}
3.
4.    ;获取 2ms 标志位，保存在 R0 寄存器中
5.    BL Get2msFlag
6.
7.    ;判断 2ms 标志位是否非零，若为 0 则直接退出
8.    TEQ R0, #0
9.    BEQ PROC_2MS_TASK_EXIT
10.
11.   ;LED 500ms 闪烁
12.   LDR R0, =s_iLEDFlickerCnt
13.   LDR R1, [R0]
14.   ADD R1, #1
15.   STR R1, [R0]
16.   CMP R1, #250
17.   BLO PROC_2MS_LED_END
18.   MOV R1, #0
19.   STR R1, [R0]
20.   BL LEDFlicker
21. PROC_2MS_LED_END
22.
23.   ;清除 2ms 标志位
```

```
24.   BL Clr2msFlag
25.
26.  PROC_2MS_TASK_EXIT
27.
28.   POP {R0-R12, PC}
29.   ENDP
```

在 Proc1SecTask 函数中，添加第 4 至 16 行代码，如程序清单 12-12 所示。Proc1SecTask 也在主函数中循环调用，因此，若调用 Get1SecFlag 函数后 R0 寄存器中的值为 1，即检测到 Timer 模块的 TIMER2 计数到 1s(TIMER2 计数到 1s 时，1s 标志位会被置 1)时，第 11 至 16 行代码才会执行。还需要添加调用 PrintString 函数的代码，PrintString 函数每秒执行一次，即每秒通过串口输出 s_pSendString 中的字符串。

程序清单 12-12

```
1.  Proc1SecTask PROC
2.    PUSH {R0-R12, LR}
3.
4.    ;获取 1s 标志位，保存在 R0 寄存器中
5.    BL Get1SecFlag
6.
7.    ;判断 1s 标志位是否非零，若是为 0 则直接退出
8.    TEQ R0, #0
9.    BEQ PROC_1S_TASK_EXIT
10.
11.   ;串口打印
12.   LDR R0, =s_pSendString
13.   BL  PrintString
14.
15.   ;清除 1s 标志位
16.   BL Clr1SecFlag
17.
18. PROC_1S_TASK_EXIT
19.
20.   POP {R0-R12, PC}
21.   ENDP
```

步骤 5：编译及下载验证

代码编写完成并编译通过后，下载程序并进行复位。打开串口助手，取消勾选“HEX 显示”，可以看到串口助手中输出如图 12-7 所示信息，同时，GD32F3 苹果派开发板上的两个 LED 交替闪烁，表明实验成功。

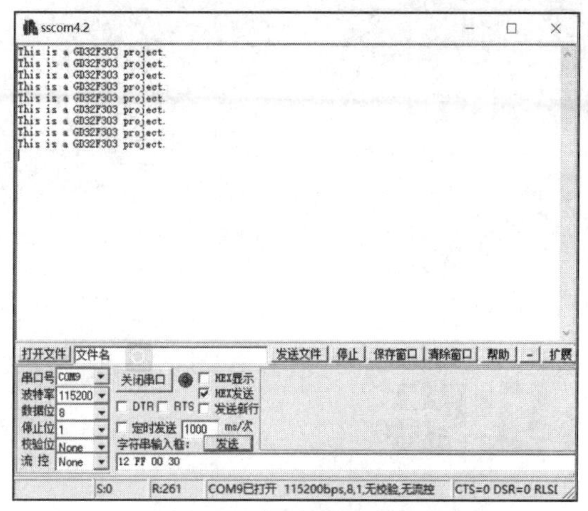

图 12-7　定时器实验结果

本章任务

基于“07.GPIOKEY”工程，将 TIMER4 配置成每 20ms 进入一次中断服务函数，并在 TIMER4 的中断服务函数中产生 20ms 标志位，再在 Main 模块中基于 20ms 标志位，创建 20ms 任务函数 Proc20msTask，将 ScanKeyOne 函数放在 Proc20msTask 函数中调用，验证独立按键是否能够正常工作。

任务提示：

(1) TIMER4 的时钟频率为 120MHz，配置和初始化过程可参考 TIMER2 完成。

(2) 20ms 任务函数 Proc20msTask 的实现代码可参考 Proc2msTask 或 Proc1SecTask 函数完成，该函数需要在 main 函数中循环调用。

本章习题

1. 如何通过 TIMERx_CTL0 设置时钟分频系数？

2. 如何通过 TIMERx_CTL0 使能定时器？

3. 如何通过 TIMERx_DMAINTEN 使能或禁止更新中断？

4. 如果某通用计数器设置为递增计数，当产生溢出时，TIMERx_INTF 的哪个位会发生变化？

5. 如何通过 TIMERx_INTF 读取更新中断标志？

6. TIMERx_PSC 和 TIMERx_CAR 的作用分别是什么？

7. 通过设置计数器时钟预分频值和计数器自动重载值，可以将 TIMER2 配置为 2ms 进入一次中断服务函数，从而设置标志位。而本实验采用计数器对 1ms 进行计数，然后设置标志位，思考这样设计的意义。

第13章 SysTick实验

系统节拍时钟(SysTick)是一个简单的系统时钟节拍计数器。与其他计数/定时器不同，SysTick 主要用于操作系统(如 μC/OS、FreeRTOS)的系统节拍定时。ARM 公司在设计 Cortex-M4 内核时，将 SysTick 设计在嵌套向量中断控制器(NVIC)中，因此，SysTick 是内核的一个模块，任何授权厂家的 Cortex-M4 产品都具有该模块。一般而言，只有复杂的嵌入式系统设计才会考虑选择操作系统。本书的实验较为基础，因此直接将 SysTick 作为普通的定时器使用。在本书中，在 SysTick 模块中实现了毫秒延时函数 DelayNms 和微秒延时函数 DelayNus。

13.1 实验内容

基于GD32F3苹果派开发板设计一个SysTick实验，内容包括：①新增SysTick模块，该模块应包括4个函数，分别是初始化SysTick模块函数InitSysTick、SysTick中断服务函数SysTick_Handler、微秒延时函数DelayNus和毫秒延时函数DelayNms；②在InitSysTick函数中，通过设置重装载值对SysTick的中断间隔进行调整；③微秒延时函数DelayNus和毫秒延时函数DelayNms至少有一个需要通过SysTick_Handler中断服务函数实现；④在Main模块中，调用InitSysTick函数对SysTick模块进行初始化，调用DelayNms函数和DelayNus函数控制LED_1和LED_2交替闪烁，验证两个函数是否正确。

13.2 实验原理

13.2.1 SysTick 功能框图

图13-1所示为SysTick功能框图。下面介绍各主要功能模块。

1. SysTick 时钟

可以将AHB时钟或经过8分频的AHB时钟作为Cortex系统时钟，该时钟同时也是SysTick的时钟源。由于本书中所有实验的AHB时钟频率均配置为120MHz，因此，SysTick时钟频率同样也是120MHz，或120MHz的8分频，即15MHz。本书中所有实验的Cortex系统时钟频率为120MHz，同样，SysTick时钟频率也为120MHz。

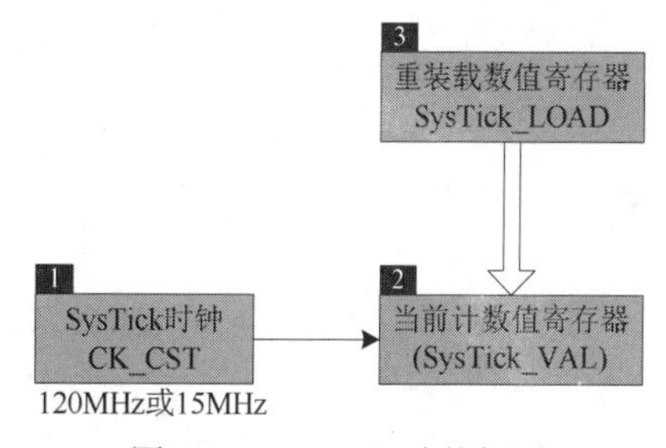

图13-1　SysTick 功能框图

2. 当前计数值寄存器

SysTick时钟(CK_CST)可以作为SysTick计数器的时钟输入，SysTick计数器是一个24位的递减计数器，对SysTick时钟进行计数，每次计数的时间为1/CK_CST，计数值保存在当前计数值寄存器(SysTick_VAL)中。本实验中，由于CK_CST的频率为120MHz，因此，SysTick计数器每一次的计数时间为1/120μs。当SysTick_VAL计数至0时，SysTick_CTRL的COUNTFLAG被置1。如果SysTick_CTRL的TICKINT为1，则产生SysTick异常请求；相反，如果SysTick_CTRL的TICKINT为0，则不产生SysTick异常请求。

3. 重装载数值寄存器

SysTick计数器对CK_CST时钟进行递减计数，由重装载数值寄存器SysTick_LOAD

中的重装载值开始计数，当 SysTick 计数器计数到 0 时，由硬件自动将 SysTick_LOAD 中的值加载到 SysTick_VAL 中，重新启动递减计数。本实验的 SysTick_LOAD 为 120000000/1000，因此，产生 SysTick 异常请求间隔为(1/120μs)×(120000000/1000)=1000μs，即 1ms 产生一次 SysTick 异常请求。

13.2.2 SysTick 实验流程图分析

图 13-2 所示为 SysTick 模块初始化与中断服务函数流程图。首先，通过 InitSysTick 函数初始化 SysTick，包括更新 SysTick 重装载数值寄存器、清除 SysTick 计数器、选择 AHB 时钟作为 SysTick 时钟、使能异常请求，并使能 SysTick，这些操作都在 SysTick_Config 函数中完成。其次，判断 SysTick 计数器是否计数到 0，如果不为 0，继续判断；如果计数到 0，则产生 SysTick 异常请求，并执行 SysTick_Handler 中断服务函数。SysTick_Handler 函数主要判断 s_iTimDelayCnt 是否为 0，如果为 0，则退出 SysTick_Handler 函数；否则，s_iTimDelayCnt 执行递减操作。

图 13-3 是 DelayNms 函数流程图。在调用 DelayNms 函数之前，先将要延时的时间值 nms(单位为 ms)存入 R0 寄存器中。在 DelayNms 函数中，将 R0 寄存器中的值 nms 赋给 s_iTimDelayCnt。然后在 SysTick_Handler 中断服务函数中，判断 s_iTimDelayCnt 是否为 0，如果为 0，则退出 DelayNms 函数；否则，s_iTimDelayCnt 执行减 1 操作。SysTick_Handler 函数每 1ms 执行一次，s_iTimDelayCnt 每 1ms 执行一次减 1 操作，这样，s_iTimDelayCnt 就从 nms 递减到 0，如果 nms 为 5，就可以实现 5ms 延时。

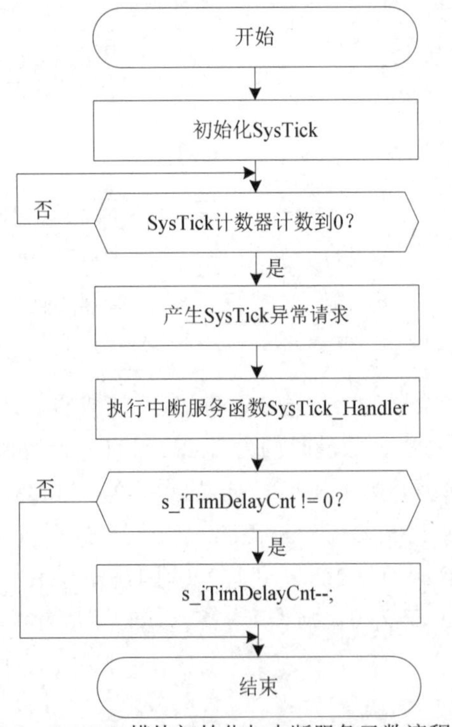

图 13-2 SysTick 模块初始化与中断服务函数流程图

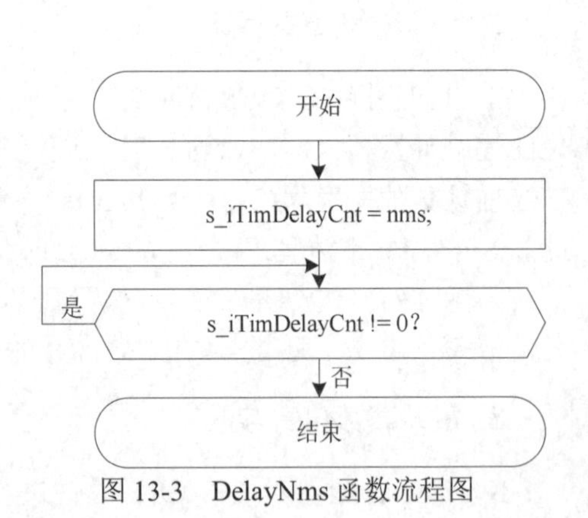

图 13-3 DelayNms 函数流程图

图 13-4 是 DelayNus 函数流程图。在调用 DelayNus 函数之前，先将要延时的时间值 nus(单位为 μs)存入 R0 寄存器中。微秒级的延时与毫秒级的延时的实现不同，微秒级的延时通过一个外循环语句内嵌一个内循环语句和一个 R1 递减语句实现，内循环语句循环执行一次的时间约为 1μs。

在 DelayNus 函数中，直接进入外循环，将 39 赋值给 R1 寄存器并进入内循环执行 R1 递减语句，然后判断 R1−1 是否为 0，即 R1 的值是否为 1，如果不为 1，则继续进入内循环执行 R1 递减语句；否则，跳出内循环，执行 R0 递减语句，然后判断 R0−1 是否为 0，即 R0 的值是否为 1，如果不为 1，则重新执行外循环语句；否则，退出 DelayNus 函数。如果 nus 为 5，则可以实现 5μs 延时。DelayNus 函数实现的微秒级延时的误差较大，DelayNms 函数实现的毫秒级延时误差较小。

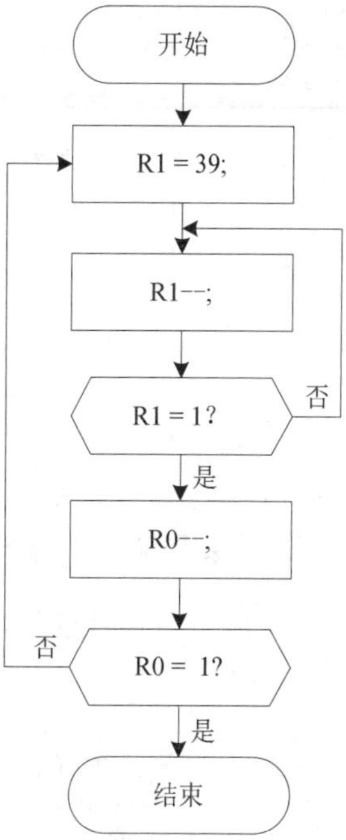

开始
R1 = 39;
R1--;
R1 = 1?
否
是
R0--;
R0 = 1?
否
是
结束

图 13-4　DelayNus 函数流程图

13.2.3　SysTick 部分寄存器

本实验涉及的 SysTick 寄存器如下。

1. 控制及状态寄存器(SysTick_CTRL)

SysTick_CTRL 的结构、偏移地址和复位值如图 13-5 所示，部分位的解释说明如表 13-1 所示。

地址：0xE000 E010
复位值：0x0000 0000

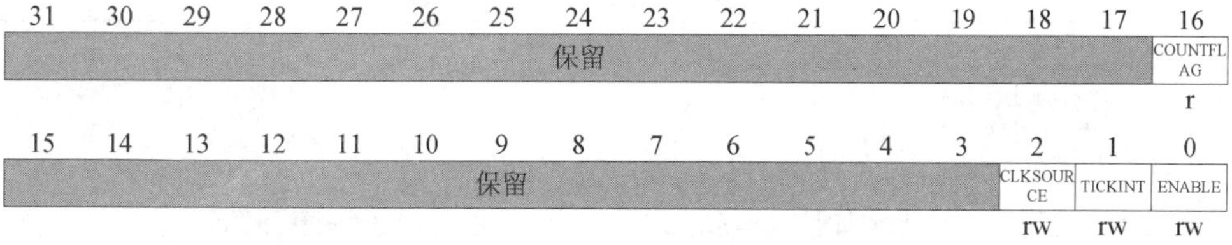

31–17	16
保留	COUNTFLAG (r)

15–3	2	1	0
保留	CLKSOURCE (rw)	TICKINT (rw)	ENABLE (rw)

图 13-5　SysTick_CTRL 的结构、偏移地址和复位值

表 13-1　SysTick_CTRL 部分位的解释说明

位/位域	名称	描述
16	COUNTFLAG	计数标志。 如果在上次读取本寄存器后，SysTick 已经计数到 0，则该位为 1。 如果读取该位，该位将自动清零
2	CLKSOURCE	时钟源选择。 0：外部时钟(STCLK)，即 AHB 时钟的 8 分频； 1：内核时钟(FCLK)，即 AHB 时钟。

(续表)

位/位域	名称	描述
2	CLKSOURCE	注意，本书所有实验的 SysTick 时钟默认为 AHB 时钟，即 SysTick 时钟频率为 120MHz
1	TICKINT	中断使能。 0：关闭中断，SysTick 递减计数到 0 时不产生 SysTick 异常请求； 1：开启中断，SysTick 递减计数到 0 时产生 SysTick 异常请求
0	ENABLE	SysTick 使能。 0：关闭 SysTick； 1：使能 SysTick

2. 重装载数值寄存器(SysTick_LOAD)

SysTick_LOAD 的结构、偏移地址和复位值如图 13-6 所示，部分位的解释说明如表 13-2 所示。

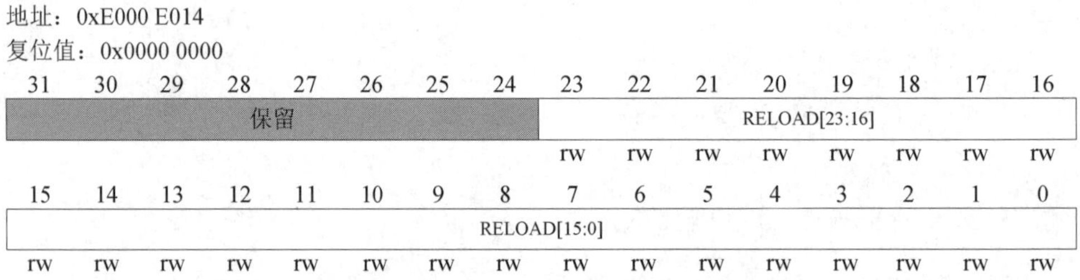

地址：0xE000 E014
复位值：0x0000 0000

31	30	29	28	27	26	25	24	23	22	21	20	19	18	17	16
保留								RELOAD[23:16]							
								rw	rw	rw	rw	rw	rw	rw	rw

15	14	13	12	11	10	9	8	7	6	5	4	3	2	1	0
RELOAD[15:0]															
rw	rw	rw	rw	rw	rw	rw	rw	rw	rw	rw	rw	rw	rw	rw	rw

图 13-6　SysTick_LOAD 的结构、偏移地址和复位值

表 13-2　SysTick_LOAD 部分位的解释说明

位/位域	名称	描述
23:0	RELOAD[23:0]	重装载值。 当递减计数至 0 时，将被重装载的值

13.2.4　程序架构

SysTick 实验的程序架构如图 13-7 所示。该图简要介绍了程序开始运行后各个函数的执行和调用流程，图中仅列出了与本实验相关的一部分函数。下面解释说明程序架构。

(1) 在 main 函数中调用 InitHardware 函数进行硬件相关模块初始化，包含 RCU、NVIC、UART 和 SysTick 等模块。这里仅介绍 SysTick 模块初始化函数 InitSysTick。在 InitSysTick 函数设置 SysTick 重装载数值寄存器，及使能 SysTick。

(2) 调用 InitSoftware 函数进行软件相关模块初始化。本实验中，InitSoftware 函数为空。

(3) 通过设置 GPIOA_OCTL 以及 GPIOE_OCTL 寄存器分别设置 LED_1 和 LED_2 的状态为点亮和熄灭，然后调用毫秒延时函数 DelayNms 进行延时(程序中延时 1s)，使 LED_1 和 LED_2 的当前状态持续 1s。

(4) DelayNms 函数延时结束后，再次通过设置 GPIOA_OCTL 以及 GPIOE_OCTL 寄存

器分别将 LED_1 和 LED_2 的状态设置为熄灭和点亮，然后调用微秒延时函数 DelayNus 进行延时(程序中延时 1s)，使 LED_1 和 LED_2 的当前状态持续 1s。

(5) 设置 LED 状态和延时的函数均在 main 函数中循环调用，因此，DelayNus 函数延时结束后，将再次设置 LED_1 和 LED_2 为点亮和熄灭。循环往复，以实现通过延时函数使 LED_1 和 LED_2 交替闪烁的目的。

在图 13-7 中，编号①和③的函数在 Main.s 文件中实现；编号②⑥和⑨的函数在 SysTick.s 文件中实现；编号④⑤⑦和⑧均为寄存器设置。

另外，DelayNms 函数延时功能的实现还涉及 SysTick.s 文件中的 SysTick 中断服务函数 SysTick_Handler，每当 SysTick 计数器计数到 0 都将自动调用 SysTick_Handler 函数，在 SysTick_Handler 函数中使延时计数值进行减 1 操作。

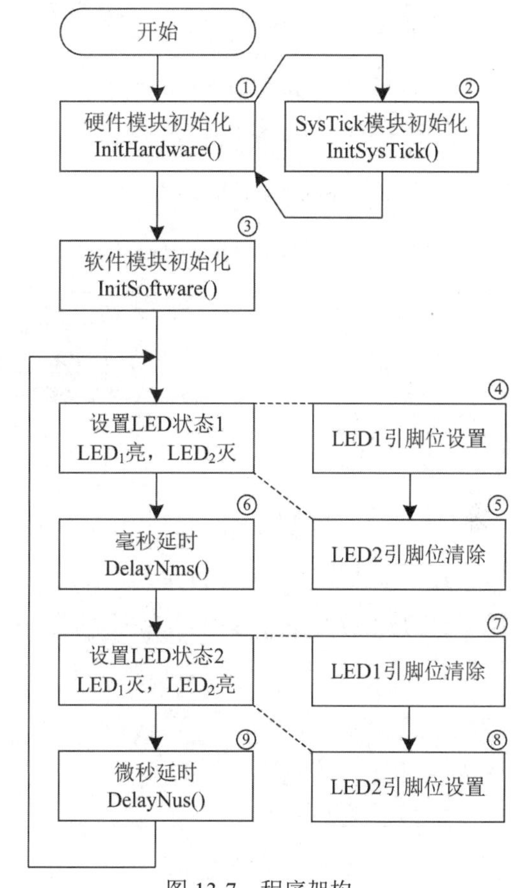

图 13-7 程序架构

本实验编程要点：

(1) SysTick 配置，通过 InitSysTick 函数配置 SysTick 每 1ms 进入一次中断。

(2) DelayNms 函数延时功能的实现。通过给 R0 赋值指定延时时间，将 R0 中的参数赋予一个用于进行延时计数的变量 s_iTimDelayCnt，在 SysTick 中断服务函数中使 s_iTimDelayCnt 执行减 1 操作。当静态变量的值减至 0 时，退出 DelayNms 函数。

(3) DelayNus 函数延时功能的实现。通过给 R0 赋值指定延时时间，在外循环语句中嵌套内循环进行延时，内循环执行一次的延时时间约为 1μs，延时结束后使计数的变量减 1。当变量的值减至 0 时，退出 DelayNus 函数。

本实验中，DelayNms 和 DelayNus 函数均用于延时，但二者实现延时的原理不同。掌握 SysTick 定时器的配置方法和两个延时函数的实现原理即可快速完成本实验。另外，通过包含 SysTick.s 文件，可以根据需要在其他模块中调用延时函数实现延时功能，DelayNms 较为精确，DelayNus 的误差略大。

13.3 实验步骤与代码解析

步骤 1：复制并编译原始工程

首先，将 D:\GD32MicroController\Material\11.SysTick 文件夹复制到“D:\GD32Micro

Controller\Product 文件夹中。然后，双击运行 D:\GD32MicroController\Product\11.SysTick\Project 文件夹中的 GD32KeilPrj.uvprojx。编译通过后，下载程序并进行复位，观察 GD32F3 苹果派开发板上的两个 LED 是否交替闪烁。如果两个 LED 每隔 500ms 交替闪烁，串口正常输出字符串，表示原始工程是正确的，可以进入下一步操作。

步骤 2：添加 SysTick.s 文件

将 D:\GD32MicroController\Product\11.SysTick\ARM 文件夹中的 SysTick.s 文件添加到 ARM 分组中。

步骤 3：完善 SysTick.s 文件

单击按钮进行编译。编译结束后，在 Project 面板中，双击打开 SysTick.s 文件。在 SysTick.s 文件的“输出”区，添加如程序清单 13-1 所示的代码，声明全局标号。

程序清单 13-1

```
1.      EXPORT InitSysTick            ;初始化系统节拍定时器
2.      EXPORT SysTick_Handler        ;SysTick 中断服务函数
3.      EXPORT DelayNms               ;毫秒延时函数
4.      EXPORT DelayNus               ;微秒延时函数
```

在“输入”区，添加如程序清单 13-2 所示的代码，引入后续需要使用的寄存器。其中，SYSTICT_CTRL 为 SysTick 控制和状态寄存器，SYSTICK_LOAD 为 SysTick 重装载数值寄存器。

程序清单 13-2

```
  IMPORT SYSTICK_CTRL
  IMPORT SYSTICK_LOAD
```

在“变量段“区，添加如程序清单 13-3 所示的代码，开辟 1 个变量的存储空间。s_iTimDelayCnt 是延时计数器，每 1ms 执行一次减 1 操作，其初值在 DelayNms 函数中由 R0 赋予。

程序清单 13-3

```
s_iTimDelayCnt SPACE 4 ;ms 延时计数器
```

在“代码段“区，添加初始化 SysTick 定时器 InitSysTick 函数的代码，如程序清单 13-4 所示。

程序清单 13-4

```
1.    InitSysTick PROC
2.      PUSH {R0-R12, LR}
3.
4.      ;设置重装载值(1ms)
5.      LDR  R0, =SYSTICK_LOAD
```

```
6.    LDR  R1, =120000
7.    STR  R1, [R0]
8.
9.    ;使能 SysTick
10.   LDR  R0, =SYSTICK_CTRL
11.   LDR  R1, [R0]
12.   ORR  R1, #0x0007
13.   STR  R1, [R0]
14.
15.   POP {R0-R12, PC}
16.   ENDP
```

(1) 第5至7行代码：向重装载数值寄存器SYSTICK_LOAD中写入重装载值120000。

(2) 第 10 至 13 行代码：向控制和状态寄存器 SYSTICK_CTRL 中写入 0x0007，即将第0～2位置1。第2位为时钟源选择位，置1表示选择AHB时钟；第1位为中断使能位，置 1 表示开启中断，SysTick 递减计数到 0 时产生 SysTick 异常请求；第 0 位为 SysTick 使能位，置 1 表示使能 SysTick。按照以上配置，SysTick 的时钟为 120MHz，通过计算可以得出，产生 SysTick 异常请求间隔为(1/120μs)×120000=1000μs，即 1ms 产生一次 SysTick 异常请求。

在 InitSysTick 函数的实现区后，添加 SysTick_Handler 函数的实现代码，如程序清单 13-5 所示。本实验中，SysTick_Handler 函数每 1ms 执行一次，若延时计数器 s_iTimDelayCnt 不为 0，则 s_iTimDelayCnt 执行一次减 1 操作。

程序清单 13-5

```
1.  SysTick_Handler PROC
2.    PUSH {R0-R12, LR}
3.
4.    ;读取 s_iTimDelayCnt 的值
5.    LDR R0, =s_iTimDelayCnt
6.    LDR R1, [R0]
7.
8.    ;与 0 作比较，等于 0 则跳出函数
9.    TEQ R1, #0x0000
10.   BEQ SYSTICK_END
11.
12.   ;否则减 1
13.   SUB R1, #0x0001
14.   STR R1, [R0]
15.
16. SYSTICK_END
```

```
17.    POP {R0-R12, PC}
18.    ENDP
```

在 SysTick_Handler 函数的实现区后，添加 DelayNms 和 DelayNus 函数的实现代码，如程序清单 13-6 所示。

程序清单 13-6

```
1.   DelayNms PROC
2.     PUSH {R0-R12, LR}
3.
4.     ;将 R0 中的参数保存到 s_iTimDelayCnt 中
5.     LDR R1, =s_iTimDelayCnt
6.     STR R0, [R1]
7.
8.     ;等待 s_iTimDelayCnt 为 0
9.   MS_LOOP
10.    LDR R0, =s_iTimDelayCnt
11.    LDR R1, [R0]
12.    TEQ R1, #0
13.    BNE MS_LOOP
14.
15.    POP {R0-R12, PC}
16.    ENDP
17.
18.  DelayNus PROC
19.    PUSH {R0-R12, LR}
20.
21.    ;外循环，等待 R0 递减到 0
22.  US_LOOP_E
23.
24.    ;内循环，延时 1μs
25.    MOV R1, #39
26.  US_LOOP_I
27.    SUBS R1, #1
28.    BNE  US_LOOP_I
29.
30.    SUBS R0, #1
31.    BNE  US_LOOP_E
32.
33.    POP {R0-R12, PC}
34.    ENDP
```

(1) 第 1 至 16 行代码：DelayNms 函数的 R0 中的参数表示以毫秒为单位的延时数，R0 中的参数赋值给延时计数器 s_iTimDelayCnt，该值在 SysTick_Handler 中断服务函数中执行一次减 1 操作，当 s_iTimDelayCnt 减到 0 时跳出 DelayNms 函数循环。

(2) 第 18 至 34 行代码：DelayNus 函数通过一个外循环语句内嵌内循环语句实现微秒级延时，原理可参考图 13-4。

步骤 4：完善 SysTick 实验应用层

在 Project 面板中，双击打开 Main.s 文件。在 Main.s 文件的“输入”区中，添加如程序清单 13-7 所示的代码，这样就可以在 Main.s 文件中调用 SysTick 模块的函数，实现对 SysTick 模块的操作。

程序清单 13-7

```
IMPORT InitSysTick
IMPORT DelayNms
IMPORT DelayNus
```

在 InitHardware 函数中，添加调用 InitSysTick 函数的代码，如程序清单 13-8 的第 9 行代码所示，这样就实现了对 SysTick 模块的初始化。

程序清单 13-8

```
1.   InitHardware PROC
2.     PUSH {R0-R12, LR}
3.
4.     BL InitRCU       ;初始化 RCU
5.     BL InitNVIC      ;初始化 NVIC 分组
6.     BL InitTimer     ;初始化定时器
7.     BL InitUART      ;初始化串口
8.     BL InitLED       ;初始化 LED
9.     BL InitSysTick   ;初始化 SysTick
10.
11.    POP {R0-R12, PC}
12.    ENDP
```

在 main 函数中，注释掉调用 Proc2msTask 和 Proc1SecTask 函数的代码，并添加如程序清单 13-9 所示的第 14 至 44 行代码，这样即可实现两个 LED 每隔 1s 交替闪烁。

程序清单 13-9

```
1.   main PROC
2.     BL InitHardware  ;初始化硬件
3.     BL InitSoftware  ;初始化软件
4.
5.     ;打印系统状态
```

```
6.      LDR R0, =s_pInitFinishString
7.      BL  PrintString
8.
9.      ;主循环
10.  MAIN_LOOP
11.     ;BL Proc2msTask
12.     ;BL Proc1SecTask
13.
14.     ;LED1位置1
15.     LDR R0, =GPIOA_OCTL
16.     LDR R1, [R0]
17.     ORR R1, #(1 << 8)
18.     STR R1, [R0]
19.
20.     ;LED2位清零
21.     LDR R0, =GPIOE_OCTL
22.     LDR R1, [R0]
23.     AND R1, #~(1 << 6)
24.     STR R1, [R0]
25.
26.     ;延时1s
27.     MOV R0,#1000
28.     BL DelayNms
29.
30.     ;LED1位清零
31.     LDR R0, =GPIOA_OCTL
32.     LDR R1, [R0]
33.     AND R1, #~(1 << 8)
34.     STR R1, [R0]
35.
36.     ;LED2位置1
37.     LDR R0, =GPIOE_OCTL
38.     LDR R1, [R0]
39.     ORR R1, #(1 << 6)
40.     STR R1, [R0]
41.
42.     ;延时1s
43.     LDR R0, =1000000
44.     BL DelayNus
45.
46.     B  MAIN_LOOP
```

```
47.
48.    ENDP
```

步骤 5：编译及下载验证

代码编写完成并编译通过后，下载程序并进行复位。可以观察到开发板上两个 LED 每隔 1s 交替闪烁，表明实验成功。

本章任务

基于 GD32F3 苹果派开发板，通过修改 SysTick 模块的 InitSysTick 函数，将系统节拍时钟 SysTick 配置为每 0.25ms 中断一次，此时，SysTick 模块中的 DelayNms 函数将不再以 1ms 为最小延时单位，而是以 0.25ms 为最小延时单位。尝试修改 DelayNms 函数，使得该函数在 SysTick 为每 0.25ms 中断一次的情况下，依然以 1ms 为最小延时单位，即在调用 DelayNms 函数前向 R0 寄存器写入的延时值为 5，则延时 5ms。在 Main 模块中调用 DelayNms 函数控制 LED_1 和 LED_2 每 500ms 交替闪烁，验证 DelayNms 函数是否修改正确。

任务提示：

(1) 修改 SysTick_LOAD 的值。

(2) 只需修改 InitSysTick 函数，无需修改 SysTick.s 文件中的其他函数。

本章习题

1. 简述 DelayNus 函数产生延时的原理。
2. DelayNus 函数的时间计算精度会受什么因素影响？
3. GD32F30x 系列微控制器中的通用定时器与 SysTick 定时器有什么区别？
4. 如何通过寄存器将 SysTick 时钟频率由 120MHz 更改为 15MHz？

第14章 RCU实验

为了满足各种低功耗应用场景，GD32F30x 系列微控制器设计了一个功能完善且复杂的时钟系统。普通的微控制器一般只要配置好外设(如 GPIO、UART 等)的相关寄存器就可以正常工作，而 GD32F30x 系列微控制器还需要同时配置好复位和时钟单元 RCU，并开启相应的外设时钟。本章主要介绍时钟部分，尤其是时钟树，理解了时钟树，GD32F30x 系列微控制器所有时钟的来龙去脉就非常清晰了。本章首先详细介绍时钟源和时钟树，以及 RCU 的相关寄存器，编写RCU模块驱动程序，然后在应用层调用RCU的初始化函数，验证整个系统是否能够正常工作。

14.1 实验内容

通过学习 GD32F30x 系列微控制器的时钟源和时钟树，以及 RCU 的相关寄存器，编写 RCU 驱动程序。该驱动程序包括一个用于初始化 RCU 模块的函数 InitRCU。将外部高速晶体振荡器时钟(HXTAL，即 GD32F3 苹果派开发板上的晶振 Y_{301}，频率为 8MHz)的 15 倍频作为系统时钟 CK_SYS 的时钟源；同时，将 AHB 总线时钟 HCLK 频率配置为 120MHz，将 APB1 总线时钟 PCLK1 和 APB2 总线时钟 PCLK2 的频率分别配置为 60MHz 和 120MHz。最后，在 Main.s 文件中调用 InitRCU 函数，验证整个系统是否能够正常工作。

14.2 实验原理

14.2.1 RCU 功能框图

对于传统的微控制器(如 51 系列微控制器)，系统时钟的频率基本都是固定的，实现一个延时程序，可以直接使用循环语句。然而，对于 GD32F30x 系列微控制器则不可行，因为 GD32F30x 系列微控制器的系统较复杂，时钟系统相对于传统的微控制器也更加多样化，系统时钟有多个时钟源，每个外设又有不同的时钟分频系数，如果不熟悉时钟系统，就无法确定当前的时钟频率，做不到精确的延时。

复位和时钟单元(RCU)是 GD32F30x 系列微控制器的核心单元，每个实验都会涉及 RCU。当然，本书所有实验都要先对 RCU 进行初始化配置，再使能具体的外设时钟。因此，如果不熟悉 RCU，就难以基于 GD32F30x 系列微控制器进行程序开发。

RCU 的功能框图如图 14-1 所示，下面依次介绍各功能模块。

1. 外部高速晶体振荡器时钟 HXTAL

HXTAL 可由有源晶振提供，也可以由无源晶振提供，其频率范围为 4～32MHz。GD32F3 苹果派开发板的板载晶振为无源 8MHz 晶振，通过 OSC_IN 和 OSC_OUT 两个引脚接入芯片，同时还要配谐振电容。如果选择有源晶振，则时钟从 OSC_IN 接入，OSC_OUT 悬空。

2. 锁相环时钟选择器和倍频器

锁相环时钟 CK_PLL 由二级选择器和一级倍频器组成。锁相环时钟选择器通过 RCU_CFG0 的 PLLSEL 选择 IRC8M 的 2 分频(4MHz)或经过分频的 HXTAL 和 IRC48M(分频系数可取 1、2)作为锁相环 PLL 的时钟源。本书所有实验选择 1 分频的 HXTAL(8MHz)作为 PLL 的时钟源。IRC8M 和 IRC48M 分别是内部 8MHz 和 48MHZ RC 振荡器时钟的缩写，均由内部 RC 振荡器产生，频率分别为 8MHz 和 48MHz，但不稳定。

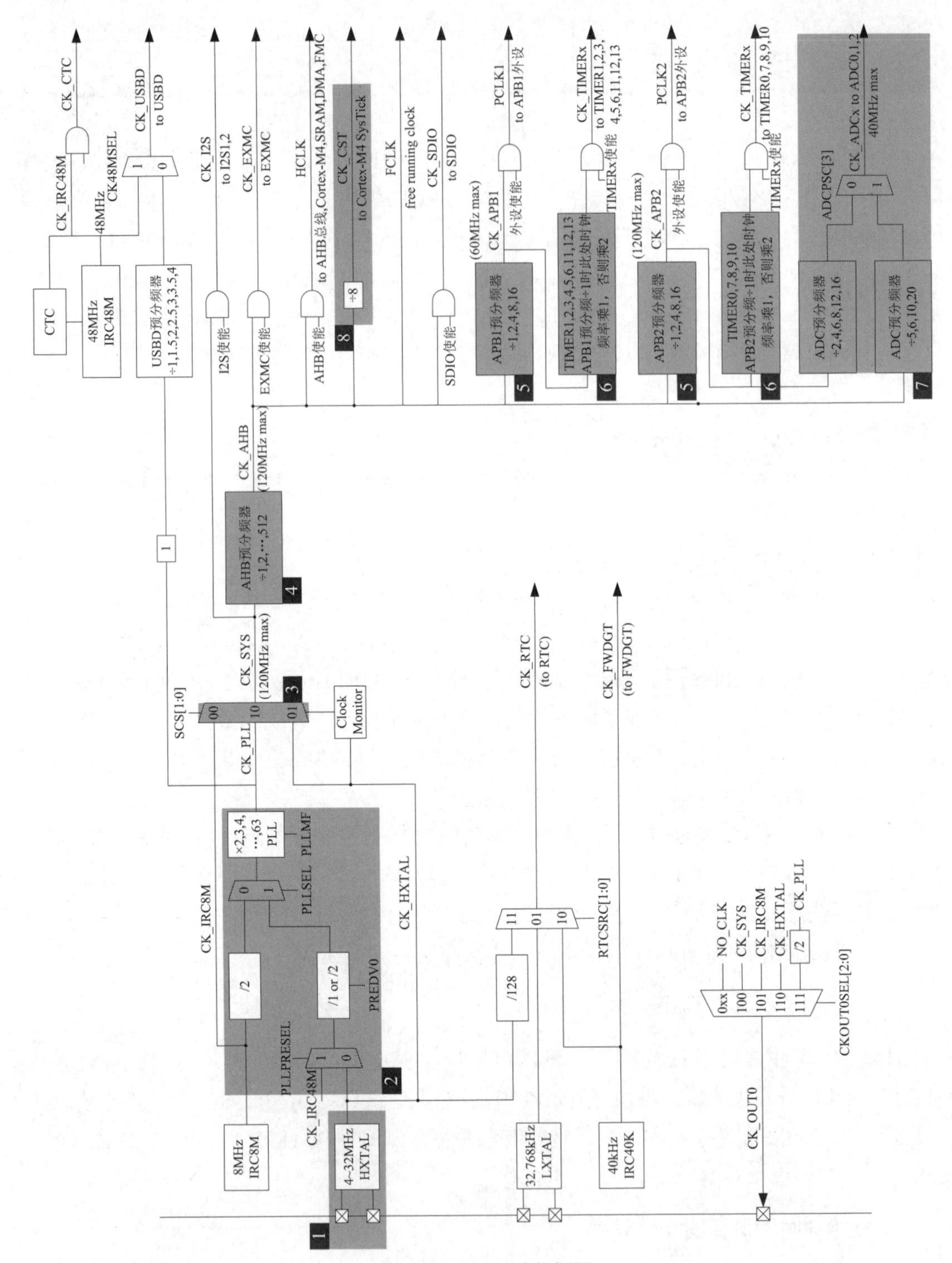

图 14-1 RCU 功能框图

锁相环时钟倍频器通过 RCU_CFG0 的 PLLMF 选择对上一级时钟进行 2，3，4，…，63 倍频输出(注意，PLL 输出频率不能超过 120MHz)。由于本书所有实验的 PLLMF 为 001101，即配置为 15 倍频，因此，此处输出时钟(CK_PLL)的频率为 120MHz。

3. 系统时钟 CK_SYS 选择器

通过 RCU_CFG0 的 SCS 选择系统时钟 CK_SYS 的时钟源，可以选择 CK_IRC8M、CK_HXTAL 或 CK_PLL 作为 CK_SYS 的时钟源。本书所有实验选择 CK_PLL 作为 CK_SYS 的时钟源。由于 CK_PLL 是 120MHz，因此，CK_SYS 也是 120MHz。

4. AHB 预分频器

AHB 预分频器通过 RCU_CFG0 的 AHB/SC 对 CK_SYS 进行 1，2，4，8，16，64，128，256 或 512 分频。本书所有实验的 AHB 预分频器未对 CK_SYS 进行分频，即 AHB 时钟依然为 120MHz。

5. APB1 和 APB2 预分频器

AHB 时钟是 APB1 和 APB2 预分频器的时钟输入，APB1 预分频器通过 RCU_CFG0 的 APB1PSC 对 AHB 时钟进行 1，2，4，8 或 16 分频；APB2 预分频器通过 RCU_CFG0 的 APB2PSC 对 AHB 时钟进行 1，2，4，8 或 16 分频。本书所有实验的 APB1 预分频器对 AHB 时钟进行 2 分频，APB2 预分频器对 AHB 时钟未进行分频。因此，APB1 时钟频率为 60MHz，APB2 时钟频率为 120MHz。注意，APB1 时钟最大频率为 60MHz，APB2 时钟最大频率为 120MHz。

6. 定时器倍频器

GD32F30x 系列微控制器有 14 个定时器，其中 TIMER1～TIMER6 和 TIMER11～TIMER13 的时钟由 APB1 时钟提供，TIMER0、TIMER7～TIMER10 的时钟由 APB2 时钟提供。当 APBx 预分频器的分频系数为 1 时，定时器的时钟频率与 APBx 时钟频率相等；当 APBx 预分频器的分频系数不为 1 时，定时器的时钟频率是 APBx 时钟频率的 2 倍。本书所有实验的 APB1 预分频器的分频系数为 2，APB2 预分频器的分频系数为 1，而且 APB1 时钟频率为 60MHz，APB2 时钟频率为 120MHz，因此，TIMER1～TIMER6 和 TIMER11～TIMER13 的时钟频率为 120MHz，TIMER0、TIMER7～TIMER10 的时钟频率同样为 120MHz。

7. ADC 时钟预分频器和选择器

GD32F30x 系列微控制器通过 RCU_CFG1 的 ADCPSC 选择经过分频的 APB2 时钟或经过分频的 AHB 时钟作为 ADC 的时钟源。分频系数取决于 RCU_CFG0 的 ADCPSC[1:0]，对 APB2 时钟进行 2，4，6，8，12 或 16 分频，对 AHB 时钟进行 5，6，10 或 20 分频。在本书的最后两个实验(DAC 实验和 ADC 实验)中，选择 6 分频的 APB2 时钟作为 ADC 的时钟源。由于 APB2 时钟频率为 120MHz，因此，最终的 ADC 时钟为 120MHz/6=20MHz。

8. Cortex 系统时钟分频器

可将 AHB 时钟或 AHB 时钟经过 8 分频作为 Cortex 系统时钟。本书中的 SysTick 定时器使用 Cortex 系统时钟。AHB 时钟频率为 120MHz，因此，SysTick 时钟频率也为 120MHz，或 15MHz。本书所有实验的 Cortex 系统时钟频率默认为 120MHz，因此，

SysTick 时钟频率也为 120MHz。

提示：关于 RCU 参数的配置，读者可参见本书配套实验的 RCU.s 文件。

14.2.2 RCU 部分寄存器

本实验涉及的 RCU 寄存器如下。

1. 控制寄存器(RCU_CTL)

RCU_CTL 的结构、偏移地址和复位值如图 14-2 所示，部分位的解释说明如表 14-1 所示。

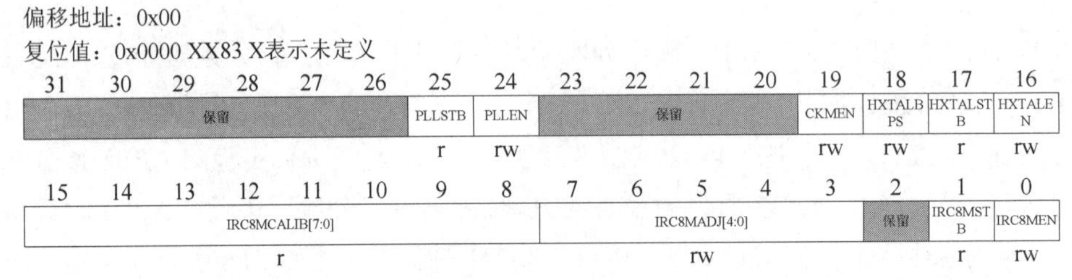

图 14-2 RCU_CTL 的结构、偏移地址和复位值

表 14-1 RCU_CTL 部分位的解释说明

位/位域	名称	描述
25	PLLSTB	PLL 时钟稳定标志位。 由硬件置 1，用来指示 PLL 输出时钟是否稳定待用。 0：PLL 未稳定； 1：PLL 稳定
24	PLLEN	PLL 使能。 由软件置 1 或复位。如果 PLL 时钟用作系统时钟，则该位不能被复位。当进入深度睡眠或待机模式时由硬件复位。 0：PLL 关闭； 1：PLL 开启
19	CKMEN	HXTAL 时钟监视使能。 0：禁止外部 4～32MHz 晶体振荡器(HXTAL)时钟监视器； 1：使能外部 4～32MHz 晶体振荡器(HXTAL)时钟监视器。 当硬件检测到 HXTAL 时钟一直停留在低电平或高电平的状态，内部硬件将切换系统时钟到 IRC8M RC 时钟。恢复原来系统时钟的方式有：外部复位，通电复位，软件清 CKMIF 位。 注意，使能 HXTAL 时钟监视器以后，硬件无视控制位 IRC8MEN 的状态，自动使能 IRC8M 时钟
18	HXTALB/S	外部晶体振荡器(HXTAL)时钟旁路模式使能。 只有在 HXTALEN 位为 0 时，HXTALB/S 位才可写。 0：禁止 HXTAL 旁路模式； 1：使能 HXTAL 旁路模式，HXTAL 输出时钟等于输入时钟

（续表）

位/位域	名称	描述
17	HXTALSTB	外部高速晶体振荡器(HXTAL)时钟稳定状态标志位，硬件置 1 来指示 HXTAL 振荡器时钟是否稳定待用。 0：HXTAL 振荡器未稳定； 1：HXTAL 振荡器已稳定
16	HXTALEN	外部高速晶体振荡器时钟使能。 软件置 1 或清零。当 HXTAL 时钟或 PLL 时钟作为系统时钟时，其作为 PLL 的输入时钟，该位不能被复位。进入深度睡眠或待机模式时硬件自动复位。 0：禁止外部 4～32MHz 晶体振荡器； 1：使能外部 4～32MHz 晶体振荡器
15:8	IRC8MCALIB[7:0]	内部 8MHz RC 振荡器校准值寄存器。 通电时自动加载这些位
7:3	IRC8MADJ[4:0]	内部 8MHz RC 振荡器时钟调整值。 这些位由软件置 1，最终调整值为 IRC8MADJ[4:0]位域的当前值加上 IRC8MCALIB[7:0]位域的值。 最终调整值应该调整 IRC8M 到 8 MHz±1%
1	IRC8MSTB	IRC8M 内部 8MHz RC 振荡器时钟稳定状态标志位。 硬件置 1 来指示 IRC8M 振荡器时钟是否稳定待用。 0：IRC8M 振荡器未稳定； 1：IRC8MI 振荡器已稳定
0	IRC8MEN	内部 8MHz RC 振荡器使能。 软件置 1 或清零。如果 IRC8M 时钟用作系统时钟时，该位不能被复位。当从待机和深度睡眠模式返回或用作系统时钟的 HXTAL 振荡器发生故障时，该位由硬件置 1 来启动 IRC8M 振荡器。 0：内部 8MHz RC 振荡器关闭； 1：内部 8MHz RC 振荡器开启

2. 时钟配置寄存器 0(RCU_CFG0)

RCU_CFG0 的结构、偏移地址和复位值如图 14-3 所示，部分位的解释说明如表 14-2 所示。

偏移地址：0x04

复位值：0x0000 0000

31	30	29	28	27	26	25	24	23	22	21	20	19	18	17	16
USBDPSC[2]	PLLMF[5]	保留	ADCPSC[2]	PLLMF[4]	CKOUT0SEL[2:0]			USBDPSC[1:0]		PLLMF[3:0]				PREDV0	PLLSEL
rw	rw		rw	rw	rw			rw		rw				rw	rw

15	14	13	12	11	10	9	8	7	6	5	4	3	2	1	0
ADCPSC[1:0]		APB2PSC[2:0]			APB1PSC[2:0]			AHBPSC[3:0]				SCSS[1:0]		SCS[1:0]	
rw		rw			rw			rw				r		rw	

图 14-3 RCU_CFG0 的结构、偏移地址和复位值

表 14-2 RCU_CFG0 部分位的解释说明

位/位域	名称	描述
30	PLLMF[5]	PLLMF 的第 5 位。 参见寄存器 RCU_CFG0 的第 18～21 位
28	ADCPSC[2]	ADCPSC 的第 2 位。 参见寄存器 RCU_CFG0 的第 14～15 位
27	PLLMF[4]	PLLMF 的第 4 位。 参见寄存器 RCU_CFG0 的第 18～21 位
21:18	PLLMF[3:0]	PLL 时钟倍频系数。 与寄存器 RCU_CFG0 的第 27、30 位共同构成倍频系数，由软件置 1 或清零。注意，PLL 输出时钟频率不能超过 120MHz。 000000：(PLL 源时钟×2)； 000001：(PLL 源时钟×3)； 000010：(PLL 源时钟×4)； 000011：(PLL 源时钟×5)； 000100：(PLL 源时钟×6)； 000101：(PLL 源时钟×7)； 000110：(PLL 源时钟×8)； 000111：(PLL 源时钟×9)； 001000：(PLL 源时钟×10)； 001001：(PLL 源时钟×11)； 001010：(PLL 源时钟×12)； 001011：(PLL 源时钟×13)； 001100：(PLL 源时钟×14)； 001101：(PLL 源时钟×15)； 001110：(PLL 源时钟×16)； 001111：(PLL 源时钟×16)； 010000：(PLL 源时钟×17)； 010001：(PLL 源时钟×18)； 010010：(PLL 源时钟×19)； 010011：(PLL 源时钟×20)； ⋮ 111110：(PLL 源时钟×63)； 111111：(PLL 源时钟×63)
17	PREDV0	PREDV0 分频系数。 由软件置 1 或清零，PLL 未使能时，可以修改这些位。 0：PREDV0 输入源时钟未分频； 1：PREDV0 输入源时钟 2 分频
16	PLLSEL	PLL 时钟源选择。 由软件置 1 或复位，控制 PLL 时钟源。 0：(IRC8M / 2)被选择为 PLL 时钟的时钟源； 1：HXTAL 时钟或者 IRC48M 时钟(寄存器 RCU_CFG1 的 PLLPRESEL 决定)被选择为 PLL 时钟的时钟源

(续表)

位/位域	名称	描述
15:14	ADCPSC[1:0]	ADC 的时钟分频系数。 与寄存器 RCU_CFG0 的 28 位，寄存器 RCU_CFG1 的 29 位共同构成分频系数，由软件置 1 或清零。 0000：CK_ADC = CK_APB2 / 2； 0001：CK_ADC = CK_APB2 / 4； 0010：CK_ADC = CK_APB2 / 6； 0011：CK_ADC = CK_APB2 / 8； 0100：CK_ADC = CK_APB2 / 2； 0101：CK_ADC = CK_APB2 / 12； 0110：CK_ADC = CK_APB2 / 8； 0111：CK_ADC = CK_APB2 / 16； 1x00：CK_ADC = CK_AHB / 5； 1x01：CK_ADC = CK_AHB / 6； 1x10：CK_ADC = CK_AHB / 10； 1x11：CK_ADC = CK_AHB / 20
13:11	APB2PSC[2:0]	APB2 预分频选择。 由软件置 1 或清零，控制 APB2 时钟分频系数。 0xx：CK_APB2 = CK_AHB； 100：CK_APB2 = CK_AHB / 2； 101：CK_APB2 = CK_AHB / 4； 110：CK_APB2 = CK_AHB / 8； 111：CK_APB2 = CK_AHB / 16
10:8	APB1PSC[2:0]	APB1 预分频选择。 由软件置 1 或清零，控制 APB1 时钟分频系数。 0xx：CK_APB1 = CK_AHB； 100：CK_APB1 = CK_AHB / 2； 101：CK_APB1 = CK_AHB / 4； 110：CK_APB1 = CK_AHB / 8； 111：CK_APB1 = CK_AHB / 16
7:4	AHB/SC[3:0]	AHB 预分频选择。 由软件置 1 或清零，控制 AHB 时钟分频系数。 0xxx：CK_AHB = CK_SYS； 1000：CK_AHB = CK_SYS / 2； 1001：CK_AHB = CK_SYS / 4； 1010：CK_AHB = CK_SYS / 8； 1011：CK_AHB = CK_SYS / 16； 1100：CK_AHB = CK_SYS / 64； 1101：CK_AHB = CK_SYS / 128； 1110：CK_AHB = CK_SYS / 256； 1111：CK_AHB = CK_SYS / 512

(续表)

位/位域	名称	描述
3:2	SCSS[1:0]	系统时钟转换状态。 由硬件置 1 或清零，标识当前系统时钟的时钟源。 00：选择 CK_IRC8M 时钟作为 CK_SYS 时钟源； 01：选择 CK_HXTAL 时钟作为 CK_SYS 时钟源； 10：选择 CK_PLL 时钟作为 CK_SYS 时钟源； 11：保留
1:0	SCS[1:0]	系统时钟选择。 由软件配置选择系统时钟源。由于 CK_SYS 的改变存在固有延时，因此软件应当读 SCSS 位来确保时钟源切换是否结束。在从深度睡眠或待机模式中返回时，以及当 HXTAL 直接或间接作为系统时钟同时 HXTAL 时钟监视器检测到 HXTAL 故障时，强制选择 IRC8M 作为系统时钟。 00：选择 CK_IRC8M 时钟作为 CK_SYS 时钟源； 01：选择 CK_HXTAL 时钟作为 CK_SYS 时钟源； 10：选择 CK_PLL 时钟作为 CK_SYS 时钟源； 11：保留

3. 时钟配置寄存器 1(RCU_CFG1)

RCU_CFG1 的结构、偏移地址和复位值如图 14-4 所示，部分位的解释说明如表 14-3 所示。

地址偏移：0x2C

复位值：0x0000 0000

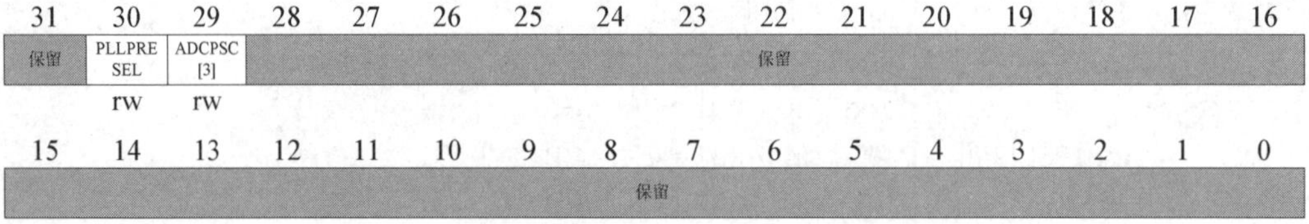

31	30	29	28	27	26	25	24	23	22	21	20	19	18	17	16
保留	PLLPRE SEL	ADCPSC [3]	保留												
	rw	rw													

15	14	13	12	11	10	9	8	7	6	5	4	3	2	1	0
保留															

图 14-4　RCU_CFG1 的结构、偏移地址和复位值

表 14-3　RCU_CFG1 部分位的解释说明

位/位域	名称	描述
30	PLLPRESEL	PLL 时钟源预选择。 由软件置 1 或复位，控制 PLL 时钟源。 0：HXTAL 被选择为 PLL 时钟的时钟源； 1：CK_IRC48M 被选择为 PLL 时钟的时钟源
29	ADCPSC[3]	ADCPSC 的第 3 位。 参见寄存器 RCU_CFG0 的第 14～15 位

关于上述寄存器及更多其他寄存器的定义和功能可参见《GD32F30x 用户手册(中文版)》第 84～110 页，也可参见《GD32F30x 用户手册(英文版)》第 87～113 页。

14.2.3 FMC 部分寄存器

GD32F30x 系列微控制器的内部 Flash 共有 14 个寄存器，本实验仅涉及 FMC 等待状态寄存器(FMC_WS)。

FMC_WS 的结构、偏移地址和复位值如图 14-5 所示，部分位的解释说明如表 14-4 所示。

偏移地址：0x00
复位值：0x0000 0000

31	30	29	28	27	26	25	24	23	22	21	20	19	18	17	16
保留															

15	14	13	12	11	10	9	8	7	6	5	4	3	2	1	0
保留													WSCNT[2:0]		
														rw	

图 14-5 FMC_WS 的结构、偏移地址和复位值

表 14-4 FMC_WS 部分位的解释说明

位/位域	名称	描述
2:0	WSCNT[2:0]	等待状态计数寄存器。 软件置 1 和清零。FMC_WSEN 寄存器的 WSEN 位被置 1 时 WSCNT 位有效。 000：不增加等待状态； 001：增加 1 个等待状态； 010：增加 2 个等待状态； 011～111：保留

14.2.4 程序架构

RCU 实验的程序架构如图 14-6 所示。该图简要介绍了程序开始运行后各个函数的执行和调用流程，图中仅列出了与本实验相关的一部分函数。下面解释说明程序架构。

(1) 在 main 函数中调用 InitHardware 函数进行硬件相关模块初始化，包含 NVIC、UART、Timer 和 RCU 等模块。这里仅介绍 RCU 模块初始化函数 InitRCU。在 InitRCU 函数中操作 RCU 相关寄存器来配置 RCU，包括使能外部高速晶振，配置 AHB、APB1 和 APB2 总线的时钟频率，配置 PLL 和配置系统时钟等。

(2) 调用 InitSoftware 函数进行软件相关模块初始化。本实验中，InitSoftware 函数为空。

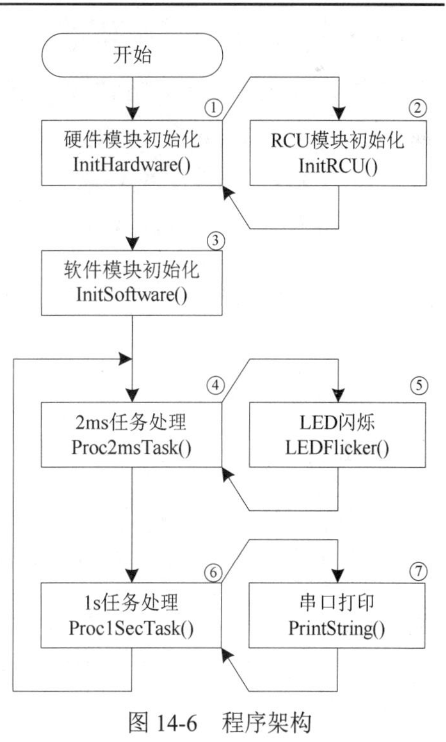

图 14-6 程序架构

(3) 调用 Proc2msTask 函数进行 2ms 任务处理。在该函数中，先通过 Get2msFlag 函数获取 2ms 标志位，若标志位为 1，则调用 LEDFlicker 函数实现 LED 电平翻转，再通过 Clr2msFlag 函数清除 2ms 标志位。

(4) 2ms 任务之后再调用 Proc1SecTask 函数进行 1s 任务处理。在该函数中，先通过 Get1SecFlag 函数获取 1s 标志位，若标志位为 1，则通过 PrintString 函数打印输出信息，再通过 Clr1SecFlag 函数清除 1s 标志位。

(5) Proc2msTask 和 Proc1SecTask 均在 main 函数的循环中调用，因此，Proc1SecTask 函数执行完后将再次执行 Proc2msTask 函数，从而实现 LED 交替闪烁，且串口每秒输出一次字符串。

在图 14-6 中，编号①、③、④和⑥的函数在 Main.s 文件中实现；编号②的函数在 RCU.s 文件中实现。

本实验编程要点：

(1) 配置时钟系统，包括设置外部高速晶振为时钟源、配置锁相环 PLL、配置 AHB、APB1 和 APB2 总线时钟以及配置系统时钟等。

(2) 在 InitRCU 函数中通过配置 RCU 相关寄存器来实现上述时钟配置。

在本实验中，核心内容即为 GD32F30x 系列微控制器的时钟树系统，理解时钟树中各个时钟的来源和配置方法，掌握配置时钟的寄存器的用法，即可快速完成本实验。

14.3 实验步骤与代码解析

步骤 1：复制并编译原始工程

首先，将 D:\GD32MicroController\Material\12.RCUClockOut 文件夹复制到 D:\GD32MicroController\Product 文件夹中。然后，双击运行 D:\GD32MicroController\Product\12.RCUClockOut\Project 文件夹中的 GD32KeilPrj.uvprojx。编译通过后，表示原始工程是正确的，可以进入下一步操作。

步骤 2：添加 RCU 文件

将 D:\GD32MicroController\Product\12.RCUClockOut\HW 文件夹中的 RCU.s 文件添加到 HW 分组中。

步骤 3：完善 RCU.s 文件

单击按钮进行编译。编译结束后，在 Project 面板中，双击打开 RCU.s 文件。在 RCU.s 文件的“输出”区，添加如程序清单 14-1 所示的代码，声明全局标号。

程序清单 14-1

```
EXPORT InitRCU ;初始化 RCU 模块
```

在 RCU.s 文件的“输入”区，添加如程序清单 14-2 所示的代码，引入后续需要使用的寄存器。

程序清单 14-2

```
IMPORT RCU_CTL
IMPORT RCU_CFG0
IMPORT RCU_CFG1
```

在“代码段”区，添加 InitRCU 函数的实现代码，如程序清单 14-3 所示。InitRCU 函数通过配置寄存器实现对 RCU 模块的初始化。

程序清单 14-3

```
1.   InitRCU PROC
2.     PUSH {R0-R12, LR}
3.
4.     ;/*
5.     ; *HSI 输出作为系统时钟
6.     ; */
7.     LDR  R0, =RCU_CFG0
8.     LDR  R1, [R0]
9.     AND  R1, #~(3 << 0)
10.    STR  R1, [R0]
11.
12.    ;/*
13.    ; *等待系统时钟切换完成
14.    ; */
15.  SYS_CLK_CHECK
16.    LDR  R0, =RCU_CFG0
17.    LDR  R1, [R0]
18.    ANDS R1, #(1 << 3)
19.    BNE  SYS_CLK_CHECK
20.    ANDS R1, #(1 << 2)
21.    BNE  SYS_CLK_CHECK
22.
23.    ;禁用 PLL
24.    LDR  R0, =RCU_CTL
25.    LDR  R1, [R0]
26.    AND  R1, #~(1 << 24)
27.    STR  R1, [R0]
28.
29.    ;/*
```

```
30.   ; *外部高速时钟使能
31.   ; */
32.   LDR  R0, =RCU_CTL
33.   LDR  R1, [R0]
34.   ORR  R1, #(1 << 16)
35.   STR  R1, [R0]
36.
37.   ;/*
38.   ; *等待外部晶振就绪
39.   ; */
40. HSE_OK
41.   LDR  R0, =RCU_CTL
42.   LDR  R1, [R0]
43.   ANDS R1, #(1 << 17)
44.   BEQ  HSE_OK
45.
46.   ;/*
47.   ; *配置 AHB、APB1 和 APH2 时钟频率
48.   ; */
49.
50.   ;CK_AHB = CK_SYS / 1 = 120MHz
51.   LDR R0, =RCU_CFG0
52.   LDR R1, [R0]
53.   AND R1, #~(1 << 7)
54.   STR R1, [R0]
55.
56.   ;CK_APB2 = CK_AHB / 1 = 120MHz
57.   LDR R0, =RCU_CFG0
58.   LDR R1, [R0]
59.   AND R1, #~(1 << 13)
60.   STR R1, [R0]
61.
62.   ;CK_APB1 = CK_AHB / 2 = 60MHz
63.   LDR R0, =RCU_CFG0
64.   LDR R1, [R0]
65.   AND R1, #~(7 << 8)
66.   ORR R1, #(4 << 8)
67.   STR R1, [R0]
68.
69.   ;/*
```

```
70.   ; *配置 PLL
71.   ; */
72.   ;
73.
74.   ;PLL 时钟源预配置，选用外部晶振而不是内部 48MHz 晶振
75.   LDR R0, =RCU_CFG1
76.   LDR R1, [R0]
77.   AND R1, #~(1 << 30)
78.   STR R1, [R0]
79.
80.   ;PREDV0 分频因子为 0，即输入时钟不分频
81.   LDR R0, =RCU_CFG0
82.   LDR R1, [R0]
83.   AND R1, #~(1 << 17)
84.   STR R1, [R0]
85.
86.   ;选择外部晶振作为 PLL 时钟源
87.   LDR R0, =RCU_CFG0
88.   LDR R1, [R0]
89.   ORR R1, #(1 << 16)
90.   STR R1, [R0]
91.
92.   ;PLL 15 倍频
93.   LDR R0, =RCU_CFG0
94.   LDR R1, [R0]
95.   AND R1, #~(0xF << 18)
96.   ORR R1, #(13 << 18)
97.   STR R1, [R0]
98.
99.   ;/*
100.  ; *PLL 使能
101.  ; */
102.  LDR  R0, =RCU_CTL
103.  LDR  R1, [R0]
104.  ORR  R1, #(1 << 24)
105.  STR  R1, [R0]
106.
107.  ;/*
108.  ; *等待 PLL 时钟就绪
109.  ; */
```

```
110. PLL_OK
111.   LDR  R0, =RCU_CTL
112.   LDR  R1, [R0]
113.   ANDS R1, #(1 << 25)
114.   BEQ  PLL_OK
115.
116.   ;/*
117.   ; *PLL 输出作为系统时钟
118.   ; */
119.   LDR  R0, =RCU_CFG0
120.   LDR  R1, [R0]
121.   AND  R1, #~(3 << 0)
122.   ORR  R1, #(2 << 0)
123.   STR  R1, [R0]
124.
125.   ;/*
126.   ; *等待系统时钟切换完成
127.   ; */
128. SYS_CLK_OK
129.   LDR  R0, =RCU_CFG0
130.   LDR  R1, [R0]
131.   ANDS R1, #(1 << 3)
132.   BEQ  SYS_CLK_OK
133.   ANDS R1, #(1 << 2)
134.   BNE  SYS_CLK_OK
135.
136.   POP {R0-R12, PC}
137.   ENDP
```

(1) 第 7 至 21 行代码：将时钟配置寄存器 RCU_CFG0 的第 0～1 位 SCS[1:0]清零。由于 CK_SYS 的改变存在固有延时，因此软件应当读 SCSS 位来确认时钟源切换是否结束。在 SYS_CLK_CHECK 循环中，检查 RCU_CFG0 的 SCSS[1:0]位是否为 0，不为 0 则继续循环，等待系统时钟切换完成；为 0 则表示系统时钟切换完成，退出循环。

(2) 第 24 至 44 行代码：对控制寄存器 RCU_CTL 进行配置。将 RCU_CTL 的第 24 位清零，第 24 位为 PLL 使能位，为 0 时禁用 PLL。然后将第 16 位置 1，使能外部 4～32MHz 晶体振荡器。关于 RCU_CTL 寄存器的详细介绍可参见图 14-2 和表 14-1。在 HSE_OK 循环中，判断第 17 位是否为 1。第 17 位为外部高速晶体振荡器(HXTAL)时钟稳定状态标志位，硬件置 1 时表明 HXTAL 振荡器时钟已稳定。

(3) 第 50 至 54 行代码：配置 AHB、APB1 和 APH2 时钟频率。将寄存器 RCU_CFG0

的第 7 位清零，即将高速 AHB 时钟的预分频系数设置为 1。RCU_CFG0 的第 7～4 位为 AHB/SC[3:0]，AHB 时钟是系统时钟 CK_SYS 进行 1，2，4，8，16，64，128，256 或 512 分频的结果，AHB/SC[3:0]控制 AHB 时钟的预分频系数，可参见图 14-3 和表 14-2。本实验的 AHB/SC[3:0]为 0000，即 AHB 时钟与 CK_SYS 时钟频率相等，CK_SYS 时钟频率为 120MHz，因此，AHB 时钟频率同样也为 120MHz。

(4) 第 56 至 60 行代码：APB2 时钟是 AHB 时钟进行 1，2，4，8 或 16 分频的结果，APB2PSC[2:0]控制 APB2 时钟的预分频系数，可参见图 14-3 和表 14-2。本实验的 APB2PSC [2:0]为 000，即 APB2 时钟与 AHB 时钟频率相等，AHB 时钟频率为 120MHz，因此，APB2 时钟频率同样也为 120MHz。

(5) 第 62 至 67 行代码：将高速 APB1 时钟的预分频系数设置为 2。寄存器 RCU_CFG0 的第 10～8 位为 APB1PSC[2:0]，APB1 时钟是 AHB 时钟进行 1，2，4，8 或 16 分频的结果，APB1PSC[2:0]控制 APB1 时钟的预分频系数，可参见图 14-3 和表 14-2。本实验的 APB1PSC[2:0]为 100，即 APB1 时钟是 AHB 时钟的 2 分频。由于 AHB 时钟频率为 120MHz，因此，APB1 时钟频率为 60MHz。

(6) 第 74 至 90 行代码：配置 PLL。将 RCU_CFG1 的第 30 位清零，设置外部高速晶振 HXTAL 为 PLL 预输入时钟源，涉及 RCU_CFG1 的 PLLPRESEL 位，可参见图 14-4 和表 14-3。在本实验中，RCU_CFG1 的 PLLPRESEL 位为 0，且将 RCU_CFG0 的 PREDV0 位设置为 0，即将未分频的 HXTAL 作为 PLL 的预输入时钟源。RCU_CFG1 的 PLLPRESEL 为 0 且将 RCU_CFG0 的 PLLSEL 位置 1，则选择外部晶振 HXTAL 作为 PLL 时钟源。

(7) 第 93 至 97 行代码：将 RCU_CFG0 的 PLLMF[3:0]设置为 1101，且将其 PLLMF[4] 和 PLLMF[5]设置为 0，则频率为 8MHz 的 HXTAL 时钟经过 15 倍频后作为 PLL 时钟，即 PLL 时钟为 120MHz。

(8) 第 102 至 114 行代码：将 RCU_CTL 的 PLLEN 位置 1，PLLEN 用于关闭或使能 PLL 时钟，可参见图 14-2 和表 14-1。然后在 PLL_OK 循环中，根据 RCU_CTL 的 PLLSTB 位判断 PLL 时钟是否就绪，PLLSTB 为 1 则表示 PLL 时钟已就绪，然后跳出循环，具体可参见图 14-2 和表 14-1。

(9) 第 119 至 134 行代码：将 RCU_CFG0 的 SCS[1:0]位设置为 10，即将 PLL 输出作为系统时钟。在 SYS_CLK_OK 循环中，检查 RCU_CFG0 的 SCSS[1:0]位是否为 10，为 10 则退出，即系统时钟切换完成。

步骤 4：完善 RCU 实验应用层

在 Project 面板中，双击打开 Main.s 文件。在 Main.s 文件“输入”区，添加代码 IMPORT InitRCU。这样就可以在 Main.s 文件中调用 RCU 模块的相关函数，实现对 RCU 模块的操作。

在 InitHardware 函数中，添加调用 InitRCU 函数的代码，如程序清单 14-4 的第 9 行代码所示，即可实现对 RCU 模块的初始化。

程序清单 14-4

```
1.  InitHardware PROC
2.    PUSH {R0-R12, LR}
3.
4.    BL InitNVIC     ;初始化 NVIC 分组
5.    BL InitSysTick  ;初始化 SysTick
6.    BL InitTimer    ;初始化定时器
7.    BL InitUART     ;初始化串口
8.    BL InitLED      ;初始化 LED
9.    BL InitRCU      ;初始化 RCU
10.
11.   POP {R0-R12, PC}
12.   ENDP
```

步骤 5：编译及下载验证

代码编写完成并编译通过后，下载程序并进行复位。GD32F3 苹果派开发板上的两个 LED 每隔 500ms 交替闪烁，串口每秒正常输出字符串，表明实验成功。

本章任务

基于 GD32F3 苹果派开发板，重新配置 RCU 时钟，将 PCLK1 时钟配置为 30MHz，PCLK1 时钟配置为 60MHz，对比修改前后的 LED 闪烁间隔以及串口助手输出字符串间隔，并分析产生变化的原因。

任务提示：

(1) TIMER2 和 TIMER4 的时钟均来源于 PCLK1，USART0 的时钟来源于 PCLK2。

(2) 修改 PCLK2 时钟频率后，串口可能输出乱码，可将 InitHardware 函数中的 RCU 模块初始化函数 InitRCU 置于串口模块初始化函数 InitUART 之前。

本章习题

1. 什么是有源晶振，什么是无源晶振？
2. 简述 RCU 模块中的各个时钟源及配置方法。
3. TIMER 定时器的时钟配置过程与其他外设有何区别？

第15章

串口通信实验

串口通信是设备之间十分常见的数据通信方式，由于占用的硬件资源极少、通信协议简单且易于使用等优势，串口成为微控制器中使用最频繁的通信接口之一。通过串口，微控制器不仅可以与计算机进行数据通信，还可以进行程序调试，甚至可以连接蓝牙、Wi-Fi和传感器等外部硬件模块，从而拓展更多的功能。在芯片选型时，串口数量也是工程师关注的重要指标之一。因此，掌握串口的相关知识及用法，是学习微控制器的一个重要环节。

本章将详细介绍 GD32F30x 系列微控制器的串口功能框图、串口部分寄存器和串口模块驱动设计。最后，通过一个实例介绍串口驱动的设计和应用。

15.1 实验内容

基于 GD32F3 苹果派开发板设计一个串口通信实验，每秒通过 PrintString 向计算机发送一条语句(ASCII 格式)，如 This is a GD32F303 project.，在计算机上通过串口助手显示。另外，计算机上的串口助手向开发板发送 1 字节数据(HEX 格式)，开发板收到后，将信息发送回计算机，通过串口助手显示出来。例如，计算机通过串口助手向开发板发送 0x15，开发板收到后，也向计算机发送 0x15。

15.2 实验原理

15.2.1 串口通信协议

串口在不同的物理层上可分为 UART 口、COM 口和 USB 口等，在电平标准上又可分为 TTL、RS-232 和 RS-485 等，下面主要介绍基于 TTL 电平标准的 UART。

通用异步串行收发器(Universal Asynchronous Receiver/Transmitter，UART)是微控制器领域十分常用的通信设备，还有一种通用同步异步串行收发器(Universal Synchronous/Asynchronous Receiver/Transmitter，USART)。二者的区别是 USART 既可以进行同步通信，也可以进行异步通信，而 UART 只能进行异步通信。简单区分同步和异步通信的方法是根据通信过程中是否使用到时钟信号。在同步通信中，收发设备之间会通过一根信号线来表示时钟信号，在时钟信号的驱动下同步数据，而异步通信不需要时钟信号进行数据同步。

相较于 USART 的同步通信功能，其异步通信功能使用更为频繁。当使用 USART 进行异步通信时，其用法与 UART 没有区别，只需要两根信号线和一根共地线即可完成双向通信，本实验即使用 USART 的异步通信功能来实现。下面介绍 UART 通信协议及通信原理。

1. UART 物理层

UART 通信采用异步串行全双工的方式，UART 通信没有时钟线，通过两根数据线可实现双向同时传输。收发数据只能一位一位地在各自的数据线上传输，因此 UART 最多只有两根数据线，一根是发送数据线，一根是接收数据线。数据线是根据高低逻辑电平来传输数据的，因此还必须有参照的地线。最简单的 UART 接口由发送数据线 TXD、接收数据线 RXD 和 GND 线组成。

UART 一般采用 TTL 逻辑电平标准表示数据，逻辑 1 用高电平表示，逻辑 0 用低电平表示。在 TTL 电平标准中，高/低电平为范围值，通常规定，引脚作为输出时，电压低于 0.4V 稳定输出低电平，电压高于 2.4V 稳定输出高电平；引脚作为输入时，电压低于 0.8V

稳定输入低电平，电压高于2V稳定输入高电平。微控制器通常也采用TTL电平标准，但其对引脚输入/输出高低电平的电压范围有额外的规定，实际应用时需要参考数据手册。

两个UART设备的连接非常简单。如图15-1所示，只需要将UART设备A的发送数据线TXD与UART设备B的接收数据线RXD相连接，将UART设备A的接收数据线RXD与UART设备B的发送数据线TXD相连接。此外，两个UART设备必须共地，即将两个设备的GND相连接。

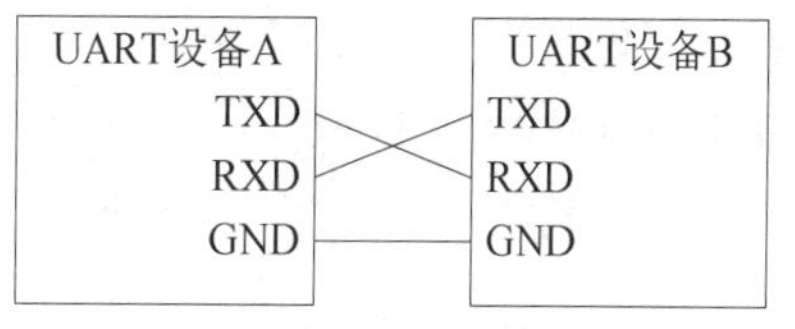

图15-1　两个UART设备连接方式

2. UART数据格式

UART数据按照一定的格式打包成帧。微控制器或计算机在物理层上是以帧为单位进行传输的。UART的一帧数据由起始位、数据位、校验位、停止位和空闲位组成，如图15-2所示。注意，一个完整的UART数据帧必须有起始位、数据位和停止位，但不一定有校验位和空闲位。

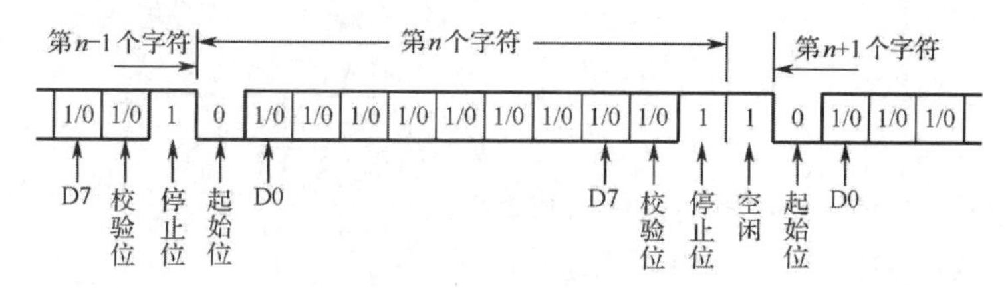

图15-2　UART数据帧格式

(1) 起始位的长度为1位，起始位的逻辑电平为低电平。由于UART空闲状态时的电平为高电平，因此，在每一个数据帧的开始，需要先发出一个逻辑0，表示传输开始。

(2) 数据位的长度通常为8位，也可以为9位；每个数据位的值可以为逻辑0，也可以为逻辑1。传输采用小端方式，即最低位(D0)在前，最高位(D7)在后。

(3) 校验位不是必需项，因此可以将UART配置为没有校验位，即不对数据位进行校验；也可以将UART配置为带校验位。如果配置为带校验位，则校验位的长度为1位，校验位的值可以为逻辑0，也可以为逻辑1。在奇校验方式下，如果数据位中有奇数个逻辑1，则校验位为0；如果数据位中有偶数个逻辑1，则校验位为1。在偶校验方式下，如果数据位中有奇数个逻辑1，则校验位为1；如果数据位中有偶数个逻辑1，则校验位为0。

(4) 停止位的长度可以是1位、1.5位或2位，通常情况下停止位是1位。停止位是一帧数据的结束标志，由于起始位是低电平，因此停止位为高电平。

(5) 空闲位是当数据传输完毕后，线路上保持逻辑1电平的位，表示当前线路上没有数据传输。

3. UART传输速率

UART传输速率通常用比特率来表示。比特率是每秒传输的二进制位数，单位为b/s、bit/s、比特/秒。波特率，即每秒传送码元的个数，单位为baud。由于UART使用NRZ(Non-Return to Zero，不归零)编码，因此UART的波特率和比特率在数值上是相同的。在实际应用中，常用的 UART 传输速率有 1200b/s、2400b/s、4800b/s、9600b/s、19 200b/s、38 400b/s、57 600b/s 和 115 200b/s。

如果数据位为 8 位，校验方式为奇校验，停止位为 1 位，波特率为 115 200b/s，计算每 2ms 最多可以发送多少字节数据。首先，通过计算可知，一帧数据有 11 位(1 位起始位+8 位数据位+1 位校验位+1 位停止位)；其次，波特率为 115 200b/s，即每秒传输 115 200bit，于是，每毫秒可以传输 115.2bit。由于每帧数据有 11 位，因此每毫秒可以传输 10 字节数据，2ms 就可以传输 20 字节数据。

综上所述，UART 是以帧为单位进行数据传输的。一个 UART 数据帧由 1 位起始位、5～9 位数据位、0 位/1 位校验位、1 位/1.5 位/2 位停止位组成。除了起始位，其他 3 部分必须在通信前由通信双方设定好，即通信前必须确定数据位和停止位的位数、校验方式及波特率。这就相当于两个人在通过电话交谈之前，要先确定好交谈所使用的语言，否则，一方使用英语，另一方使用汉语，就无法进行有效的交流。

4. UART 通信实例

UART 采用异步串行通信，没有时钟线，只有数据线，那么，收到一个 UART 原始波形，如何确定一帧数据？如何计算传输的是什么数据？下面以一个 UART 波形为例来说明，假设 UART 比特率为 115 200b/s，数据位为 8 位，无校验位，停止位为 1 位。

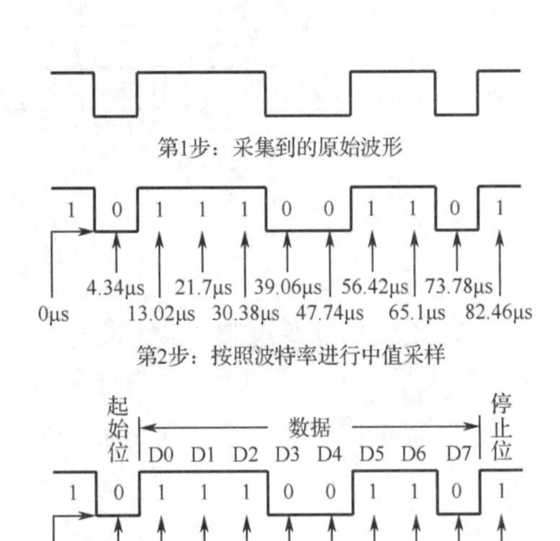

图 15-3　UART 通信实例时序图

如图 15-3 所示，第 1 步，获取 UART 原始波形数据；第 2 步，按照波特率进行中值采样，每位的时间宽度为 1/115 200s≈8.68μs，将电平第一次由高到低的转换点作为基准点，即 0μs 时刻，在 4.34μs 时刻采样第 1 个点，在 13.02μs 时刻采样第 2 个点，依次类推，然后判断第 10 个采样点是否为高电平，如果为高电平，表示完成一帧数据的采样；第 3 步，确定起始位、数据位和停止位，采样的第 1 个点即为起始位，且起始位为低电平，采样的第 2 个点至第 9 个点为数据位，其中第 2 个点为数据最低位，第 9 个点为数据最高位，第 10 个点为停止位，且停止位为高电平。

15.2.2　串口电路原理图

串口硬件电路如图 15-4 所示，主要为 USB 转串口模块电路，包括 Type-C 型 USB 接口(编号为 USB_1)、USB 转串口芯片 CH340G(编号为 U_{104})和 12MHz 晶振等。Type-C 接口的 UD1+和 UD1-网络为数据传输线(使用 USB 通信协议)，这两根线各通过一个 22Ω 电阻连接到 CH340G 芯片的 UD+和 UD-引脚。CH340G 芯片可以实现 USB 通信协议和标准 UART 串行通信协议的转换，因此，还需将 CH340G 芯片的一对串口连接到 GD32F303ZET6 芯片的串口，这样即可实现 GD32F3 苹果派开发板通过 Type-C 接口与计算机进行数据通信。这里将 CH340G 芯片的 TXD 引脚通过 CH340_TX 网络连接到 GD32F303ZET6 芯片的 PA10 引脚(USART0_RX)，将 CH340G 芯片的 RXD 引脚通过 CH340_RX 网络连接到 GD32F303ZET6 芯片的 PA9 引脚(USART0_TX)。此外，两个芯片需要共地。

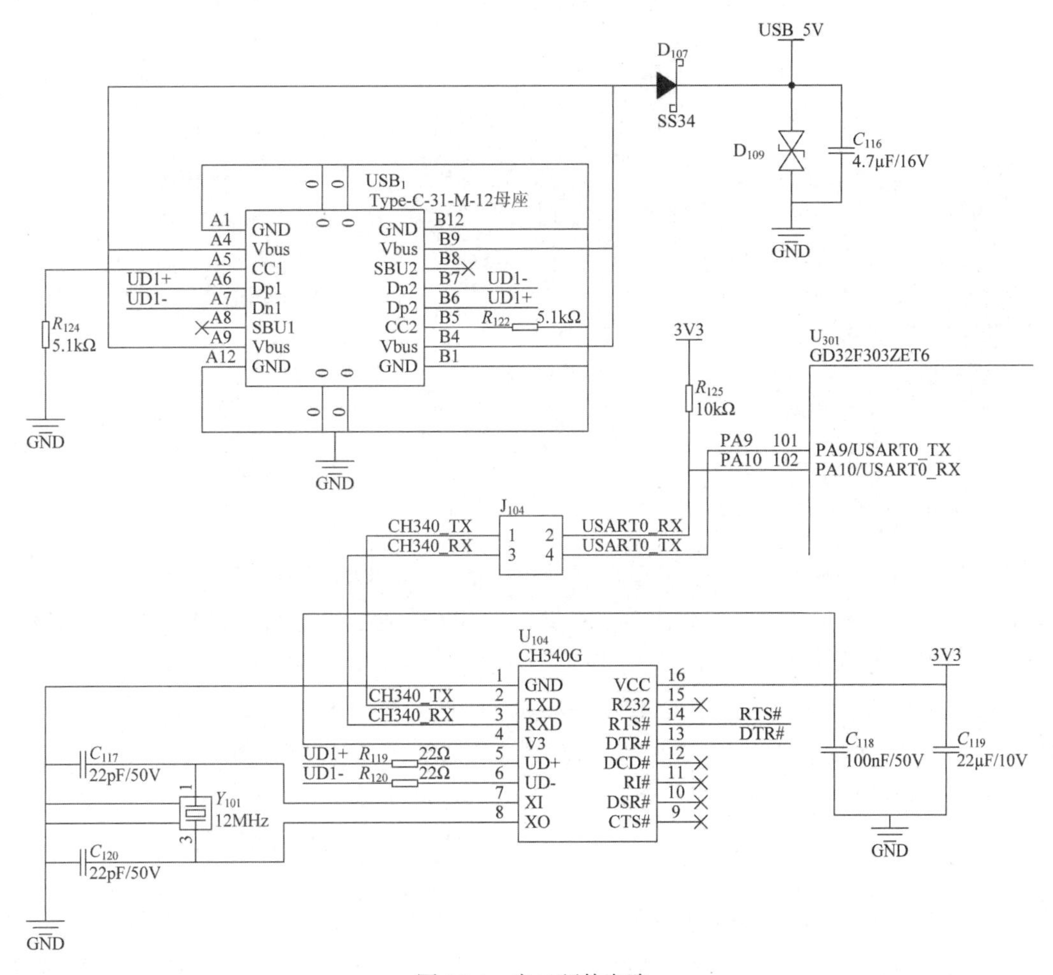

图 15-4 串口硬件电路

注意，在 CH340G 和 GD32F303ZET6 之间添加了一个 2×2Pin 的排针，在进行串口通信实验之前，需要先使用两个跳线帽分别连接 1 号脚(CH340_TX)和 2 号脚(USART0_RX)、3 号脚(CH340_RX)和 4 号脚(USART0_TX)。

15.2.3 串口功能框图

如图 15-5 所示是串口功能框图。下面介绍各主要功能模块。

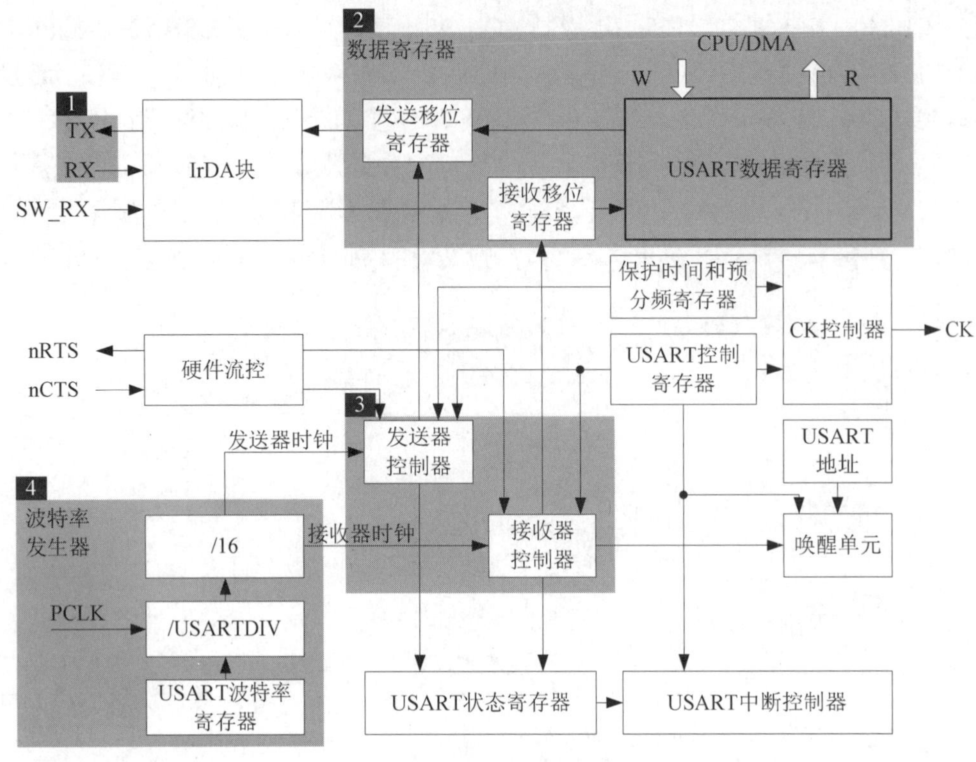

图 15-5　串口功能框图

1. 功能引脚

GD32F30x 系列微控制器的串口功能引脚包括 TX、RX、SW_RX、nRTS、nCTS 和 CK。本书中有关串口的实验仅使用到 TX 和 RX，TX 是发送数据输出引脚，RX 是接收数据输入引脚。TX 和 RX 的引脚信息可参见《GD32F303xx 数据手册》。

GD32F303ZET6 芯片包含 5 个串口，分别为 USART0～USART2、UART3、UART4。其中，USART0 的时钟来源于 APB2 总线时钟，该时钟最大频率为 120MHz；另外 4 个串口的时钟来源于 APB1 总线时钟，该时钟最大频率为 60MHz。

2. 数据寄存器

USART 的数据寄存器只有低 9 位有效。在图 15-5 中，串口执行发送操作(写操作)，即向 USART 数据寄存器(USART_DATA)写数据；串口执行接收操作(读操作)，即读取 USART_DATA 中的数据。

数据写入 USART_DATA 后，USART 会将数据转移到发送移位寄存器，再通过 TX 引脚逐位发送出去。通过 RX 引脚接收到的数据，按照顺序保存在接收移位寄存器中，然后 USART 会将数据转移到 USART_DATA 中。

3. 控制器

串口的控制器包括发送器控制器、接收器控制器、唤醒单元、校验控制和中断控制等，这里重点介绍发送器控制器和接收器控制器。使用串口之前，需要向 USART_CTL0

的 UEN 位写入 1，使能串口。通过向 USART_CTL0 的 WL 位写入 0 或 1，可以将串口传输数据的长度设置为 8 位或 9 位；通过 USART_CTL1 的 STB[1:0]位，可以将串口的停止位配置为 0.5 位、1 位、1.5 位或 2 位。

(1) 发送器控制器。向 USART_CTL0 的 TEN 位写入 1，即可启动数据发送。发送移位寄存器的数据会按照一帧数据格式(起始位+数据帧+可选的奇/偶校验位+停止位)通过 TX 引脚逐位输出。一帧数据的最后一位发送完成且 TBE 位为 1 时，USART_STAT0 的 TC 位将由硬件置 1，表示数据传输完成。此时，如果 USART_CTL0 寄存器的 TCIE 位为 1，则产生中断。在发送过程中，除了发送完成(TC=1)可以产生中断，发送数据缓冲区为空(TBE=1)也可以产生中断，即 USART_DATA 寄存器中的数据被硬件转移到发送移位寄存器时，TBE 位将被硬件置 1。此时，如果 USART_CTL0 的 TBEIE 位为 1，则产生中断。

(2) 接收器控制器。向 USART_CTL0 的 REN 位写入 1，即可启动数据接收。当串口控制器在 RX 引脚侦测到起始位时，就会按照配置的波特率，将 RX 引脚上读取到的高/低电平(对应逻辑 1 或 0)依次存放在接收移位寄存器中。当接收到一帧数据的最后一位(停止位)时，接收移位寄存器中的数据将会被转移到 USART_DATA 中。USART_STAT0 的 RBNE 位将由硬件置 1，表示数据接收完成。此时，如果 USART_CTL0 的 RBNEIE 位为 1，则产生中断。

4. 波特率发生器

接收器和发送器的波特率由波特率发生器控制。用户只需要向波特率寄存器(USART_BAUD)写入不同的值，就可以控制波特率发生器输出不同的波特率。USART_BAUD 由整数部分 INTDIV[11:0]和小数部分 FRADIV[3:0]组成，如图 15-6 所示。

整数部分	小数部分
INTDIV[11:0]	FRADIV[3:0]
15　　4	3　　0

图 15-6　USART_BAUD 结构

INTDIV[11:0]是波特率分频系数(USARTDIV)的整数部分，FRADIV[3:0]是 USARTDIV 的小数部分，接收器和发送器的波特率计算公式如下：

$$\text{Baud Rate} = \text{PCLK} / (\text{USARTDIV} \times 16)$$

式中，PCLK 是外设的时钟(PCLK2 用于 USART0，PCLK1 用于 USART1、USART2、UART3 和 UART4)，USARTDIV 是一个 16 位无符号定点数，其值可在 USART_BAUD 中设置。

向 USART_BAUD 写入数据后，波特率计数器会被 USART_BAUD 中的新值替换。因此，不能在通信进行中改变 USART_BAUD 中的数值。

如何根据 USART_BAUD 计算 USARTDIV，以及根据 USARTDIV 计算 USART_BAUD？下面以两个实例进行说明。

例如，当过采样为 16 时：

(1) 由 USART_BAUD 寄存器的值得到 USARTDIV。假设 USART_BAUD=0x21D，分别用 INTDIV 和 FRADIV 来表示 USARTDIV 的整数部分和小数部分，则 INTDIV=33(0x21)，

FRADIV=13(0xD)。

USARTDIV 的整数部分=INTDIV=33，USARTDIV 的小数部分=FRADIV/16=13/16=0.81。因此，USARTDIV=33.81。

(2) 由 USARTDIV 得到 USART_BAUD 寄存器的值。假设 USARTDIV=30.37，分别用 INTDIV 和 FRADIV 来表示 USARTDIV 的整数部分和小数部分，则 INTDIV=30(0x1E)，FRADIV=16×0.37=5.92≈6(0x6)。

因此，USART_BAUD=0x1E6。

注意，若取整后 FRADIV=16(溢出)，则进位必须加到整数部分。

在串口通信过程中，常用的波特率理论值有 2.4Kb/s、9.6Kb/s、19.2Kb/s、57.6Kb/s、115.2Kb/s 等，但由于微控制器的主频较低，导致在传输过程中的波特率实际值与理论值有偏差。微控制器的主频不同，波特率的误差范围也存在差异，如表 15-1 所示。

表 15-1　波特率误差

序号	波特率	f_{PCLK} = 60MHz			f_{PCLK} = 120MHz		
	理论值/Kb/s	实际值/Kb/s	置于波特率寄存器中的值	误差率%	实际值/Kb/s	置于波特率寄存器中的值	误差率%
1	2.4	2.4	1562.5	0	2.4	3125	0
2	9.6	9.6	390.625	0	9.6	781.25	0
3	19.2	19.2	195.3125	0	19.2	390.625	0
4	57.6	57.636	65.0625	0.0625	57.609	130.1875	0.0156
5	115.2	115.384	32.5	0.15	115.273	65.0625	0.0633
6	230.4	230769	16.25	0.16	230.769	32.5	0.16
7	460.8	461.538	8.125	0.16	461.538	16.25	0.16
8	921.6	923.076	4.0625	0.16	923.076	8.125	0.16
9	2250	2307.692	1.625	2.56	2264.150	3.3125	0.628
10	4500	不可能	不可能	不可能	4615.384	1.625	2.56

15.2.4　串口部分寄存器

本实验涉及的 USART 寄存器如下。

1. USART 状态寄存器 0(USART_STAT0)

USART_STAT0 的结构、偏移地址和复位值如图 15-7 所示，部分位的解释说明如表 15-2 所示。

偏移地址：0x00
复位值：0x0000 00C0

31	30	29	28	27	26	25	24	23	22	21	20	19	18	17	16
保留															

15	14	13	12	11	10	9	8	7	6	5	4	3	2	1	0
保留						CTSF	LBDF	TBE	TC	RBNE	IDLEF	ORERR	NERR	FERR	PERR
						rc_w0	rc w0	r	rc w0	rc w0	r	r	r	r	r

图 15-7　USART_STAT0 的结构、偏移地址和复位值

表 15-2　USART_STAT0 部分位的说明

位/位域	名称	描述
7	TBE	发送数据缓冲区为空。 通电复位或待发送数据已发送至移位寄存器后，该位置 1。USART_CTL0 寄存器中的 TBEIE 被置位将产生中断。 该位在软件将待发送数据写入 USART_DATA 时被清零。 0：发送数据缓冲区不为空； 1：发送数据缓冲区为空
6	TC	发送完成。 通电复位后，该位被置 1。如果 TBE 置位，在当前数据发送完成时该位置 1。USART_CTL0 寄存器中 TCIE 被置位将产生中断。 该位由软件清零。 0：发送没有完成； 1：发送完成
5	RBNE	读数据缓冲区不为空。 当读数据缓冲区接收到来自移位寄存器的数据时，该位置 1。当寄存器 USART_CTL0 的 RBNEIE 位被置位，将会有中断产生。 软件可以通过对该位写 0 或读 USART_DATA 寄存器来将该位清零。 0：读数据缓冲区为空； 1：读数据缓冲区不为空
3	ORERR	溢出错误。 在 RBNE 置位的情况下，如果 USART_DATA 寄存器接收到来自移位寄存器的数据，该位置 1。若寄存器 USART_CTL2 的 ERRIE 位被置位，将会有中断产生。 软件先读 USART_STAT0，再读 USART_DATA，可清除该位。 0：没有检测到溢出错误； 1：检测到溢出错误

2. USART 数据寄存器(USART_DATA)

USART_DATA 的结构、偏移地址和复位值如图 15-8 所示，部分位的解释说明如表 15-3 所示。

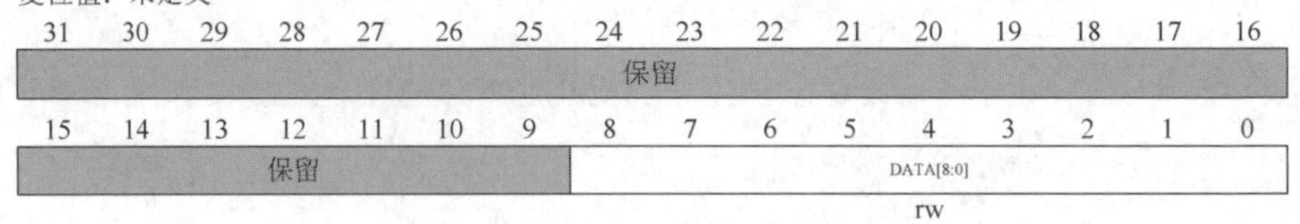

图 15-8 USART_DATA 的结构、偏移地址和复位值

表 15-3 USART_DATA 部分位的说明

位/位域	名称	描述
8:0	DATA[8:0]	发送或接收的数据值。 软件可以通过写这些位来改变发送数据，或读这些位的值来获取接收数据。 如果使能了奇/偶校验，当发送数据被写入寄存器时，数据的最高位(第 7 位或第 8 位取决于 USART_CTL0 寄存器的 WL 位)将被校验位取代

3. USART 波特率寄存器(USART_BAUD)

USART_BAUD 的结构、偏移地址和复位值如图 15-9 所示，部分位的解释说明如表 15-4 所示。

偏移地址：0x08
复位值：0x0000 0000

31–16
保留

15–4	3–0
INTDIV[11:0]	FRADIV[3:0]
rw	rw

图 15-9 USART_BAUD 的结构、偏移地址和复位值

表 15-4 USART_BAUD 部分位的说明

位/位域	名称	描述
15:4	INTDIV[11:0]	波特率分频系数的整数部分
3:0	FRADIV[3:0]	波特率分频系数的小数部分

4. USART 控制寄存器 0(USART_CTL0)

USART_CTL0 的结构、偏移地址和复位值如图 15-10 所示，部分位的解释说明如表 15-5 所示。

偏移地址：0x0C
复位值：0x0000 0000

31–16
保留

15–14	13	12	11	10	9	8	7	6	5	4	3	2	1	0
保留	UEN	WL	WM	PCEN	PM	PERRIE	TBEIE	TCIE	RBNEIE	IDLEIE	TEN	REN	RWU	SBKCMD
	rw	rw	rw	rw	rw	rw	rw	rw	rw	rw	rw	rw	rw	rw

图 15-10 USART_CTL0 的结构、偏移地址和复位值

表 15-5 USART_CTL0 部分位的说明

位/位域	名称	描述
13	UEN	USART 使能。 0：USART 禁用； 1：USART 使能
12	WL	字长。 0：8 数据位； 1：9 数据位
11	WM	从静默模式唤醒方法。 0：空闲线； 1：地址掩码
10	PCEN	校验控制使能。 0：校验控制禁用； 1：校验控制被使能
9	PM	检验模式。 0：偶校验； 1：奇校验
8	PERRIE	校验错误中断使能。 如果该位置 1，USART_STAT0 寄存器中的 PERR 被置位时产生中断。 0：校验错误中断禁用； 1：校验错误中断使能
7	TBEIE	发送缓冲区空中断使能。 如果该位置 1，USART_STAT0 寄存器中的 TBE 被置位时产生中断。 0：发送缓冲区空中断禁止； 1：发送缓冲区空中断使能
6	TCIE	发送完成中断使能。 如果该位置 1，USART_STAT0 寄存器中的 TC 被置位时产生中断。 0：发送完成中断禁用； 1：发送完成中断使能
5	RBNEIE	读数据缓冲区非空中断和过载错误中断使能。 如果该位置 1，USART_STAT0 寄存器中的 RBNE 或 ORERR 被置位时产生中断。 0：读数据缓冲区非空中断和过载错误中断禁用； 1：读数据缓冲区非空中断和过载错误中断使能
4	IDLEIE	IDLE 线检测中断使能。 如果该位置 1，USART_STAT0 寄存器中的 IDLEF 被置位时产生中断。 0：IDLE 线检测中断禁用； 1：IDLE 线检测中断使能
3	TEN	发送器使能。 0：发送器禁用； 1：发送器使能
2	REN	接收器使能。 0：接收器禁用； 1：接收器使能

除了以上列出的 4 个寄存器，本实验还涉及 USART 控制寄存器 1(USART_CTL1)等，通过该寄存器的 STB[1:0]位来设置数据帧的停止位长度。上述寄存器及更多其他寄存器的定义和功能可参见《GD32F30x 用户手册(中文版)》第 447～458 页，也可参见《GD32F30x 用户手册(英文版)》第 469～481 页。

15.2.5 串口模块驱动设计

串口模块驱动设计是本实验的核心，下面从队列与循环队列、循环队列 Queue 模块函数、串口数据接收和数据发送路径这三个方面对串口模块进行介绍。

1. 队列与循环队列

队列是一种先入先出(FIFO)的线性表，它只允许在表的一端插入元素，在另一端取出元素，即最先进入队列的元素最先离开。在队列中，允许插入的一端称为队尾(rear)，允许取出的一端称为队头(front)。

有时为了方便，将顺序队列臆造为一个环状的空间，称之为循环队列 Queue。下面举一个简单的例子。假设指针变量 pQue 指向一个队列，该队列为结构体变量，队列的容量为 8，如图 15-11 所示。(a)起初，队列为空，队头 pQue→front 和队尾 pQue→rear 均指向地

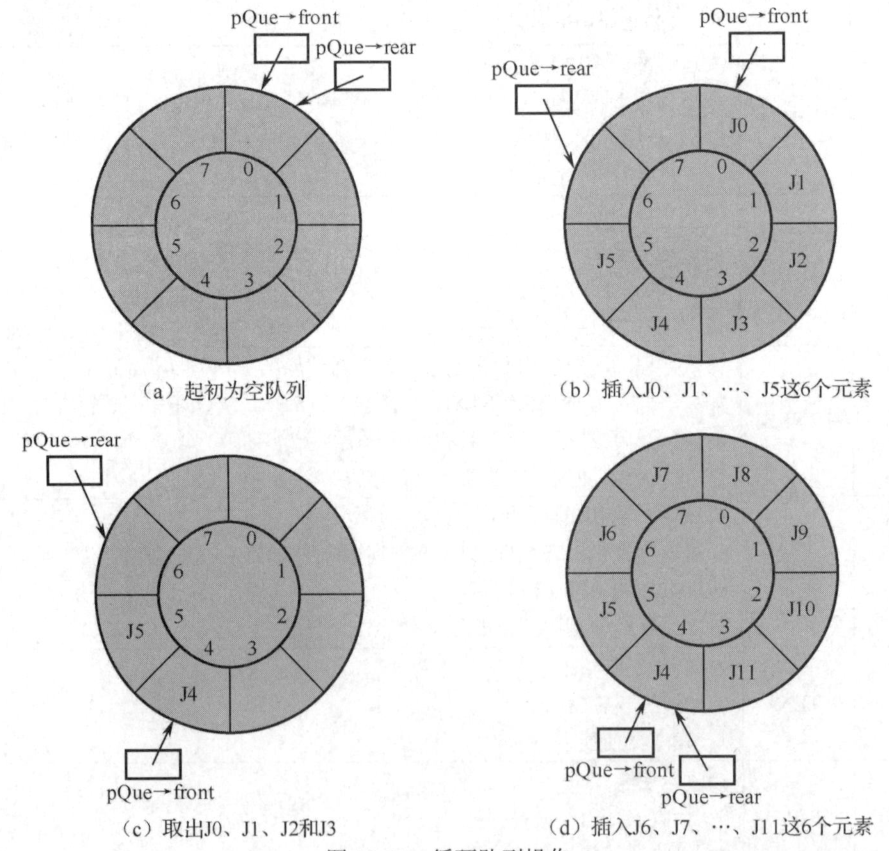

图 15-11 循环队列操作

址 0，队列中的元素数量为 0；(b)插入 J0、J1、…、J5 这 6 个元素后，队头 pQue→front 依然指向地址 0，队尾 pQue→rear 指向地址 6，队列中的元素数量为 6；(c)取出 J0、J1、J2、J3 这 4 个元素后，队头 pQue→front 指向地址 4，队尾 pQue→rear 指向地址 6，队列中的元素数量为 2；(d)继续插入 J6、J7、…、J11 这 6 个元素后，队头 pQue→front 指向地址 4，队尾 pQue→rear 也指向地址 4，队列中的元素数量为 8，此时队列为满。

2. 循环队列 Queue 模块函数

本实验会用到 Queue 模块，该模块有 4 个函数，函数的功能如表 15-6 所示。

表 15-6　函数功能描述

函数名	功能描述
InitQueue	初始化 Queue 模块
ClearQueue	清空队列
DeQueue	从队列中获取 1 字节数据
EnQueue	向队列中写入 1 字节数据

3. 串口数据接收和数据发送路径

在快递柜出现以前，寄送快递的流程大致如下：①寄方打电话给快递员，并等待快递员上门取件；②快递员到寄方取快递，并将快递寄送出去。同理，收快递也类似：①快递员通过快递公司拿到快递；②快递员给收方打电话，并约定派送时间；③快递员在约定时间将快递派送给收方。显然，这种传统的方式效率很低，因此，快递柜应运而生，快递柜相当于一个缓冲区，可以将寄件的快递柜称为寄件缓冲区，将取件的快递柜称为取件缓冲区。当然，在现实生活中，寄件缓冲区和取件缓冲区是公用的。因此，新的寄送快递流程就变为：①寄方将快递投放到快递柜；②快递员在一个固定的时间从快递柜中取出每个寄方的快递，并将其通过快递公司寄送出去。同样，新的收快递流程为：①快递员从快递公司拿到快递；②统一将这些快递投放到各个快递柜中；③收方随时都可以取件。本书中的串口数据接收和数据发送过程与基于快递柜的快递收发流程十分相似。

本实验中的串口模块包含一个串口接收缓冲区，串口的数据接收和发送过程如图 15-12 所示。数据发送过程(写串口)分为三步：①调用 WriteUART0 函数，当发送数据缓冲区为空时，将待发送的数据写入 USART 数据寄存器(USART_DATA)；②微控制器的硬件会将 USART_DATA 中的数据写入发送移位寄存器，然后按位将发送移位寄存器中的数据通过 TX 端口发送出去。数据接收过程(读串口)与写串口过程相反：①当微控制器的接收移位寄存器接收到一帧数据时，会由硬件将接收移位寄存器的数据发送到 USART 数据寄存器(USART_DATA)，同时产生中断；②在串口模块的 USART0_IRQHandler 中断服务函数中，读取 USART_DATA，并调用 EnQueue 函数将接收到的数据写入接收缓冲区；③ReadUART0 函数调用 DeQueue 函数，取出接收缓冲区中的数据。

图 15-12 UART0 数据接收和数据发送路径

15.2.6 程序架构

串口通信实验的程序架构如图 15-13 所示。该图简要介绍了程序开始运行后各个函数的执行和调用流程，图中仅列出了与本实验相关的一部分函数。下面解释程序架构。

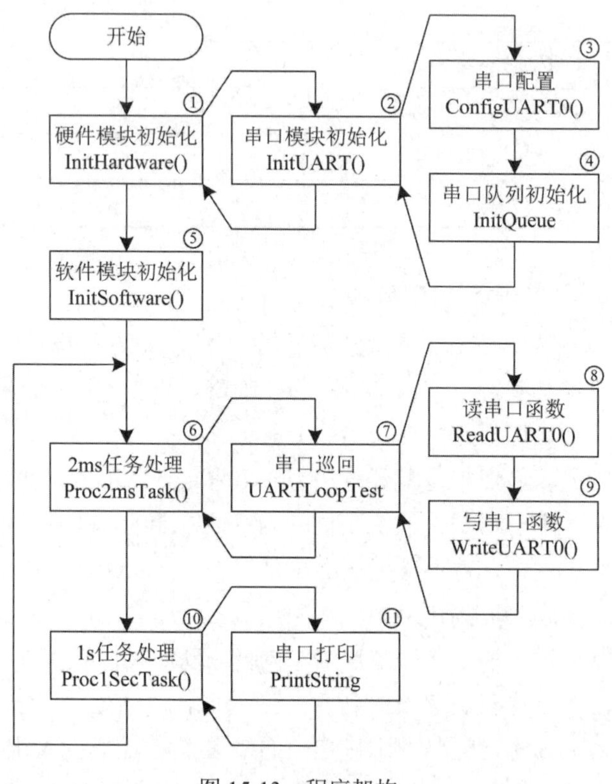

图 15-13 程序架构

(1) 在 main 函数中调用 InitHardware 函数进行硬件相关模块初始化，包含 RCU、NVIC、UART 等模块。这里仅介绍串口模块初始化函数 InitUART。在 InitUART 函数中先调用 ConfigUART0 函数进行串口配置，再调用 InitQueue 函数初始化串口队列。

(2) 调用 InitSoftware 函数进行软件相关模块初始化。本实验中，InitSoftware 函数为空。

(3) 调用 Proc2msTask 函数进行 2ms 任务处理。在该函数中，调用 UARTLoopTest 函数进行串口巡回测试。

(4) 2ms 任务之后，再调用 Proc1SecTask 函数进行 1s 任务处理。在该函数中，调用 PrintString 函数打印字符串，其功能是实现基于串口的信息输出。

(5) Proc2msTask 和 Proc1SecTask 均在 main 循环中调用，因此，Proc1SecTask 函数执

行完后将再次执行 Proc2msTask 函数。

在图 15-13 中，编号①⑤⑥和⑩的函数在 Main.s 文件中实现；编号②③⑦⑧⑨和⑪的函数在 UART.s 文件中实现。串口的数据收发还涉及 UART.s 文件中的 USART0_IRQHandler 等函数，未在图 15-13 中体现。USART0_IRQHandler 为 USART0 的中断服务函数，当 USART0 产生中断时会自动调用该函数，该函数的函数名可在 ARM 分组下的 startup_gd32f30x_hd.s 启动文件中查找到。

本实验编程要点：

(1) 串口配置，包括时钟使能、GPIO 配置、USART0 配置和中断配置。

(2) 数据收发，包括串口缓冲区和读/写串口缓冲区函数之间的数据流向与处理。

(3) USART0 中断服务函数的编写，包括中断标志的获取和清除、数据寄存器的读/写等。

串口通信的核心即为数据收/发，掌握以上编程要点即可快速完成本实验。

15.3 实验步骤与代码解析

步骤 1：复制并编译原始工程

首先，将 D:\GD32MicroController\Material\13.UARTCommunication 文件夹复制到 D:\GD32MicroController\Product 文件夹中。然后，双击运行 D:\GD32MicroController\Product\13.UARTCommunication\Project 文件夹中的 GD32KeilPrj.uvprojx。编译通过后，下载程序并进行复位，观察开发板上的两个 LED 是否交替闪烁。由于本实验实现的是串口通信功能，因此，读者无法通过计算机上的串口助手软件查看串口输出的信息。如果两个 LED 每隔 500ms 交替闪烁，表示原始工程是正确的，可以进入下一步操作。

步骤 2：添加 UART.s 和 Queue.s 文件

将 D:\GD32MicroController\Product\13.UARTCommunication\HW 文件夹中的 UART.s 和 Queue.s 文件添加到 HW 分组中。

步骤 3：完善 UART.s 文件

单击按钮，进行编译。编译结束后，在 Project 面板中，双击打开 UART.s 文件。在“输出”区添加如程序清单 15-1 所示代码，声明全局标号。

程序清单 15-1

```
1.      EXPORT USART0_IRQHandler     ;UART0 中断服务函数
2.      EXPORT InitUART              ;初始化串口
3.      EXPORT WriteUART0            ;UART0 发送函数
4.      EXPORT ReadUART0             ;UART0 读取函数
5.      EXPORT UARTLoopTest          ;串口巡回测试
```

```
6.     EXPORT PrintString          ;打印字符串
7.     EXPORT PrintUint            ;打印一个无符号整型数据
8.     EXPORT PrintUfloat          ;打印一个无符号浮点数
```

在“输入”区，添加如程序清单 15-2 所示代码，引入后续需要使用的寄存器和函数。其中的函数包括初始化队列函数 InitQueue、清空队列函数 ClearQueue、从队列中获取 1 字节数据函数 DeQueue、往队列中写入 1 字节数据函数 EnQueue。这几个函数在 Queue.s 文件中实现。

程序清单 15-2

```
1.     IMPORT RCU_APB2EN
2.     IMPORT GPIOA_CTL1
3.     IMPORT NVIC_IP37
4.     IMPORT NVIC_ISER1
5.     IMPORT NVIC_ICPR1
6.     IMPORT USART0_BAUD
7.     IMPORT USART0_CTL0
8.     IMPORT USART0_CTL1
9.     IMPORT USART0_STAT0
10.    IMPORT USART0_DATA
11.    IMPORT InitQueue
12.    IMPORT ClearQueue
13.    IMPORT DeQueue
14.    IMPORT EnQueue
```

在“宏定义”区，添加如程序清单 15-3 所示的宏定义代码。其中，QUEUE_HEAD_SIZE 为队列头部数据量大小，UART_BUF_SIZE 为串口缓冲区大小。

程序清单 15-3

```
QUEUE_HEAD_SIZE EQU 0x10
UART_BUF_SIZE   EQU 0x800
```

在“变量段”区，添加如程序清单 15-4 所示的代码，开辟变量的存储空间。s_mUARTRecQueue 即为串口队列首地址。

程序清单 15-4

```
s_mUARTRecQueue SPACE (QUEUE_HEAD_SIZE + UART_BUF_SIZE)
```

在“代码段”区，添加 ConfigUART0 函数的实现代码，如程序清单 15-5 所示。

程序清单 15-5

```
1.   ConfigUART0 PROC
2.     PUSH {R0-R12, LR}
3.
```

```
4.    ;/*
5.    ; *使能 GPIOA 时钟
6.    ; */
7.    LDR R0, =RCU_APB2EN
8.    LDR R1, [R0]
9.    ORR R1, #(1 << 2)
10.   STR R1, [R0]
11.
12.   ;/*
13.   ; *使能 AFIO 时钟
14.   ; */
15.   LDR R0, =RCU_APB2EN
16.   LDR R1, [R0]
17.   ORR R1, #(1 << 0)
18.   STR R1, [R0]
19.
20.   ;/*
21.   ; *使能串口时钟
22.   ; */
23.   LDR R0, =RCU_APB2EN
24.   LDR R1, [R0]
25.   ORR R1, #(1 << 14)
26.   STR R1, [R0]
27.
28.   ;/*
29.   ; *配置 USART.Tx 的 GPIO(PA9)
30.   ; */
31.   ;备用推挽输出模式
32.   LDR R0, =GPIOA_CTL1
33.   LDR R1, [R0]
34.   AND R1, #~(15 << 4)
35.   ORR R1, #(11 << 4)
36.   STR R1, [R0]
37.
38.   ;/*
39.   ; *配置 USART.Rx 的 GPIO(PA10)
40.   ; */
41.   ;浮空输入模式
42.   LDR R0, =GPIOA_CTL1
43.   LDR R1, [R0]
```

```
44.    AND R1, #~(15 << 8)
45.    ORR R1, #(4 << 8)
46.    STR R1, [R0]
47.
48.    ;/*
49.    ; *配置串口的 NVIC
50.    ; */
51.    ;配置串口中断的优先级
52.    LDR  R0, =NVIC_IP37
53.    MOV  R1, #(1 << 4)
54.    STRB R1, [R0]
55.
56.    ;使能串口中断
57.    LDR R0, =NVIC_ISER1
58.    LDR R1, [R0]
59.    ORR R1, #0x00000020
60.    STR R1, [R0]
61.
62.    ;/*
63.    ; *配置串口的常规参数
64.    ; */
65.    ;波特率 115200 b/s
66.    LDR R0, =USART0_BAUD
67.    LDR R1, =((65 << 4) + (2 << 0))
68.    STR R1, [R0]
69.
70.    ;配置 USART0_CTL1
71.    LDR R0, =USART0_CTL1
72.    LDR R1, [R0]
73.    AND R1, #~(3 << 12) ;设置停止位为 1 位
74.    STR R1, [R0]
75.
76.    ;配置 USART0_CTL0
77.    LDR R0, =USART0_CTL0
78.    LDR R1, [R0]
79.    ORR R1, #(1 << 13)   ;USART 使能
80.    AND R1, #~(1 << 12) ;设置数据位为 8 位
81.    AND R1, #~(1 << 10) ;禁用校验控制
82.    ORR R1, #(1 << 5)    ;读数据缓冲区非空中断和过载错误中断使能
83.    ORR R1, #(1 << 3)    ;发送器使能
```

```
84.    ORR R1, #(1 << 2)    ;接收器使能
85.    STR R1, [R0]
86.
87.    ;清除发送完成标志位
88.    LDR R0, =USART0_STAT0
89.    LDR R1, [R0]
90.    AND R1, #~(1 << 6)
91.    STR R1, [R0]
92.
93.    POP {R0-R12, PC}
94.    ENDP
```

(1) 第 7 至 26 行代码：UASRT0 通过 PA9 引脚发送数据，通过 PA10 引脚接收数据。因此，需要使能 GPIOA 和 USART0 的时钟。

(2) 第 32 至 46 行代码：PA9 引脚是 USART0 的发送端，PA10 引脚是 USART0 的接收端。因此，需要将 PA9 配置为备用推挽输出模式，将 PA10 配置为浮空输入模式。

(3) 第 51 至 60 行代码：使能 USART0 的中断，同时设置抢占优先级为 1。该操作涉及中断使能寄存器(NVIC→ISER[x])和中断优先级寄存器(NVIC→IP[x])。由于 GD32F30x 系列微控制器的 USART0_IRQn 中断号是 37(该中断号可以参见表 11-11)，因此，通过向 NVIC→ISER[1] 的 bit5 写入 1 使能 USART0 中断，并将优先级写入 NVIC_IP37，可参见表 11-12 和表 11-14。

(4) 第 63 至 91 行代码：配置 USART 的常规参数。通过设置寄存器 USART0_BAUD 设置波特率为 115200b/s；复位 USART0 外设，并配置串口参数，这里将停止位设置为 1，数据位长度设置为 8，并将校验方式设置为无校验。向 USART_CTL0 的 RBNEIE 写入 1 使能读数据缓冲区非空中断和过载错误中断，向 USART_CTL0 的 UEN 写 1 使能 USART0，可参见图 15-10 和表 15-5。

在 ConfigUART0 函数实现区后，添加 USART0_IRQHandler 函数的实现代码，如程序清单 15-6 所示。USART0_IRQHandler 函数为 USART0 中断服务函数。当 USART0 的接收缓冲区非空时产生中断，自动执行 USART0_IRQHandler 函数。

程序清单 15-6

```
1.   USART0_IRQHandler PROC
2.     PUSH {R0-R12, LR}
3.
4.     ;清除中断标志位
5.     LDR R0, =NVIC_ICPR1
6.     LDR R1, [R0]
7.     LDR R2, =0x00000020
8.     ORR R1, R2
9.     STR R1, [R0]
10.
```

```
11.    ;将接收到的数据写入队列中
12.    LDR R0, =s_mUARTRecQueue
13.    LDR R1, =USART0_DATA
14.    LDR R1, [R1]
15.    BL  EnQueue
16.
17.    POP {R0-R12, PC}
18.    ENDP
```

(1) 第 5 至 9 行代码：向中断挂起清除寄存器 NVIC→ICPR[x]对应位写入 1 清除中断挂起。由于 GD32F30x 系列微控制器的 USART0_IRQn 中断号为 37，该中断对应 NVIC→ICPR[1]的 bit5，向该位写入 1 即可实现 USART0 中断挂起清除，可参见表 11-13。

(2) 第 12 至 15 行代码：通过调用 EnQueue 函数，将接收到的数据写入队列中。R0 为队列首地址，R1 为需要写入的数据。

在 USART0_IRQHandler 函数实现区后，添加 InitUART 函数的实现代码，如程序清单 15-7 所示。InitUART 函数主要先调用 ConfigUART0 函数对 UART0 的 GPIO 和具体参数进行配置，然后调用 InitQueue 初始化串口队列。

程序清单 15-7

```
1.   InitUART PROC
2.     PUSH {R0-R12, LR}
3.
4.     ;配置 UART0 的 GPIO 和具体参数
5.     BL ConfigUART0
6.
7.     ;初始化串口队列
8.     LDR R0, =s_mUARTRecQueue
9.     LDR R1, =UART_BUF_SIZE
10.    BL InitQueue
11.
12.    POP {R0-R12, PC}
13.    ENDP
```

在 InitUART 函数实现区后，添加 WriteUART0 函数的实现代码，如程序清单 15-8 所示。通过状态寄存器 USART0_STAT0 判断数据发送是否完成，若已完成，则将 R0 中要发送的数据写入数据寄存器 USART0_DATA 中进行发送。

程序清单 15-8

```
1.   WriteUART0 PROC
2.     PUSH {R0-R12, LR}
3.
```

```
4.      ;等待上一个数据发送完成
5.    WriteUART_LOOP
6.      LDR  R1, =USART0_STAT0
7.      LDR  R2, [R1]
8.      ANDS R2, #(1 << 7)
9.      BEQ  WriteUART_LOOP
10.
11.     ;发送数据
12.     LDR R1, =USART0_DATA
13.     STR R0, [R1]
14.
15.     POP {R0-R12, PC}
16.     ENDP
```

在 WriteUART0 函数实现区后，添加 ReadUART0 函数的实现代码，如程序清单 15-9 所示。ReadUART0 用于从接收缓冲区读取 1 字节数据。

程序清单 15-9

```
1.    ReadUART0 PROC
2.      PUSH {R2-R12, LR}
3.
4.      ;禁止串口接收中断
5.      LDR R4, =USART0_CTL0
6.      LDR R5, [R4]
7.      AND R5, #~(1 << 5)
8.      STR R5, [R4]
9.
10.     ;从队列中读取 1 字节数据
11.     LDR R0, =s_mUARTRecQueue
12.     BL  DeQueue
13.
14.     ;打开串口接收中断
15.     LDR R4, =USART0_CTL0
16.     LDR R5, [R4]
17.     ORR R5, #(1 << 5)
18.     STR R5, [R4]
19.
20.     POP {R2-R12, PC}
21.     ENDP
```

(1) 第 5 至 8 行代码：禁止串口接收中断。将串口控制寄存器 0(USART0_CTL0)的第 5 位 RBNEIE 清零，该位为读数据缓冲区非空中断和过载错误中断使能。如果将该位置 1，

USART_STAT0 寄存器中的 RBNE 或 ORERR 被置位时产生中断；如果将该位清零，则表示读数据缓冲区非空中断和过载错误中断禁用。

(2) 第 11 至 18 行代码：调用函数 DeQueue 从队列 s_mUARTRecQueue 中读取 1 字节数据，并将 USART0_CTL0 的第 5 位 RBNEIE 置 1，打开串口接收中断。

在 ReadUART0 函数实现区后，添加 UARTLoopTest 函数的实现代码，如程序清单 15-10 所示。UARTLoopTest 函数通过调用 ReadUART0 和 WriteUART0 函数循环读取串口缓冲区内的所有数据并发送出去。

程序清单 15-10

```
1.  UARTLoopTest PROC
2.    PUSH {R0-R12, LR}
3.
4.    ;循环读取串口缓冲区内的所有数据并发送出去
5.  UART_LOOP_TEST
6.    BL   ReadUART0         ;尝试从串口中读取 1 字节数据
7.    TEQ  R1, #0            ;校验读取结果
8.    BLNE WriteUART0        ;若读取成功则将数据写回去
9.    BNE  UART_LOOP_TEST    ;继续发送下 1 字节数据
10.
11.   POP {R0-R12, PC}
12.   ENDP
```

在 UARTLoopTest 函数实现区后，添加 PrintString 函数的实现代码，如程序清单 15-11 所示。R0 为字符串首地址，在 PRINT_STRING_LOOP 循环中，先读取 1 字节数据到 R0，再将 R0 与 0 做比较(按位异或运算)，如果 R0 等于 0，则表示字符串结束，跳转到函数退出节点；否则调用 WriteUART0 函数发送数据，然后 R1 加 1，继续发送下 1 字节数据。

程序清单 15-11

```
1.  PrintString PROC
2.    PUSH {R0-R12, LR}
3.
4.    ;将字符串首地址保存到 R1
5.    MOV R1, R0
6.
7.    ;循环发送所有字节
8.  PRINT_STRING_LOOP
9.    LDRB R0, [R1]                ;读取 1 字节数据到 R0
10.   TEQ  R0, #0                  ;将 R0 与 0 做比较(按位异或运算)
11.   BEQ  PRINT_STRING_EXIT       ;R0 等于 0，表示字符串结束，跳转到函数退出节点
12.   BL   WriteUART0              ;调用 WriteUART0 函数发送数据
13.   ADD  R1, #1                  ;R1 加 1
```

```
14.    B    PRINT_STRING_LOOP ;继续发送下 1 字节数据
15.
16.    ;函数退出节点
17. PRINT_STRING_EXIT
18.    POP {R0-R12, PC}
19.    ENDP
```

在 PrintString 函数实现区后，添加 PrintUint 函数的实现代码，如程序清单 15-12 所示，该函数用于打印 1 个无符号整型数据。

程序清单 15-12

```
1.  PrintUint PROC
2.    PUSH {R0-R12, LR}
3.
4.    ;保存参数
5.    MOV R4, R0
6.
7.    ;查询合适的除数，并保存到 R5
8.    MOV  R5, #1
9.    MOV  R0, #10
10. PRINT_UNINT_GET_DIV
11.   MUL  R5, R0
12.   CMP  R5, R4
13.   BLS  PRINT_UNINT_GET_DIV
14.   UDIV R5, R0
15.
16.   ;循环显示整个数据
17. PRINT_UNINT_LOOP
18.
19.   ;取出高位显示
20.   UDIV R0, R4, R5
21.   PUSH {R0}
22.   ADD  R0, #'0'
23.   BL   WriteUART0
24.   POP {R0}
25.
26.   ;将高位剔除
27.   MUL R0, R0, R5
28.   SUB R4, R4, R0
29.
30.   ;更新除数
```

```
31.    MOV  R0, #10
32.    UDIV R5, R0
33.
34.    ;校验显示是否完成
35.    TEQ R5, #0
36.    BNE PRINT_UNINT_LOOP
37.
38.    POP {R0-R12, PC}
39.    ENDP
```

(1) 第 8 至 14 行代码：查询合适的除数，并保存到 R5。在循环 PRINT_UNINT_GET_DIV 中，当 R4 小于或等于 R5 中的除数时，跳出循环并将除数除以 10，否则除数乘 10，继续循环。

(2) 第 17 至 36 行代码：循环显示整个数据。在 PRINT_UNINT_LOOP 循环中每次都将寄存器 R4 中的最高位取出并显示：首先将 R4 与 R5 相除，结果保存在 R0 中，并调用 WriteUART0 函数将结果输出。然后将最高位剔除并更新除数(即将除数除以 10)，再进入新一轮循环。

在 PrintUint 函数实现区后，添加 PrintUfloat 函数的实现代码，如程序清单 15-13 所示。寄存器 R0 中为无符号整型数据，浮点数放大了 10 倍(如要输出 3.3，可以将 R0 设置为 33)，通过调用 PrintUint 函数将整数部分输出，再调用 WriteUART0 函数输出小数点符号‘.’，最后将放大 10 倍的浮点数减去整数部分，得到小数部分并输出。

程序清单 15-13

```
1.   PrintUfloat PROC
2.     PUSH {R0-R12, LR}
3.
4.     ;保存参数到 R4
5.     MOV R4, R0
6.
7.     ;输出整数部分
8.     MOV  R1, #10
9.     UDIV R0, R1
10.    BL   PrintUint
11.
12.    ;输出符号'.'
13.    PUSH {R0}
14.    MOV R0, #'.'
15.    BL  WriteUART0
16.    POP{R0}
17.
```

```
18.    ;输出小数部分
19.    MOV R1, #10
20.    MUL R0, R1
21.    SUB R0, R4, R0
22.    BL  PrintUint
23.
24.    POP {R0-R12, PC}
25.    ENDP
```

步骤 4：完善串口通信实验应用层

在 Project 面板中，双击打开 Main.s 文件。在 Main.s 文件“输入”区的最后，添加代码 IMPORT InitUART、IMPORT UARTLoopTest 和 IMPORT PrintString。这样就可以在 Main.s 文件中调用 UART 模块的函数，实现对 UART 模块的操作。

在“常量段”区添加代码 s_pSendString DCB "This is a GD32F303 project.\r\n", 0。

在 InitHardware 函数中，添加调用 InitUART 函数的代码，如程序清单 15-14 的第 9 行代码所示，这样就实现了对 UART0 模块的初始化。

程序清单 15-14

```
1.   InitHardware PROC
2.     PUSH {R0-R12, LR}
3.
4.     BL InitRCU       ;初始化 RCU
5.     BL InitNVIC      ;初始化 NVIC 分组
6.     BL InitSysTick   ;初始化 SysTick
7.     BL InitTimer     ;初始化定时器
8.     BL InitLED       ;初始化 LED
9.     BL InitUART      ;初始化串口
10.
11.    POP {R0-R12, PC}
12.    ENDP
```

在 Proc2msTask 函数中，添加第 23 至 24 行代码，如程序清单 15-15 所示。GD32F3 苹果派开发板每 2ms 通过 UARTLoopTest 函数将接收到的数据发送出去。这样做是为了通过计算机上的串口助手来验证 ReadUART0 和 WriteUART0 两个函数。例如，当通过计算机上的串口助手向开发板发送 0x15 时，开发板收到 0x15 之后会向计算机回发 0x15。

程序清单 15-15

```
1.   Proc2msTask PROC
2.     PUSH {R0-R12, LR}
3.
4.     ;获取 2ms 标志位，保存在 R0 中
```

```
5.      BL Get2msFlag
6.
7.      ;判断 2ms 标志位是否非零，若为 0 则直接退出
8.      TEQ R0, #0
9.      BEQ PROC_2MS_TASK_EXIT
10.
11.     ;LED 500ms 闪烁
12.     LDR R0, =s_iLEDFlickerCnt
13.     LDR R1, [R0]
14.     ADD R1, #1
15.     STR R1, [R0]
16.     CMP R1, #250
17.     BLO PROC_2MS_LED_END
18.     MOV R1, #0
19.     STR R1, [R0]
20.     BL LEDFlicker
21.   PROC_2MS_LED_END
22.
23.     ;串口巡回测试
24.     BL UARTLoopTest
25.
26.     ;清除 2ms 标志位
27.     BL Clr2msFlag
28.
29.   PROC_2MS_TASK_EXIT
30.     POP {R0-R12, PC}
31.     ENDP
```

在 Proc1SecTask 函数中，添加调用 PrintString 函数的代码，如程序清单 15-16 的第 11 至 13 行代码所示。开发板每秒通过 PrintString 函数输出一次 This is a GD32F303 project.，这些字符会通过计算机上的串口助手显示出来，这样做是为了验证 PrintString。

程序清单 15-16

```
1.    Proc1SecTask PROC
2.      PUSH {R0-R12, LR}
3.
4.      ;获取 1s 标志位，保存在 R0 中
5.      BL Get1SecFlag
6.
7.      ;判断 1s 标志位是否非零，为 0 则直接退出
8.      TEQ R0, #0
```

```
9.      BEQ PROC_1S_TASK_EXIT
10.
11.     ;串口打印
12.     LDR R0, =s_pSendString
13.     BL  PrintString
14.
15.     ;清除 1s 标志位
16.     BL Clr1SecFlag
17.
18.   PROC_1S_TASK_EXIT
19.
20.     POP {R0-R12, PC}
21.     ENDP
```

步骤 5：编译及下载验证

代码编写完成并编译通过后，下载程序并进行复位。打开串口助手，可以看到串口助手中输出如图 15-14 所示的信息，同时开发板上的 LED_1 和 LED_2 交替闪烁，表示串口模块的 PrintString 函数功能验证成功。

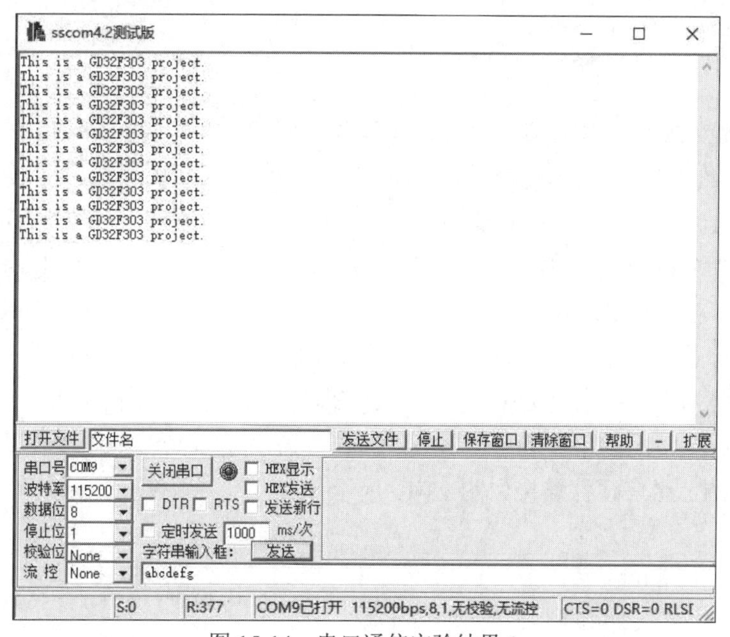

图 15-14　串口通信实验结果 1

为了验证串口模块的 WriteUART0 和 ReadUART0 函数，在 Proc1SecTask 函数中注释掉打印字符串的语句，然后重新编译、下载程序并进行复位。打开串口助手，勾选“HEX 显示”和“HEX 发送”项，在“字符串输入框”中输入一个数据，如 16，单击“发送”按钮，可以看到串口助手中输出 16，如图 15-15 所示，表示串口模块的 WriteUART0

和 ReadUART0 函数功能验证成功。

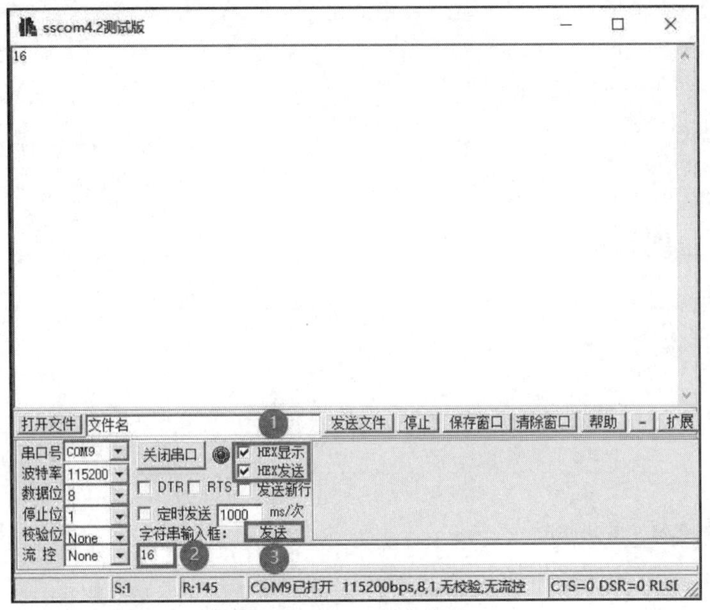

图 15-15　串口通信实验结果 2

本章任务

在本章实验的基础上增加以下功能：①添加 UART1 模块，将 UART1 模块的波特率配置为 9600b/s，数据长度、停止位、奇/偶校验位等均与 UART0 相同，且 API 函数分别为 InitUART1、WriteUART1 和 ReadUART1，UART1 模块中不需要实现 PrintString 函数；②在 Main 模块的 Proc2msTask 函数中，将 UART0 读取到的内容(通过 ReadUART0 函数)发送到 UART1(通过 WriteUART1 函数)；将 UART1 读取到的内容(通过 ReadUART1 函数)发送到 UART0(通过 WriteUART0 函数)，③将 USART1_TX(PA2)引脚通过杜邦线连接到 USART1_RX(PA3)引脚；④将 UART0 通过 USB 转串口模块及 Type-C 型 USB 线与计算机相连；⑤通过计算机上的串口助手工具发送数据，查看是否能够正常接收到发送的数据。UART0 和 UART1 通信硬件连接如图 15-16 所示。

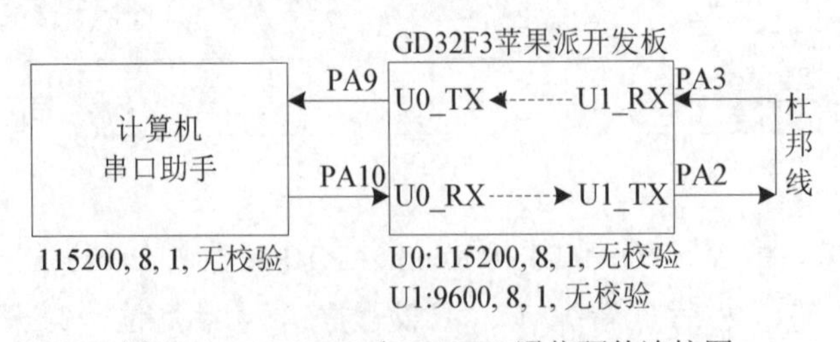

图 15-16　UART0 和 UART1 通信硬件连接图

任务提示：

(1) 参考 UART.s 文件编写 UART1.s 文件，然后将 UART1.s 文件添加到 HW 分组。

(2) 进行程序验证时，要使用杜邦线连接 PA2 和 PA3 引脚，否则 USART1_RX(PA3) 无法收到 USART1_TX(PA2)发出的数据，导致实验结果异常。

本章习题

1. 如何通过 USART_CTL0 设置串口的奇/偶校验位？如何通过 USART_CTL0 使能串口？

2. 如何通过 USART_CTL1 设置串口的停止位？

3. 如果某一串口的波特率为 9600b/s，应该向 USART_BAUD 写入什么？

4. 串口的一帧数据发送完成后，USART_STAT0 的哪个位会发生变化？

5. 能否使用 GD32F303ZET6 微控制器的 USART1 输出调试信息？如果可以，怎样实现？

第16章 ADC实验

ADC(Analog to Digital Converter)，即模/数转换器。GD32F303ZET6 芯片内嵌 3 个 12 位逐次逼近型 ADC。3 个 ADC 共用 18 个多路复用通道，各通道的模/数转换可以单次、连续、扫描或间断模式执行。此外，还可以在同步模式下实现双 ADC 采样和模/数转换。ADC 的结果以左对齐或右对齐方式存储在 16 位数据寄存器中。本章首先介绍 ADC 及其相关寄存器，然后通过实验介绍如何通过 ADC 进行模/数转换。

16.1 实验内容

将 GD32F303ZET6 芯片的 PA1 引脚配置为 ADC 输入端口，编写程序实现以下功能：①将 GD32F303ZET6 芯片的 PA4 引脚连接到 PA1 引脚(通过跳线帽短接 PA1 和 PA4 即可)；②通过 ADC 对 PA1 引脚的模拟信号量进行采样和模/数转换；③通过 GD32F3 苹果派开发板的 UART0 将转换后的实时数据发送至计算机；④通过计算机上的串口助手显示 ADC 采样值以及对应的电压值。

16.2 实验原理

16.2.1 ADC 功能框图

图 16-1 所示是 ADC 的功能框图，该框图涵盖的内容非常全面，而绝大多数应用只涉及其中一部分。下面对部分模块进行介绍。

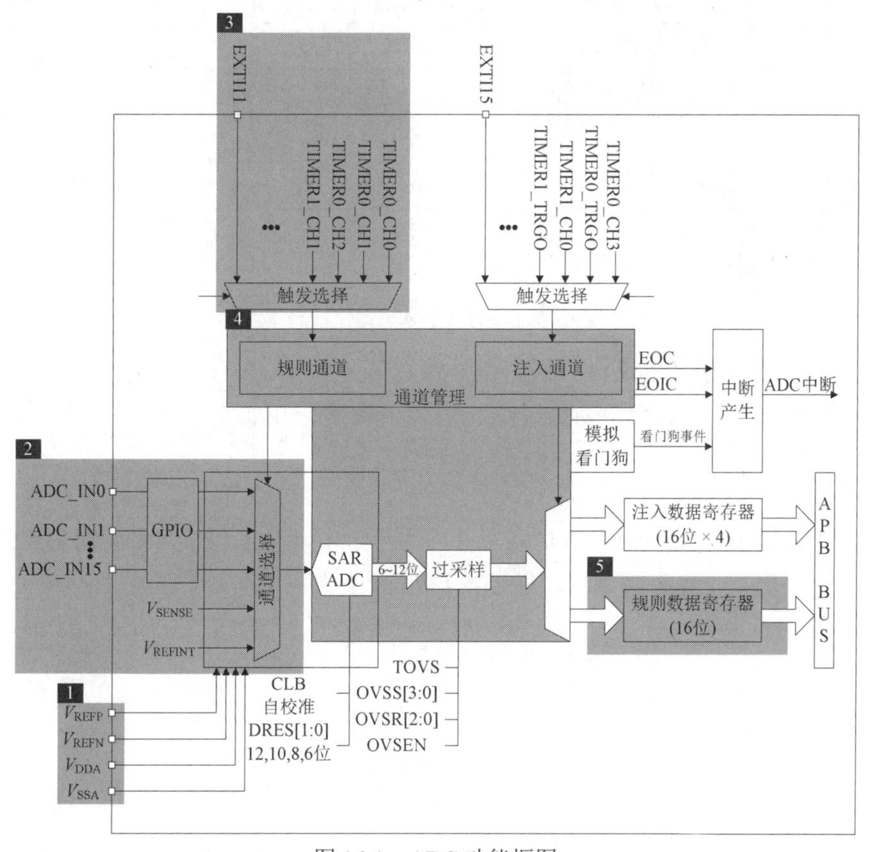

图 16-1 ADC 功能框图

1. ADC 的电源与参考电压

ADC 的输入电压范围为 V_{REFN}～V_{REFP}。V_{DDA} 和 V_{SSA} 引脚分别是 ADC 的电源和地。ADC 的参考电压也称为基准电压。如果没有基准电压，就无法确定被测信号的准确幅值。例如，基准电压为 5V，分辨率为 8 位的 ADC，当被测信号电压达到 5V 时，ADC 输出满量程读数，即 255，就代表被测信号的电压等于 5V；如果 ADC 输出 127，则代表被测信号的电压等于 2.5V。ADC 的参考电压可以是外接基准，或内置基准，或外接基准和内置基准并用，但外接基准优先于内置基准。

GD32 的 ADC 引脚定义如表 16-1 所示。V_{DDA}、V_{SSA} 引脚建议分别与 V_{DD}、V_{SS} 引脚连接。GD32 的参考电压负极接地，即 V_{REFN}=0V。参考电压正极的电压范围为 2.6V≤V_{REFP}≤3.6V，所以 GD32 系列微控制器的 ADC 不能直接测量负电压。当需要测量负电压或被测电压信号超出范围时，需要先经过运算电路进行抬高，或利用电阻进行分压。注意，GD32F3 苹果派开发板上的 GD32F303ZET6 微控制器的 V_{REFP} 和 V_{REFN} 通过内部连接到了 V_{DDA} 和 V_{SSA} 引脚。由于开发板上的 V_{DDA}=3.3V，V_{SSA}=0V，因此，V_{REFP}=3.3V，V_{REFN}=0V。

表 16-1　ADC 引脚

引脚名称	信号类型	注释
V_{DDA}	输入，模拟电源	等效于 V_{DD} 的模拟电源，且 2.6V≤V_{DDA}≤3.6V
V_{SSA}	输入，模拟地	等效于 V_{SS} 的模拟地
V_{REFP}	输入，模拟参考电压正	ADC 正参考电压，2.6V≤V_{REFP}≤V_{DDA}
V_{REFN}	输入，模拟参考电压负	ADC 负参考电压，V_{REFN} = V_{SSA}
ADCx_IN[15:0]	输入，模拟信号	多达 16 路外部通道

2. ADC 输入通道

GD32F30x 系列微控制器的 ADC 有多达 18 个通道，可以测量 16 个外部通道(ADC_IN0～ADC_IN15)和 2 个内部通道(内部温度传感器通道 V_{SENSE} 和内部参考电压输入通道 V_{REFINT})。本实验使用外部通道 ADC_IN1，该通道与 PA1 引脚相连接。

3. ADC 触发源

GD32F30x 系列微控制器的 ADC 支持外部事件触发转换，包括内部定时器触发、外部 I/O 触发和软件触发。本实验使用软件触发，即通过 ADC 控制寄存器 1(ADC0_CTL1)的 ETSRC[2:0]位进行选择，选择好该触发源后，还需要通过 ADC0_CTL1 的 ETERC 使能外部触发源。

4. 模/数转换器

模/数转换器是核心单元，模拟量在该单元被转换为数字量。模/数转换器有 2 个通道组：规则通道组和注入通道组。规则通道相当于正常运行的程序，而注入通道相当于中断。本实验仅使用规则通道组，未使用注入通道组。

5. 数据寄存器

模拟量转换成数字量之后，规则通道组的数据存放在 ADC_RDATA 中，注入组的数据存放在 ADC_IDATAx 中。ADC_RDATA 是一个 32 位的寄存器，只有低 16 位有效。由于 ADC 的分辨率为 12 位，因此，转换后的数字量既可以按照左对齐方式存储，也可以按照右对齐方式存储。具体按照哪种方式，需要通过 ADC0_CTL1 的 DAL 进行设置。

规则通道最多可以对 16 个信号源进行转换，而用于存放规则通道组数据的 ADC_RDATA 只有 1 个。如果对多个通道进行转换，旧的数据就会被新的数据覆盖，因此，每完成一次转换都需要立刻将该数据取走，或开启 DMA 模式，把数据转存至 SRAM 中。本实验仅对 1 个通道进行转换，所以禁用 DMA。

16.2.2 ADC 时钟及其转换时间

(1) ADC 时钟。GD32F30x 系列微控制器的 ADC 输入时钟 CK_ADC 由 AHB 或 PCLK2 经过分频产生，最大时钟为 40MHz。本实验中，PCLK2 为 120MHz，CK_ADC 为 PCLK2 的 4 分频，因此，ADC 输入时钟为 30MHz。CK_ADC 的时钟分频系数可以通过 RCU_CFG0 和 RCU_CFG1 进行更改。

(2) ADC 转换时间。ADC 使用若干 CK_ADC 周期对输入电压进行采样，采样周期的数目可由 ADC_SAMPT0 和 ADC_SAMPT1 中的 SPTx[2:0]位配置。每个通道可以用不同的时间采样。

ADC 的总转换时间可以根据如下公式计算：

$$T_{\text{CONV}} = \text{采样时间} + 12.5\text{个ADC时钟周期}$$

其中，采样时间可配置为 1.5、7.5、13.5、28.5、41.5、55.5、71.5、239.5 个 ADC 时钟周期。

本实验的 ADC 输入时钟是 30MHz，即 CK_ADC=30MHz，采样时间为 1.5 个 ADC 时钟周期，计算 ADC 的总转换时间为

$$\begin{aligned} T_{\text{CONV}} &= 1.5\text{个ADC时钟周期} + 12.5\text{个ADC时钟周期} \\ &= 14\text{个ADC时钟周期} \\ &= 14 \times \frac{1}{30}\mu\text{s} \\ &= 0.467\mu\text{s} \end{aligned}$$

16.2.3 ADC 部分寄存器

本实验涉及的 ADC 寄存器如下。注意：用户手册中介绍的 ADC 寄存器适用于

ADC0、ADC1 和 ADC2。本章实验中仅涉及 ADC0，因此，下面仅介绍 ADC0 相关的部分寄存器。

1. 控制寄存器 0(ADC0_CTL0)

ADC0_CTL0 的结构、偏移地址和复位值如图 16-2 所示，部分位的说明如表 16-2 所示。

偏移地址：0x04

复位值：0x0000 0000

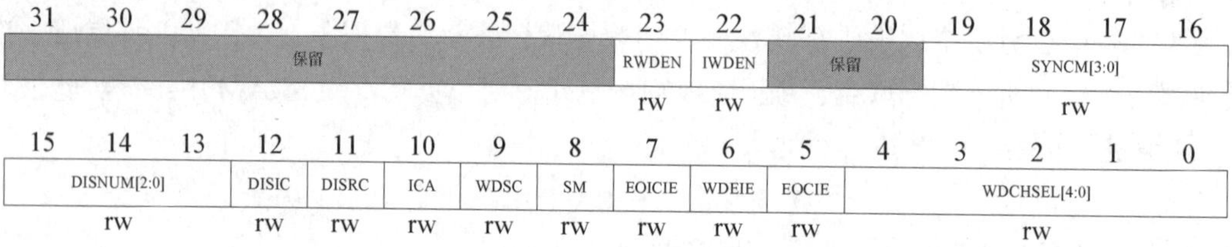

31	30	29	28	27	26	25	24	23	22	21	20	19	18	17	16
保留								RWDEN	IWDEN	保留		SYNCM[3:0]			
								rw	rw			rw			

15	14	13	12	11	10	9	8	7	6	5	4	3	2	1	0
DISNUM[2:0]			DISIC	DISRC	ICA	WDSC	SM	EOICIE	WDEIE	EOCIE	WDCHSEL[4:0]				
rw			rw	rw	rw	rw	rw	rw	rw	rw	rw				

图 16-2　ADC0_CTL0 的结构、偏移地址和复位值

表 16-2　ADC0_CTL0 部分位的说明

位/位域	名称	描述
19:16	SYNCM[3: 0]	同步模式选择。 这些位用于运行模式选择。 0000：独立模式； 0001：规则并行+注入并行组合模式； 0010：规则并行+交替触发组合模式； 0011：注入并行+快速交叉组合模式； 0100：注入并行+慢速交叉组合模式； 0101：注入并行模式； 0110：规则并行模式； 0111：快速交叉模式； 1000：慢速交叉模式； 1001：交替触发模式 注意，在 ADC1 和 ADC2 中这些位为保留位。在同步模式下，改变通道的配置会产生一个重新开始的条件，会导致同步丢失，建议在任何配置之前关闭同步模式
8	SM	扫描模式。 0：扫描模式禁止； 1：扫描模式使能

2. 控制寄存器 1(ADC0_CTL1)

ADC0_CTL1 的结构、偏移地址和复位值如图 16-3 所示，部分位的说明如表 16-3 所示。

偏移地址：0x08
复位值： 0x0000 0000

31	30	29	28	27	26	25	24	23	22	21	20	19	18	17	16
保留								TSVREN	SWRCST	SWICST	ETERC	ETSRC[2:0]			保留
								rw	rw	rw	rw		rw		

15	14	13	12	11	10	9	8	7	6	5	4	3	2	1	0
ETEIC	ETSIC[2:0]			DAL	保留		DMA	保留				RSTCLB	CLB	CTN	ADCON
rw		rw		rw			rw					rw	rw	rw	rw

图 16-3 ADC0_CTL1 的结构、偏移地址和复位值

表 16-3 ADC0_CTL1 部分位的说明

位/位域	名称	描述
20	ETERC	规则组外部触发使能。 0：规则组外部触发禁止； 1：规则组外部触发使能
19:17	ETSRC [2:0]	规则组通道外部触发选择。 对于 ADC0 与 ADC1： 000：TIMER0 CH0； 001：TIMER0 CH1； 010：TIMER0 CH2； 011：TIMER1 CH1； 100：TIMER2 TRGO； 101：TIMER3 CH3； 110：中断线 11/TIMER7 TRGO； 111：软件触发。 对于 ADC2: 000：TIMER2 CH0； 001：TIMER1 CH2； 010：TIMER0 CH2； 011：TIMER7 CH0； 100：TIMER7 TRGO； 101：TIMER4 CH0； 110：TIMER4 CH2； 111：软件触发
11	DAL	数据对齐。 0：最低有效位对齐； 1：最高有效位对齐
8	DMA	DMA 请求使能。 0：DMA 请求禁止； 1：DMA 请求使能
3	RSTCLB	校准复位。 软件置位，在校准寄存器初始化后，该位硬件清零。 0：校准寄存器初始化结束； 1：校准寄存器初始化开始

(续表)

位/位域	名称	描述
2	CLB	ADC 校准。 0：校准结束； 1：校准开始
1	CTN	连续模式。 0：连续模式禁止； 1：连续模式使能
0	ADCON	开启 ADC。该位从 0 变成 1 将在稳定时间结束后唤醒 ADC。当该位被置位以后，不改变寄存器的其他位仅对该位写 1，将开启转换。 0：禁能 ADC，关闭电源； 1：使能 ADC

3. 采样时间寄存器 1(ADC0_SAMPT1)

ADC0_SAMPT1 的结构、偏移地址和复位值如图 16-4 所示，部分位的说明如表 16-4 所示。

偏移地址：0x10

复位值：0x0000 0000

31	30	29	28	27	26	25	24	23	22	21	20	19	18	17	16
保留		SPT9[2:0]			SPT8[2:0]			SPT7[2:0]			SPT6[2:0]			SPT5[2:1]	
		rw			rw			rw			rw			rw	

15	14	13	12	11	10	9	8	7	6	5	4	3	2	1	0
SPT5[0]	SPT4[2:0]			SPT3[2:0]			SPT2[2:0]			SPT1[2:0]			SPT0[2:0]		
rw	rw			rw			rw			rw			rw		

图 16-4　ADC0_SAMPT1 的结构、偏移地址和复位值

表 16-4　ADC0_SAMPT1 部分位的说明

位/位域	名称	描述
29:0	SPTx[2:0]	通道 x 采样时间(x = 0，1，…，9)。 000：1.5 周期； 001：7.5 周期； 010：13.5 周期； 011：28.5 周期； 100：41.5 周期； 101：55.5 周期； 110：71.5 周期； 111：239.5 周期

4. 规则序列寄存器 0(ADC0_RSQ0)

ADC0_RSQ0 的结构、偏移地址和复位值如图 16-5 所示，部分位的说明如表 16-5 所示。

偏移地址：0x2C
复位值：0x0000 0000

31:24	23:20	19:16
保留	RL[3:0]	RSQ15[4:1]
	rw	rw

15	14:10	9:5	4:0
RSQ15[0]	RSQ14[4:0]	RSQ13[4:0]	RSQ12[4:0]
rw	w	rw	rw

图 16-5 ADC0_RSQ0 的结构、偏移地址和复位值

表 16-5 ADC0_RSQ0 部分位的说明

位/位域	名称	描述
23:20	RL[3:0]	规则通道序列长度。 规则通道转换序列中的总通道数目为 RL[3:0] + 1
19:0	RSQx[4:0]	规则通道的第 x 个转换的通道(x = 12，13，14，15)

5. 规则序列寄存器 2(ADC0_RSQ2)

ADC0_RSQ2 的结构、偏移地址和复位值如图 16-6 所示，部分位的说明如表 16-6 所示。

偏移地址：0x34
复位值：0x0000 0000

31:30	29:25	24:20	19:16
保留	RSQ5[4:0]	RSQ4[4:0]	RSQ3[4:1]
		rw	rw

15	14:10	9:5	4:0
RSQ3[0]	RSQ2[4:0]	RSQ1[4:0]	RSQ0[4:0]
rw	w	rw	rw

图 16-6 ADC0_RSQ2 的结构、偏移地址和复位值

表 16-6 ADC0_RSQ2 部分位的说明

位/位域	名称	描述
29:0	RSQx[4:0]	规则通道的第 x 个转换的通道(x = 0，1，…，5)

6. 状态寄存器(ADC0_STAT)

ADC0_STAT 的结构、偏移地址和复位值如图 16-7 所示，部分位的说明如表 16-7 所示。

偏移地址：0x00
复位值：0x0000 0000

31:16
保留

15:5	4	3	2	1	0
保留	STRC	STIC	EOIC	EOC	WDE
	rc_w0	rc_w0	rc_w0	rc_w0	rc_w0

图 16-7 ADC0_STAT 的结构、偏移地址和复位值

表 16-7　ADC0_STAT 部分位的说明

位/位域	名称	描述
1	EOC	组转换结束标志。 0：组转换没有结束； 1：组转换结束。 注入组或规则组转换结束时硬件置位

7. 规则数据寄存器(ADC0_RDATA)

ADC0_RDATA 的结构、偏移地址和复位值如图 16-8 所示，部分位的说明如表 16-8 所示。

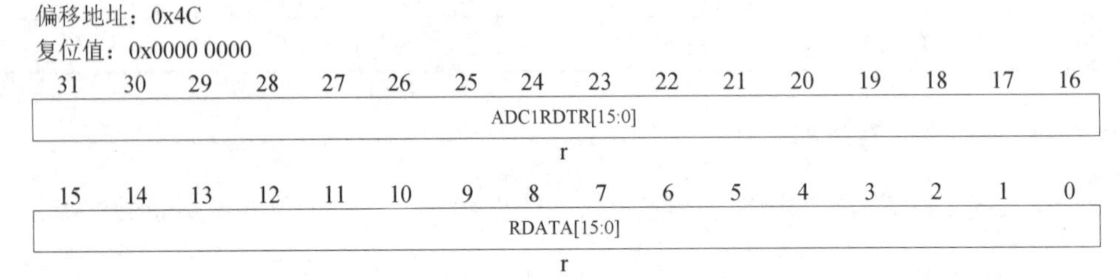

图 16-8　ADC0_RDATA 的结构、偏移地址和复位值

表 16-8　ADC0_RDATA 部分位的说明

位/位域	名称	描述
31:16	ADC1RDTR[15:0]	ADC1 规则通道数据。 ADC0：在同步模式下，这些位包含着 ADC1 的规则通道数据； ADC1 和 ADC2：这些位没有使用
15:0	RDATA[15:0]	规则通道数据。 这些位包含了规则通道的转换结果，只读

8. 过采样控制寄存器(ADC0_OVSAMPCTL)

ADC0_OVSAMPCTL 的结构、偏移地址和复位值如图 16-9 所示，部分位的说明如表 16-9 所示。

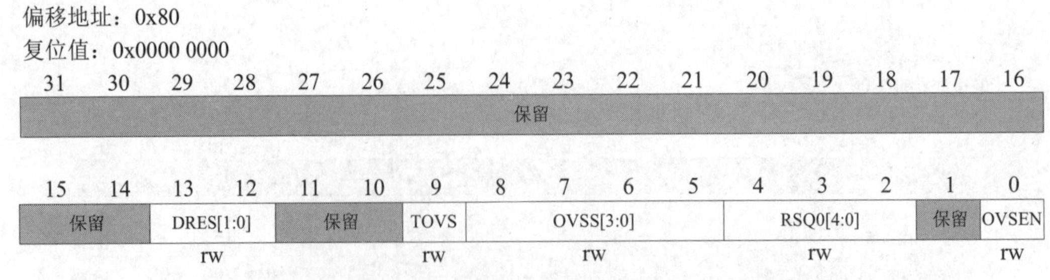

图 16-9　ADC0_OVSAMPCTL 的结构、偏移地址和复位值

表 16-9 ADC0_OVSAMPCTL 部分位的说明

位/位域	名称	描述
13:12	DRES[1:0]	ADC 分辨率。 00：12 位； 01：10 位； 10：8 位； 11：6 位

16.2.4 程序架构

ADC 实验的程序架构如图 16-10 所示。该图简要介绍了程序开始运行后各个函数的执行和调用流程。图中仅列出了与本实验相关的一部分函数。下面解释程序架构。

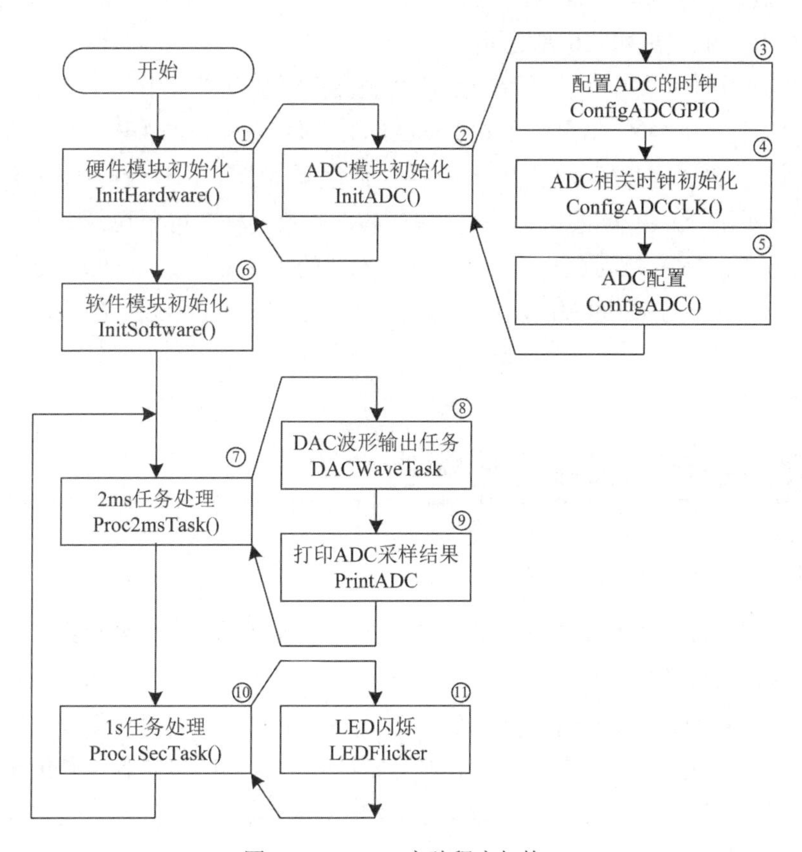

图 16-10 ADC 实验程序架构

(1) 在 main 函数中调用 InitHardware 函数进行硬件相关模块初始化，包含 RCU、NVIC、UART、Timer 和 ADC 等模块。这里仅介绍 ADC 初始化函数 InitADC。InitADC 函数用于对 ADC 进行初始化，包括通过 ConfigADCGPIO 函数配置 ADC 的 GPIO 引脚，通过 ConfigADCCLK 函数配置 ADC 时钟，最后，通过 ConfigADC 对 ADC 的相关参数进行设置。

(2) 调用 InitSoftware 函数进行软件相关模块初始化。本实验中，InitSoftware 函数为空。

(3) 调用 Proc2msTask 函数进行 2ms 任务处理，在 Proc2msTask 函数中执行 DAC 波形输出任务，20ms 调用一次 DACWaveTask 函数，输出一个波形点，然后 300ms 调用一次 PrintADC 函数打印 ADC 采样结果。

(4) 调用 Proc1SecTask 函数进行 1s 任务处理，在 Proc1SecTask 函数中调用 LEDFlicker 函数，使两个 LED 每隔 1s 闪烁。

在图 16-10 中，编号①⑥⑦和⑩的函数在 Main.s 文件中实现；编号②③④⑤和⑨的函数在 ADC.s 文件中实现，编号⑪的函数在 LED.s 文件中实现。

本实验要点解析：

(1) ADC 模块的初始化，在 InitADC 函数中，进行了 ADC 的 GPIO 配置、ADC 的时钟配置以及 ADC 各项参数配置等操作。

(2) 通过 ConfigADC 函数来配置 ADC0 具体参数时，需要根据实验中使用 ADC0 备用功能的 GPIO 引脚来设置 ADC0 通道，本实验中使用了 PA1 的 ADC 功能，对应 ADC_CHANNEL_1，即 ADC0 通道 1。

在本实验的实验步骤中，只需将 ADC 相关文件添加到工程中，正确连接对应引脚，并在应用层调用打印 ADC 结果的函数 PrintADC，即可在串口助手中打印 ADC 采样值和电压值，DAC 输出波形数据在后台自动进行。但掌握 ADC 的工作原理才是本实验的最终目的，因此，对于 ADC 驱动中定义和实现的各个函数同样不可忽视，其函数功能、实现过程和应用方式也是本实验的重要学习目标。本章的重点是介绍 ADC，而对应的实验例程代码中还会到涉及 DAC 的知识，这部分内容仅作了解。关于 DAC 的具体使用方法请参考第 17 章。

16.3 实验步骤与代码解析

步骤 1：复制并编译原始工程

首先，将 D:\GD32MicroController\Material\14.ADC 文件夹复制到 D:\GD32MicroController\Product 文件夹中。然后，双击运行 D:\GD32MicroController\Product\14.ADC\Project 文件夹中的 GD32KeilPrj.uvprojx，单击工具栏中的按钮进行编译。编译通过后，下载程序并进行复位，观察 GD32F3 苹果派开发板上的两个 LED 是否交替闪烁。如果两个 LED 交替闪烁，表示原始工程是正确的，可以进入下一步操作。

步骤 2：添加 ADC.s 文件

将 D:\GD32MicroController\Product\14.ADC\HW 文件夹中的 ADC.s 文件添加到 HW 分组中。

步骤 3：ADC.s 文件代码详解

单击按钮进行编译。编译结束后，在 Project 面板中，双击打开 ADC.s 文件。在

ADC.s 文件的“输出”区，添加如程序清单 16-1 所示的代码，声明全局标号。

程序清单 16-1

```
EXPORT InitADC   ;初始化 ADC
EXPORT GetADC    ;获取 ADC 采样值
EXPORT PrintADC  ;打印 ADC 采样值
```

在“输入”区，添加如程序清单 16-2 所示的代码，引入后续需要使用的寄存器和函数。其中，第 1 至 12 行为寄存器，PrintString、PrintUint 和 PrintUfloat 分别为字符串、无符号整型数据、无符号浮点数打印函数，在 UART.s 文件中实现。

程序清单 16-2

```
1.      IMPORT RCU_APB2EN
2.      IMPORT GPIOA_CTL0
3.      IMPORT RCU_CFG0
4.      IMPORT RCU_CFG1
5.      IMPORT ADC0_STAT
6.      IMPORT ADC0_CTL0
7.      IMPORT ADC0_CTL1
8.      IMPORT ADC0_SAMPT1
9.      IMPORT ADC0_RSQ0
10.     IMPORT ADC0_RSQ2
11.     IMPORT ADC0_RDATA
12.     IMPORT ADC0_OVSAMPCTL
13.     IMPORT PrintString
14.     IMPORT PrintUint
15.     IMPORT PrintUfloat
```

在“常量段”区中，添加如程序清单 16-3 所示的代码，通过串口打印 ADC 值和电压值时调用。

程序清单 16-3

```
1.   ;ADC 字符串输出
2.   s_pADCString1 DCB "ADC: ", 0
3.   s_pADCString2 DCB ", volt: ", 0
4.   s_pADCString3 DCB "v\r\n", 0
```

在“代码段”区，添加 ConfigADCGPIO 函数的实现代码，如程序清单 16-4 所示。ConfigADCGPIO 函数用于配置 ADC 的 GPIO 引脚，本实验使用 PA1 引脚作为 ADC0 输入引脚，对应 ADC0 的通道 1。

(1) 第 4 至 8 行代码：通过配置 RCU_APB2EN 寄存器，将其第 2 位置 1，开启 GPIOA 时钟。

(2) 第 11 至 14 行代码：通过配置 GPIOA_CTL0 寄存器，将其第 4 至 7 位清零，配置 PA1 为模拟输入。

程序清单 16-4

```
1.   ConfigADCGPIO PROC
2.     PUSH {R0-R12, LR}
3.
4.     ;开启 GPIOA 时钟
5.     LDR R0, = RCU_APB2EN
6.     LDR R1, [R0]
7.     ORR R1, #(1 << 2)
8.     STR R1, [R0]
9.
10.    ;PA1 模拟输入
11.    LDR R0, =GPIOA_CTL0
12.    LDR R1, [R0]
13.    AND R1, #~(15 << 4)
14.    STR R1, [R0]
15.
16.    POP {R0-R12, PC}
17.    ENDP
```

在 ConfigADCGPIO 函数实现区后，添加 ConfigADCCLK 函数的实现代码，如程序清单 16-5 所示。

程序清单 16-5

```
1.   ConfigADCCLK PROC
2.     PUSH {R0-R12, LR}
3.
4.     ;使能 ADC0 时钟
5.     LDR R0, =RCU_APB2EN
6.     LDR R1, [R0]
7.     ORR R1, #(1 << 9)
8.     STR R1, [R0]
9.
10.    ;配置 CK_ADCx 为 CK_APB2/4=30MHz
11.    LDR R0, =RCU_CFG0
12.    LDR R1, [R0]
13.    AND R1, #~(1 << 28)
14.    AND R1, #~(1 << 15)
15.    ORR R1, #(1 << 14)
```

```
16.    STR R1, [R0]
17.    LDR R0, =RCU_CFG1
18.    LDR R1, [R0]
19.    AND R1, #~(1 << 29)
20.    STR R1, [R0]
21.
22.    POP {R0-R12, PC}
23.    ENDP
```

(1) 第 5 至 8 行代码：通过配置 APB2 时钟使能寄存器 RCU_APB2EN，将其第 9 位 ADC0EN 置 1，使能 ADC0 时钟。

(2) 第 11 至 20 行代码：寄存器 RCU_CFG0 的第 14、15、28 位与寄存器 RCU_CFG1 的第 29 位共同构成分频因子，将时钟配置寄存器 RCU_CFG0 的第 15、28 位清零，第 14 位置 1，将 RCU_CFG1 的第 29 位清零，即将 CK_ADCx 的时钟频率配置为 APB2 时钟频率的 4 分频，即 30MHz。

在 ConfigADCCLK 函数实现区后，添加 ConfigADC 函数的实现代码，如程序清单 16-6 所示。

程序清单 16-6

```
1.   ConfigADC PROC
2.     PUSH {R0-R12, LR}
3.
4.     ;ADC 独立工作模式
5.     LDR R0, =ADC0_CTL0
6.     LDR R1, [R0]
7.     AND R1, #~(15 << 16)
8.     STR R1, [R0]
9.
10.    ;ADC0 分辨率 12 位
11.    LDR R0, =ADC0_OVSAMPCTL
12.    LDR R1, [R0]
13.    AND R1, #~(1 << 13)
14.    AND R1, #~(1 << 12)
15.    STR R1, [R0]
16.
17.    ;ADC0 数据右对齐
18.    LDR R0, =ADC0_CTL1
19.    LDR R1, [R0]
20.    AND R1, #~(1 << 11)
21.    STR R1, [R0]
22.
```

```
23.    ;禁用 DMA
24.    LDR R0, =ADC0_CTL1
25.    LDR R1, [R0]
26.    AND R1, #~(1 << 8)
27.    STR R1, [R0]
28.
29.    ;禁用 ADC0 连续转换
30.    LDR R0, =ADC0_CTL1
31.    LDR R1, [R0]
32.    AND R1, #~(1 << 1)
33.    STR R1, [R0]
34.
35.    ;禁用 ADC0 扫描模式
36.    LDR R0, =ADC0_CTL0
37.    LDR R1, [R0]
38.    AND R1, #~(1 << 8)
39.    STR R1, [R0]
40.
41.    ;规则组外部触发使能
42.    LDR R0, =ADC0_CTL1
43.    LDR R1, [R0]
44.    ORR R1, #(1 << 20)
45.    STR R1, [R0]
46.
47.    ;规则组外部触发选用软件触发
48.    LDR R0, =ADC0_CTL1
49.    LDR R1, [R0]
50.    ORR R1, #(1 << 19)
51.    ORR R1, #(1 << 18)
52.    ORR R1, #(1 << 17)
53.    STR R1, [R0]
54.
55.    ;关闭规则组转换完成中断
56.    LDR R0, =ADC0_CTL0
57.    LDR R1, [R0]
58.    AND R1, #~(1 << 5)
59.    STR R1, [R0]
60.
61.    ;ADC0_IN1 采样时间为 1.5+12.5 个 ADCCLK
62.    LDR R0, =ADC0_SAMPT1
63.    LDR R1, [R0]
```

```
64.    AND R1, #~(1 << 5)
65.    AND R1, #~(1 << 4)
66.    AND R1, #~(1 << 3)
67.    STR R1, [R0]
68.
69.    ;规则通道序列长度为 1
70.    LDR R0, =ADC0_RSQ0
71.    LDR R1, [R0]
72.    AND R1, #~(15 << 20)
73.    STR R1, [R0]
74.
75.    ;ADC0_IN1 为规则通道的第 1 个转换通道
76.    LDR R0, =ADC0_RSQ2
77.    LDR R1, [R0]
78.    AND R1, #~(0x1F << 0)
79.    ORR R1, #(1 << 0)
80.    STR R1, [R0]
81.
82.    ;使能 ADC1
83.    LDR R0, =ADC0_CTL1
84.    LDR R1, [R0]
85.    ORR R1, #(1 << 0)
86.    STR R1, [R0]
87.
88.    ;清除转换完成标志位
89.    LDR R0, =ADC0_STAT
90.    LDR R1, [R0]
91.    AND R1, #~(1 << 1)
92.    STR R1, [R0]
93.
94.    POP {R0-R12, PC}
95.    ENDP
```

(1) 第 5 至 8 行代码：将控制寄存器 ADC0_CTL0 的第 16 至 19 位即 SYNCM[3:0]清零，将 ADC 配置为独立工作模式。

(2) 第 11 至 15 行代码：将过采样寄存器 ADC0_OVSAMPCTL 的第 12、13 位即 DRES[1:0]清零，将 ADC0 的分辨率设置为 12 位。

(3) 第 17 至 33 行代码：配置控制寄存器 ADC0_CTL1，先将其第 11 位即 DAL 位清零，则数据对齐方式为最低有效位对齐，即将 ADC0 数据设置为右对齐。再将第 8 位即 DMA 请求使能位清零，禁用 DMA。最后将第 1 位即 CTN 位清零，禁用 ADC0 连续转换。

(4) 第 36 至 39 行代码：将控制寄存器 ADC0_CTL0 的第 8 位即 SM 位清零，禁用 ADC0 扫描模式。

(5) 第 42 至 59 行代码：配置控制寄存器 ADC0_CTL1，先将其第 20 位即 ETERC 位置 1，使能规则组外部触发，再将第 17 至 19 位即 ETSRC[2:0]置 1。对于 ADC0 和 ADC1，ETSRC[2:0]为 111 表示选择软件触发。最后将寄存器 ADC0_CTL0 的第 5 位清零，关闭规则组转换完成中断。

(6) 第 61 至 67 行代码：将采样时间寄存器 ADC0_SAMPT1 的第 3 至 5 位清零，即将通道 1 的采样时间设置为 1.5 周期，ADC 的总转换时间计算公式为：

$$T_{\text{CONV}} = \text{采样时间} + 12.5\text{个ADC时钟周期}$$

则 ADC0_IN1 的总转换时间为 1.5+12.5 个 ADCCLK，ADC 时钟频率为 30MHz，则总转换时间为 0.467μs。

(7) 第 69 至 80 行代码：将 ADC0_RSQ0 寄存器的 RL[3:0]清零，RL[3:0]为规则通道序列长度设置位。规则通道转换序列中的总的通道数目为 RL[3:0]+1，这里即为 1。再将 ADC0_RSQ2 寄存器的 RSQ0[4:1]清零，RSQ0[0]置 1，ADC0_IN1 为规则通道的第 1 个转换通道。

(8) 第 83 至 92 行代码：将 ADC0_CTL1 寄存器的 ADCON 位置 1，使能 ADC1。若该位从 0 变成 1，则将在稳定时间结束后唤醒 ADC。当该位被置位以后，不改变寄存器的其他位仅对该位写 1，将开启转换。之后再将状态寄存器 ADC0_STAT 的 EOC 位清零，清除转换完成标志位。

在 ConfigADC 函数实现区后，添加 InitADC 函数的实现代码，如程序清单 16-7 所示。通过调用 ConfigADCGPIO、ConfigADCCLK 和 ConfigADC 函数，对 ADC 的 GPIO、时钟及各项参数进行配置。

程序清单 16-7

```
1.   InitADC PROC
2.     PUSH {R0-R12, LR}
3.
4.     ;配置 ADC 的 GPIO
5.     BL ConfigADCGPIO
6.
7.     ;配置 ADC 的时钟
8.     BL ConfigADCCLK
9.
10.    ;配置 ADC 各项参数
11.    BL ConfigADC
12.
13.    POP {R0-R12, PC}
14.    ENDP
```

在 InitADC 函数实现区后，添加 GetADC 函数的实现代码，如程序清单 16-8 所示。

程序清单 16-8

```
1.  GetADC PROC
2.    PUSH {R1-R12, LR}
3.
4.    ;软件触发 ADC1 规则组转换
5.    LDR R0, =ADC0_CTL1
6.    LDR R1, [R0]
7.    ORR R1, #(1 << 22)
8.    STR R1, [R0]
9.
10.   ;等待 ADC1 规则组转换完成
11. GET_ADC_WAIT
12.   LDR  R0, = ADC0_STAT
13.   LDR  R1, [R0]
14.   ANDS R1, #(1 << 1)
15.   BEQ  GET_ADC_WAIT
16.
17.   ;获取 ADC1 规则组转换结果，并保存到 R0
18.   LDR R0, =ADC0_RDATA
19.   LDR R0, [R0]
20.
21.   POP {R1-R12, PC}
22.   ENDP
```

(1) 第 5 至 8 行代码：将寄存器 ADC0_CTL1 的 SWRCST 位置 1，由于 ETSRC 为 111，则该位置 1 开启规则组转换。该位由软件置位，软件清零，或转换开始后，由硬件清零。

(2) 第 11 至 19 行代码：在 GET_ADC_WAIT 循环中检查 ADC0_STAT 寄存器的第 1 位是否为 1，即 ADC1 规则组是否转换结束，如果转换结束则将结果保存到 R0。

在 GetADC 函数实现区后，添加 PrintADC 函数的实现代码，如程序清单 16-9 所示。

程序清单 16-9

```
1.  PrintADC PROC
2.    PUSH {R0-R12, LR}
3.
4.    ;输出字符串 1
5.    LDR R0, =s_pADCString1
6.    BL PrintString
7.
8.    ;获取 ADC 采样值到 R0
```

```
9.    BL GetADC
10.
11.   ;打印 R0 中的 ADC 值
12.   BL PrintUint
13.
14.   ;输出字符串 2
15.   PUSH {R0}
16.   LDR R0, =s_pADCString2
17.   BL PrintString
18.   POP {R0}
19.
20.   ;ADC 转电压值(被放大了 10 倍)
21.   MOV  R1, #33
22.   MUL  R0, R1
23.   MOV  R1, #4095
24.   UDIV R0, R1
25.
26.   ;打印电压值(缩小 10 倍)
27.   BL PrintUfloat
28.
29.   ;输出字符串 3
30.   LDR R0, =s_pADCString3
31.   BL PrintString
32.
33.   POP {R0-R12, PC}
34.   ENDP
```

(1) 第 5 至 12 行代码：调用 PrintString 函数打印字符串“ADC:”。调用 GetADC 获取 ADC 采样值并通过 PrintUint 函数进行打印。

(2) 第 15 至 24 行代码：调用 PrintString 函数打印字符串“, volt: ”。ADC 转电压值放大 10 倍之后，调用 PrintUfloat 打印(缩小十倍)。最后打印字符“v”并回车换行。

步骤 4：完善 ADC 实验应用层

在 Project 面板中，双击打开 Main.s 文件。在 Main.s 文件“输入”区，添加代码 IMPORT InitADC 和 IMPORT PrintADC。这样就可以在 Main.s 文件中调用 ADC 模块的相关函数，实现对 ADC 模块的操作。

在“变量段”区，添加如程序清单 16-10 所示的代码，s_iADCTaskCnt 为 ADC 测试计数器。

程序清单 16-10

```
s_iADCTaskCnt    SPACE 4 ;ADC 测试计数器
```

在 InitHardware 函数中，添加调用 InitADC 函数的代码，如程序清单 16-11 的第 11 行代码所示，这样就实现了对 ADC 模块的初始化。

程序清单 16-11

```
1.   InitHardware PROC
2.     PUSH {R0-R12, LR}
3.
4.     BL InitRCU              ;初始化 RCU
5.     BL InitNVIC             ;初始化 NVIC 分组
6.     BL InitSysTick          ;初始化 SysTick
7.     BL InitTimer            ;初始化定时器
8.     BL InitUART             ;初始化串口
9.     BL InitLED              ;初始化 LED
10.    BL InitDAC              ;初始化 DAC
11.    BL InitADC              ;初始化 ADC
12.
13.    POP {R0-R12, PC}
14.    ENDP
```

在 Proc2msTask 函数中，添加如程序清单 16-12 所示的第 14 至 25 行代码，实现 ADC 采样结果打印功能，每 300ms 打印一次采样结果。

程序清单 16-12

```
1.   Proc2msTask PROC
2.     PUSH {R0-R12, LR}
3.
4.     ;获取 2ms 标志位，保存在 R0 中
5.     BL Get2msFlag
6.
7.     ;判断 2ms 标志位是否非零，若为 0 则直接退出
8.     TEQ R0, #0
9.     BEQ PROC_2MS_TASK_EXIT
10.
11.    …
12.  PROC_2MS_DAC_END
13.
14.    ;打印 ADC 采样结果(300ms)
15.    LDR R2, =s_iADCTaskCnt
16.    LDR R3, [R2]
```

```
17.     ADD R3, #1
18.     STR R3, [R2]
19.     CMP R3, #150
20.     BLO PROC_2MS_ADC_END
21.     MOV R3, #0
22.     STR R3, [R2]
23.     BL PrintADC
24.
25.   PROC_2MS_ADC_END
26.
27.     ;清除 2ms 标志位
28.     BL Clr2msFlag
29.
30.   PROC_2MS_TASK_EXIT
31.     POP {R0-R12, PC}
32.     ENDP 步骤 5：编译及下载验证
```

代码编写完成并编译通过后，下载程序并进行复位。下载完成后，将 GD32F3 苹果派开发板的 PA4 引脚分别连接到 PA1 引脚和示波器探头，并通过 USB 转 Type-C 型连接线将 GD32F3 苹果派开发板连接到计算机，如图 16-11 所示。

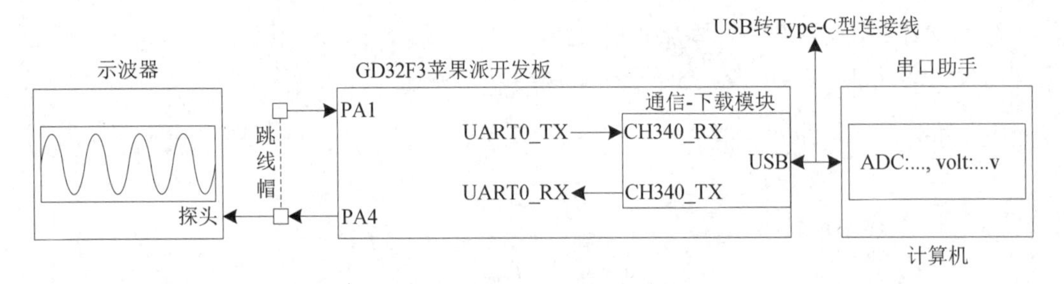

图 16-11　ADC 实验硬件连接图

在示波器上可以观察到正弦波，如图 16-12 所示。

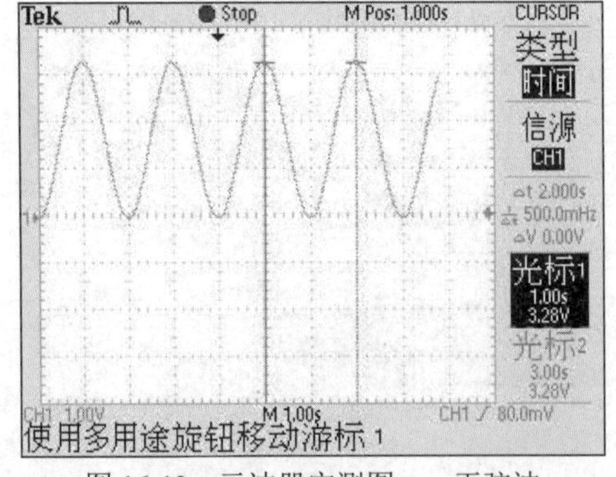

图 16-12　示波器实测图——正弦波

通过串口助手可以观察到如图 16-13 所示的信息，每 300ms 打印一次，表明实验成功。

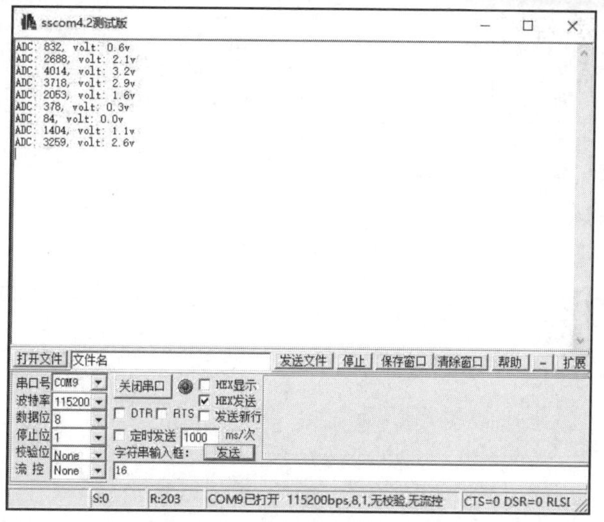

图 16-13　串口助手显示信息

本章任务

将 PA4 引脚通过杜邦线连接到 PA0 引脚，PA4 依然作为 DAC 输出正弦波。在本实验的基础上，重新修改程序，将 PA1 改为 PA0，通过 ADC 将 PA0 引脚输入的模拟信号量转换为数字量，并将转换后的数字量通过 UART0 实时发送至计算机，通过计算机上的串口助手得到 ADC 数据。

本章习题

1. 简述本实验的 ADC 工作原理。
2. 输入信号幅度超过 ADC 参考电压范围会有什么后果。
3. 如何通过 GD32F3 苹果派开发板的 ADC 检测 7.4V 锂电池的电压？

第 17 章

DAC实验

DAC(Digital to Analog Converter)，即数/模转换器。GD32F303ZET6 芯片属于高密度产品，内嵌两个 12 位数字输入、电压输出型 DAC，可以配置为 8 位或 12 位模式，也可以与 DMA(Direct Memory Access)控制器配合使用。DAC 工作在 12 位模式时，数据可以设置为左对齐或右对齐。DAC 有两个输出通道，每个通道都有单独的转换器。在双 DAC 模式下，两个通道可以独立转换，也可以同时转换并同步更新两个通道的输出。DAC 可以通过引脚输入参考电压 VREF+以获得更精确的转换结果。本章首先介绍 DAC 及相关寄存器，然后通过一个 DAC 实验演示如何进行数/模转换。

17.1 实验内容

将 GD32F303ZET6 芯片的 PA4 引脚配置为 DAC 输出端口，并编写程序实现以下功能：①将PA4引脚连接到示波器探头，通过示波器查看输出的波形是否正确。②如果没有示波器，可以将 PA4 引脚连接到 PA1 引脚，通过 ADC 对 PA1 引脚输入的模拟信号进行采样和模/数转换；将转换后的数字量通过UART0实时发送至计算机，通过计算机上的串口助手显示 ADC 采样值及对应的电压值。

17.2 实验原理

17.2.1 DAC 功能框图

图 17-1 所示是 DAC 的功能框图，下面对部分模块进行介绍。

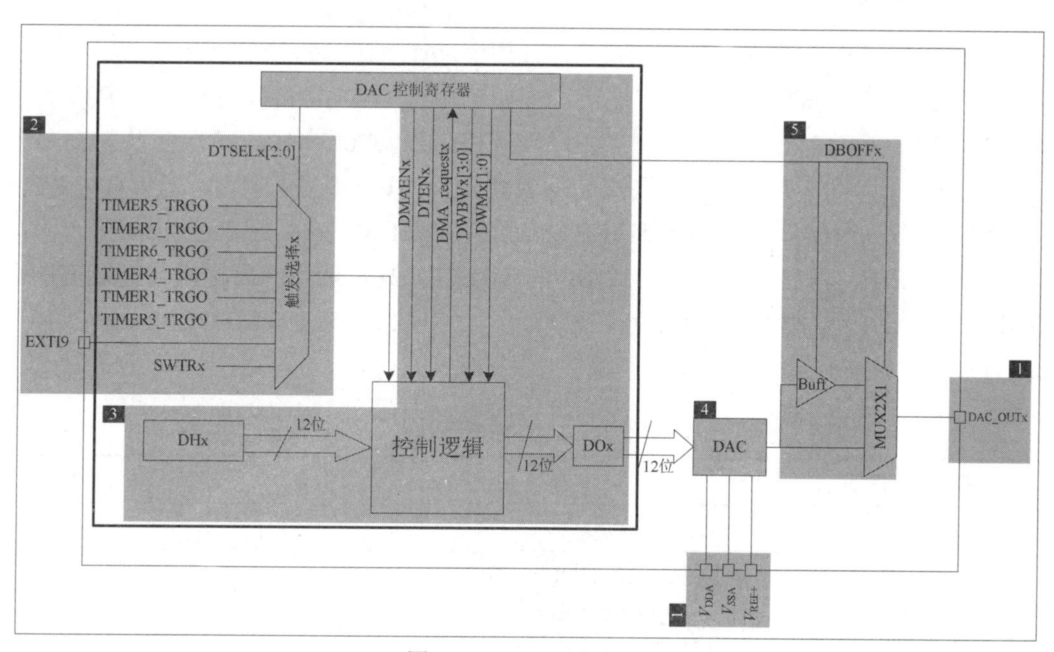

图 17-1　DAC 功能框图

1. DAC 的引脚

DAC 的引脚说明如表 17-1 所示。其中，V_{REF+}是正模拟参考电压，由于 GD32F303ZET6 微控制器的 V_{REF+}引脚在芯片内部与 V_{DDA} 引脚相连接，V_{DDA} 引脚的电压为 3.3V，因此，V_{REF+}引脚的电压也为 3.3V。DAC 引脚上的输出电压满足以下关系：

$$DAC_{output} = V_{REF+} \times (DAC\_DO/4096) = 3.3 \times (DAC\_DO/4096)$$

其中，DAC_DO 为数据输出寄存器的值，即图 17-1 中的 DOx。

表 17-1　DAC 引脚说明

引脚名称	描述	信号类型
V_{DDA}	模拟电源	输入，模拟电源
V_{SSA}	模拟电源地	输入，模拟电源地
V_{REF+}	DAC 正参考电压 $2.6V \leqslant V_{REF+} \leqslant V_{DDA}$	输入，模拟正参考电压
DAC_OUTx	DACx 模拟输出	模拟输出信号

GD32F303ZET6 微控制器内部有两个 DAC，每个 DAC 对应一个输出通道，其中 DAC0 通过 DAC_OUT0 通道(与 PA4 引脚相连接)输出，DAC1 通过 DAC_OUT1 通道(与 PA5 引脚相连接)输出。一旦使能 DACx 通道，相应的 GPIO 引脚(PA4 或 PA5 引脚)就会自动与 DAC 的模拟输出(DAC_OUTx)相连。为了避免寄生的干扰和额外的功耗，在使用之前应将 PA4 或 PA5 引脚配置为模拟输入(AIN)。

2. DAC 触发源

DAC 有 8 个外部触发源，如表 17-2 所示。如果 DAC_CTL 寄存器的 DTENx 被置为 1，则 DAC 转换可以由外部事件触发(定时器、外部中断线)。触发源可以通过 DAC_CTL 寄存器中的 DTSELx[2:0]来选择。注意，当 DTSELx[2:0]为 001 时，对于互联型产品是 TIMER2_TRGO 事件，对于非互联型产品是 TIMER7_TRGO 事件。其中，对于 GD32F30x 系列微控制器，闪存容量在 256～512KB 之间的 GD32F303xx 系列产品称为高密度产品(GD32F30X_HD)，闪存容量大于 512KB 的 GD32F303xx 系列产品称为超高密度产品(GD32F30X_XD)，这两者都属于非互联型产品，而 GD32F305xx 和 GD32F307xx 系列属于互联型产品。

表 17-2　DAC 外部触发源

DTSELx[2:0]	触发源	触发类型
000	TIMER5_TRGO	内部片上信号
001	互联型产品：TIMER2_TRGO 非互联型产品：TIMER7_TRGO	
010	TIMER6_TRGO	
011	TIMER4_TRGO	
100	TIMER1_TRGO	
101	TIMER3_TRGO	

(续表)

DTSELx[2:0]	触发源	触发类型
110	EXTI9	外部信号
111	SWTRIG	软件触发

TIMERx_TRGO 信号由定时器生成，而软件触发通过设置 DAC_SWT 寄存器的 SWTRx 位生成。

如果没有使能外部触发(DAC_CTL 的 DTENx 为 0)，存入 DAC 数据保持寄存器(DACx_DH)中的数据会被自动转移到 DAC 数据输出寄存器(DACx_DO)；如果使能了外部触发(DAC_CTL 的 DTENx 为 1)，则当已经选择的触发事件发生时才会进行上述数据转移。

3. DHx 寄存器至 DOx 寄存器数据传输

从图 17-1 中可以看出，DAC 输出受 DOx 直接控制，但是不能直接往 DOx 中写入数据，而是通过 DHx 间接传给 DOx，从而实现对 DAC 输出的控制。GD32F3x 系列微控制器的 DAC 支持 8 位和 12 位模式，8 位模式采用右对齐方式，12 位模式既可以采用左对齐模式，也可以采用右对齐模式。

单 DAC 通道模式有 3 种数据格式：8 位数据右对齐、12 位数据左对齐、12 位数据右对齐，如图 17-2 和表 17-3 所示。注意，表 17-3 中的 DHx 是微控制器内部的数据保持寄存器，DH0 对应 DAC0_DH，DH1 对应 DAC1_DH。

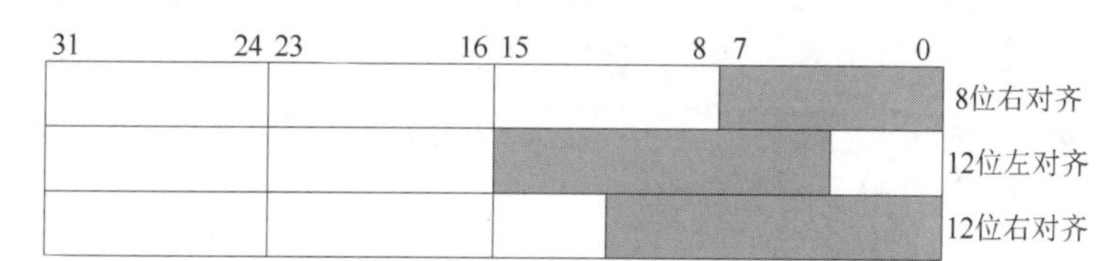

图 17-2　单 DAC 通道模式的数据寄存器

表 17-3　单 DAC 通道模式的 3 种数据格式

对齐方式	寄存器	注释
8 位数据右对齐	DACx_R8DH[7:0]	实际存入 DHx[11:4]位
12 位数据左对齐	DACx_L12DH[15:4]	实际存入 DHx[11:0]位
12 位数据右对齐	DACx_R12DH[11:0]	实际存入 DHx[11:0]位

双 DAC 通道模式也有 3 种数据格式：8 位数据右对齐、12 位数据左对齐、12 位数据右对齐，如图 17-3 和表 17-4 所示。

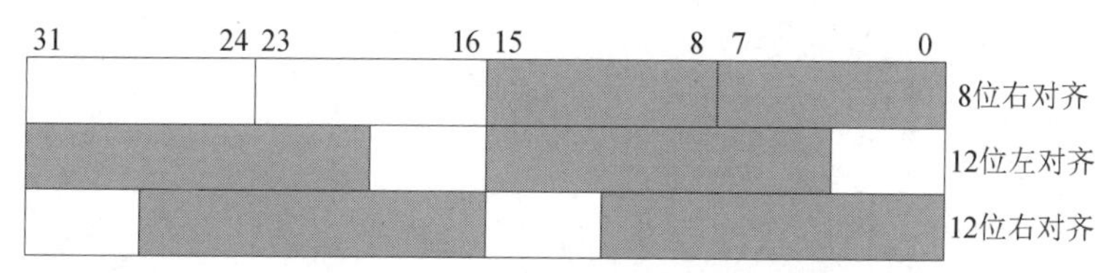

图 17-3　双 DAC 通道模式的数据寄存器

表 17-4　双 DAC 通道模式的 3 种数据格式

对齐方式	寄存器	注释
8 位数据右对齐	DACC_R8DH[7:0]	实际存入 DH0[11:4]位
	DACC_R8DH[15:8]	实际存入 DH1[11:4]位
12 位数据左对齐	DACC_R12DH[15:4]	实际存入 DH0[11:0]位
	DACC_R12DH[31:20]	实际存入 DH1[11:0]位
12 位数据右对齐	DACC_R12DH[11:0]	实际存入 DH0[11:0]位
	DACC_R12DH[27:16]	实际存入 DH1[11:0]位

任意一个 DAC 通道都有 DMA 功能。如果 DAC_CTL 的 DDMAENx 位置为 1，一旦有外部触发(不是软件触发)发生，则产生一个 DMA 请求，然后 DACx_DH 的数据被传送到 DACx_DO。

4. 数/模转换器

DAC 保持数据寄存器(DACx_DH)中的数据加载到 DAC 数据输出寄存器(DACx_DO)，经过 $t_{SETTLING}$ 时间之后，数/模转换器完成数字量到模拟量的转换，模拟输出变得有效，$t_{SETTLING}$ 的值与电源电压和模拟输出负载有关。

5. DAC 输出缓冲区

为了降低输出阻抗，并在没有外部运算放大器的情况下驱动外部负载，每个 DAC 模块内部都集成了一个输出缓冲区。在默认情况下，输出缓冲区是开启的，可以通过设置 DAC_CTL 寄存器的 DBOFFx 位来开启或关闭 DAC 输出缓冲区。

17.2.2　DAC 部分寄存器

本实验涉及的 DAC 寄存器如下。

1. 控制寄存器(DAC_CTL)

DAC_CTL 的结构、偏移地址和复位值如图 17-4 所示，部分位的解释说明如表 17-5 所示。

偏移地址：0x00

复位值：0x0000 0000

31	30	29	28	27	26	25	24	23	22	21	20	19	18	17	16
保留			DDMAEN1	DWBW1[3:0]				DWM1[1:0]		DTSEL1[2:0]			DTEN1	DBOFF1	DEN1
			rw	rw				rw		rw			rw	rw	rw

15	14	13	12	11	10	9	8	7	6	5	4	3	2	1	0
保留			DDMAEN0	DWBW0[3:0]				DWM0[1:0]		DTSEL0[2:0]			DTEN0	DBOFF0	DEN0
			rw	rw				rw		rw			rw	rw	rw

图 17-4　DAC_CTL 的结构、偏移地址和复位值

表 17-5　DAC_CTL 部分位的解释说明

位/位域	名称	描述
12	DDMAEN0	DAC0 DMA 模式使能。 0：DAC0 DMA 模式禁止； 1：DAC0 DMA 模式使能
7:6	DWM0[1:0]	DAC0 噪声波模式。 这些位指定了在 DAC0 外部触发使能(DTEN0=1)的情况下，DAC0 的噪声波模式的选择。 00：波形生成禁止； 01：LFSR 噪声模式； 1x：三角噪声模式
5:3	DTSEL0[2:0]	DAC0 触发选择。 这些位用于在 DAC0 外部触发使能(DTEN0=1)的情况下，DAC0 外部触发的选择。 000：TIMER5 TRGO； 001：在互联型产品中是 TIMER2 TRGO；在其他类型产品中是 TIMER7 TRGO； 010：TIMER6 TRGO； 011：TIMER4 TRGO； 100：TIMER1 TRGO； 101：TIMER3 TRGO； 110：外部中断线 9； 111：软件触发
2	DTEN0	DAC0 触发使能。 0：DAC0 触发禁止； 1：DAC0 触发使能
1	DBOFF0	DAC0 输出缓冲区关闭。 0：DAC0 输出缓冲区打开，以降低输出阻抗，提高驱动能力； 1：DAC0 输出缓冲区关闭
0	DEN0	DAC0 使能。 0：DAC0 禁止； 1：DAC0 使能

2. DAC0 12 位右对齐数据保持寄存器(DAC0_R12DH)

DAC0_R12DH 的结构、偏移地址和复位值如图 17-5 所示，对部分位的解释说明如表 17-6 所示。

偏移地址：0x08
复位值：0x0000 0000

31	30	29	28	27	26	25	24	23	22	21	20	19	18	17	16
保留															
15	**14**	**13**	**12**	**11**	**10**	**9**	**8**	**7**	**6**	**5**	**4**	**3**	**2**	**1**	**0**
保留				DAC0_DH[11:0]											
				rw											

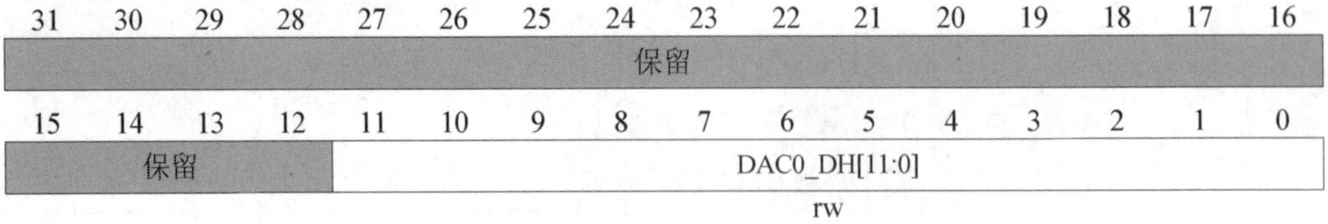

图 17-5　DAC0_R12DH 的结构、偏移地址和复位值

表 17-6　DAC0_R12DH 部分位的解释说明

位/位域	名称	描述
11:0	DAC0_DH[11:0]	DAC0 12 位右对齐数据。 这些位指定了将由 DAC0 转换的数据

3. DAC0 数据输出寄存器(DAC0_DO)

DAC0_DO 的结构、偏移地址和复位值如图 17-6 所示，对部分位的解释说明如表 17-7 所示。

偏移地址：0x2C
复位值：0x0000 0000

31	30	29	28	27	26	25	24	23	22	21	20	19	18	17	16
保留															
15	**14**	**13**	**12**	**11**	**10**	**9**	**8**	**7**	**6**	**5**	**4**	**3**	**2**	**1**	**0**
保留				DAC0_DO[11:0]											
				r											

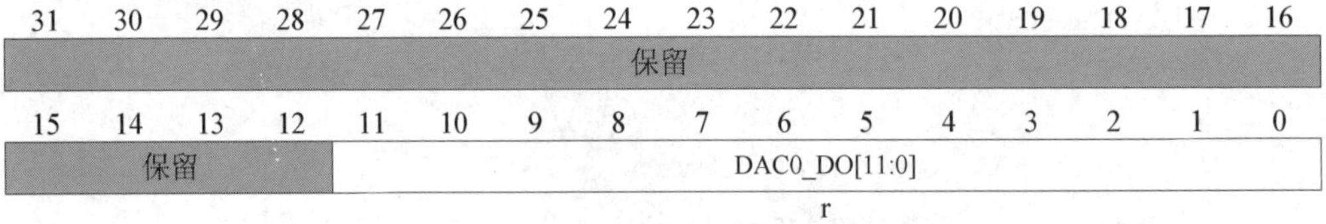

图 17-6　DAC0_DO 的结构、偏移地址和复位值

表 17-7　DAC0_DO 部分位的解释说明

位/位域	名称	描述
11:0	DAC0_DO[11:0]	DAC0 数据输出。 这些位为只读类型，存储由 DAC0 转换的数据

17.2.3　程序架构

DAC 实验的程序架构如图 17-7 所示。该图简要介绍了程序开始运行后各个函数的执行和调用流程。图中仅列出了与本实验相关的一部分函数。下面解释说明程序架构。

(1) 在 main 函数中调用 InitHardware 函数进行硬件相关模块初始化，包含 RCU、NVIC、UART、Timer、ADC 和 DAC 等模块。这里仅介绍 DAC 模块初始化函数 InitDAC。InitDAC 函数首先通过 ConfigDACGPIO 函数对 DAC 的 GPIO 进行配置，再通过 ConfigDAC 函数配置 DAC 常规参数，最后，清空 s_iDACWaveCnt 计数器。

(2) 调用 InitSoftware 函数进行软件相关模块初始化。本实验中，InitSoftware 函数为空。

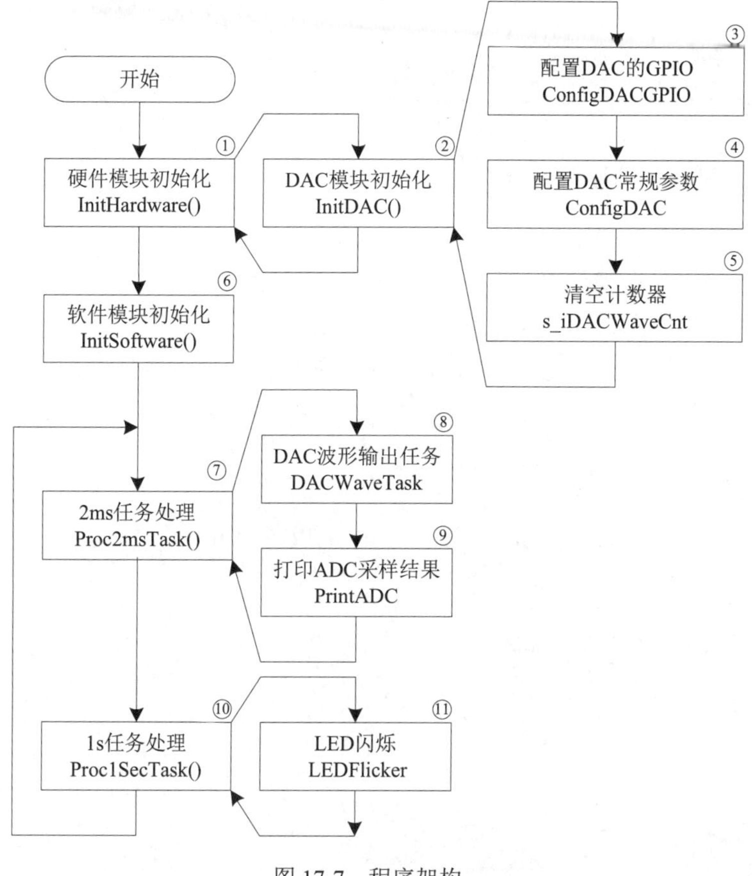

图 17-7　程序架构

(3) 调用 Proc2msTask 函数进行 2ms 任务处理，在 Proc2msTask 函数中执行 DAC 波形输出任务，20ms 调用一次 DACWaveTask 函数，输出一个波形点，然后 300ms 调用一次 PrintADC 函数打印 ADC 采样结果。

(4) 调用 Proc1SecTask 函数进行 1s 任务处理，在 Proc1SecTask 函数中调用 LEDFlicker 函数，使两个 LED 每隔 1s 闪烁。

在图 17-7 中，编号①⑥⑦和⑩的函数在 Main.s 文件中实现；编号②③④和⑧的函数在 DAC.s 文件中实现。

本实验要点解析：

(1) DAC 模块的初始化，在 InitDAC 函数中，首先通过 ConfigDACGPIO 函数对 DAC 的 GPIO 进行配置，再通过 ConfigDAC 函数配置 DAC 常规参数，最后，清空 s_iDACWaveCnt 计数器。

(2) 在 Proc2msTask 函数中实现了发送波形数据，将采集到的电压数据发送至计算机的串口助手上并进行显示。

在本实验中，通过 DAC 和 ADC 实现了数据的循环处理，验证方法是观察串口助手能否正常输出 ADC 采样值和电压值，以及示波器能否显示正确波形。

17.3 实验步骤与代码解析

步骤 1：复制并编译原始工程

首先，将 D:\GD32MicroController\Material\15.DAC 文件夹复制到 D:\GD32MicroController\Product 文件夹中。然后，双击运行 D:\GD32MicroController\Product\15.DAC\Project 文件夹中的 GD32KeilPrj.uvprojx，单击工具栏中的按钮进行编译。编译通过后，下载程序并进行复位，观察GD32F3 苹果派开发板上的两个LED是否交替闪烁。如果两个LED 交替闪烁，表示原始工程是正确的，可以进入下一步操作。

步骤 2：添加 DAC.s 文件

将 D:\GD32MicroController\Product\15.DAC\HW 文件夹中的 DAC.s 文件添加到 HW 分组中。

步骤 3：DAC.s 文件代码详解

在 DAC.s 文件的“输出”区，添加如程序清单 17-1 所示的代码，声明全局标号。其中 InitDAC 用于初始化 DAC 模块，SetDAC 用于设置 DAC 输出，DACWaveTask 为输出波形点函数。

程序清单 17-1

```
EXPORT InitDAC        ;InitDAC
EXPORT SetDAC         ;设置 DAC 输出
EXPORT DACWaveTask    ;DACWaveTask
```

在“输入”区，添加如程序清单 17-2 所示的代码，引入后续需要使用的寄存器。其中，DAC_CTL 为控制寄存器，DAC0_R12DH 为 DAC0 12 位右对齐数据保持寄存器，这两个寄存器地址在 Reg.s 文件中定义。

程序清单 17-2

```
1.    IMPORT RCU_APB2EN
2.    IMPORT RCU_APB1EN
3.    IMPORT GPIOA_CTL0
4.    IMPORT DAC_CTL
5.    IMPORT DAC0_R12DH
```

在 DAC.s 文件的“常量段”区，定义了一个正弦波周期的数据，如程序清单 17-3 所示。共 100 个数据，这里未全部列出，请参见本章实验例程代码。

程序清单 17-3

```
1.  DAC_WAVE_START_ADDR
2.    DCW 2048
3.    DCW 2176
4.    …
5.    DCW 1791
6.    DCW 1919
7.  DAC_WAVE_END_ADDR
```

在“变量段”区，添加如程序清单 17-4 所示的代码，s_iDACWaveCnt 用于进行波形点计数。

程序清单 17-4

```
s_iDACWaveCnt SPACE 4 ;波形点计数值
```

在“代码段”区，首先添加 ConfigDACGPIO 函数的实现代码，如程序清单 17-5 所示。该函数用于对 DAC 的 GPIO 进行初始化，首先通过配置 RCU_APB2EN 寄存器开启 GPIOA 时钟，然后设置 PA4 为模拟输入。

程序清单 17-5

```
1.  ConfigDACGPIO PROC
2.    PUSH {R0-R12, LR}
3.
4.    ;开启 GPIOA 时钟
5.    LDR R0, =RCU_APB2EN
6.    LDR R1, [R0]
7.    ORR R1, #(1 << 2)
8.    STR R1, [R0]
9.
10.   ;PA4 模拟输入
11.   LDR R0, =GPIOA_CTL0
12.   LDR R1, [R0]
13.   AND R1, #~(15 << 18)
14.   STR R1, [R0]
15.
16.   POP {R0-R12, PC}
17.   ENDP
```

在 ConfigDACGPIO 函数实现区后，添加 ConfigDAC 函数的实现代码，如程序清单 17-6 所示。

程序清单 17-6

```
1.  ConfigDAC PROC
2.    PUSH {R0-R12, LR}
```

```
3.
4.      ;使能 DAC 时钟
5.      LDR R0, =RCU_APB1EN
6.      LDR R1, [R0]
7.      ORR R1, #(1 << 29)
8.      STR R1, [R0]
9.
10.     ;禁止 DAC0 触发
11.     LDR R0, =DAC_CTL
12.     LDR R1, [R0]
13.     AND R1, #~(1 << 2)
14.     STR R1, [R0]
15.
16.     ;使能 DAC0 通道
17.     LDR R0, =DAC_CTL
18.     LDR R1, [R0]
19.     ORR R1, #(1 << 0)
20.     STR R1, [R0]
21.
22.     POP {R0-R12, PC}
23.     ENDP
```

(1) 第 5 至 8 行代码：将寄存器 RCU_APB1EN 的 DACEN 位置 1，使能 DAC 时钟。

(2) 第 11 至 20 行代码：将寄存器 DAC_CTL 的 DTEN0 位清零，禁止 DAC0 触发，将 DEN0 位置 1，使能 DAC0 通道。

在 ConfigDAC 函数实现区后，添加 InitDAC 函数的实现代码，如程序清单 17-7 所示。通过调用 ConfigDACGPIO 和 ConfigDAC 函数配置 DAC 的 GPIO 和常规参数，并清空波形点计数值变量 s_iDACWaveCnt，从波形数据的第一个点开始发送。

程序清单 17-7

```
1.   InitDAC PROC
2.      PUSH {R0-R12, LR}
3.
4.      ;配置 DAC 的 GPIO
5.      BL ConfigDACGPIO
6.
7.      ;配置 DAC 常规参数
8.      BL ConfigDAC
9.
10.     ;清空计数器
```

```
11.    LDR R0, =s_iDACWaveCnt
12.    MOV R1, #0
13.    STR R1, [R0]
14.
15.    POP {R0-R12, PC}
16.    ENDP
```

在 InitDAC 函数实现区后，添加 SetDAC 函数的实现代码，如程序清单 17-8 所示。该函数用于设置 DAC 输出，通过将 R0 寄存器中的值存放到 DAC0_R12DH 寄存器中来实现。因此，在调用该函数前，需要先将 DAC 输出值存放到 R0 寄存器中。

程序清单 17-8

```
1.   SetDAC PROC
2.     PUSH {R0-R12, LR}
3.     LDR R1, =DAC0_R12DH
4.     STR R0, [R1]
5.     POP {R0-R12, PC}
6.     ENDP
```

在 SetDAC 函数实现区后，添加 DACWaveTask 函数的实现代码，如程序清单 17-9 所示。该函数用于执行 DAC 波形输出任务，每调用一次便输出一个波形数据点，共有 100 个点。

程序清单 17-9

```
1.   DACWaveTask PROC
2.     PUSH {R0-R12, LR}
3.
4.     ;读取基址
5.     LDR R12, =DAC_WAVE_START_ADDR
6.     LDR R11, =DAC_WAVE_END_ADDR
7.     LDR R10, =s_iDACWaveCnt
8.
9.     ;读取当前波形计数值
10.    LDR R9, [R10]
11.
12.    ;计算当前波形点所在地址
13.    MOV R1, #2
14.    MUL R8, R9, R1
15.    ADD R8, R12
16.
17.    ;读出 DAC 值
18.    LDR R0, [R8]
```

```
19.
20.   ;设置 DAC 输出
21.   BL SetDAC
22.
23.   ;波形计数值加 1
24.   ADD R9, #1
25.   STR R9, [R10]
26.
27.   ;溢出处理
28.   ADD R8, #2
29.   CMP R8, R11
30.   BLO DAC_WAVE_TASK_EXIT
31.   MOV R9, #0
32.   STR R9, [R10]
33.
34. DAC_WAVE_TASK_EXIT
35.   POP {R0-R12, PC}
36.   ENDP
```

(1) 第 5 至 10 行代码：将波形数据起始地址赋值给 R12 寄存器，波形数据结束地址赋值给 R11，波形计数器地址赋值给 R10。并将当前波形计数值赋值给 R9。

(2) 第 13 至 25 行代码：将当前波形计数值乘以 2 的值存放到 R8 中，再将 R8 加上 DAC 数据起始地址，则 R8 为当前波形点所在地址。最后调用 SetDAC 将 DAC 输出，R9 波形计数值加 1。

(3) 第 28 至 34 行代码：将当前波形点所在地址加 2，判断是否超出波形数据结束地址，如果超出，则将当前波形计数值清零，准备开始发送下一周期的波形。

步骤 4：完善 DAC 实验应用层

在 Project 面板中，双击打开 Main.s 文件。在 Main.s 文件的"输入"区，添加 IMPORT InitDAC 和 IMPORT DACWaveTask。这样就可以在 Main.s 文件中调用 DAC 模块的相关函数，实现对 DAC 模块的操作。

在"变量段"区，添加如程序清单 17-10 所示的代码，s_iDACTaskCnt 为 DAC 测试计数器。

程序清单 17-10

```
s_iDACTaskCnt    SPACE 4 ;DAC 测试计数器
```

在 InitHardware 函数中，添加调用 InitDAC 函数的代码，如程序清单 17-11 的第 11 行代码所示，这样就实现了对 DAC 模块的初始化。

程序清单 17-11

```
1.   InitHardware PROC
2.     PUSH {R0-R12, LR}
3.
4.     BL InitRCU        ;初始化 RCU
5.     BL InitNVIC       ;初始化 NVIC 分组
6.     BL InitSysTick    ;初始化 SysTick
7.     BL InitTimer      ;初始化定时器
8.     BL InitUART       ;初始化串口
9.     BL InitLED        ;初始化 LED
10.    BL InitADC        ;初始化 ADC
11.    BL InitDAC        ;初始化 DAC
12.
13.    POP {R0-R12, PC}
14.    ENDP
```

在 Proc2msTask 函数中，添加如程序清单 17-12 所示的第 11 至 22 行代码，每 20ms 调用一次 DACWaveTask 函数输出一个波形数据。

程序清单 17-12

```
1.   Proc2msTask PROC
2.     PUSH {R0-R12, LR}
3.
4.     ;获取 2ms 标志位，保存在 R0 中
5.     BL Get2msFlag
6.
7.     ;判断 2ms 标志位是否非零，若为 0 则直接退出
8.     TEQ R0, #0
9.     BEQ PROC_2MS_TASK_EXIT
10.
11.    ;DAC 波形输出任务(20ms)
12.    LDR R0, =s_iDACTaskCnt
13.    LDR R1, [R0]
14.    ADD R1, #1
15.    STR R1, [R0]
16.    CMP R1, #10
17.    BLO PROC_2MS_DAC_END
18.    MOV R1, #0
19.    STR R1, [R0]
20.    BL DACWaveTask
21.
```

```
22.  PROC_2MS_DAC_END
23.
24.    ;打印 ADC 采样结果(300ms)
25.    …
26.
27.    ;清除 2ms 标志位
28.    BL Clr2msFlag
29.
30.  PROC_2MS_TASK_EXIT
31.    POP {R0-R12, PC}
32.    ENDP
```

步骤 5：编译及下载验证

代码编写完成并编译通过后，下载程序并进行复位。下载完成后，按照图 16-11，首先，将 GD32F3 苹果派开发板通过 USB 转 Type-C 型连接线连接到计算机，其次，将 PA4 引脚连接到 PA1 引脚(通过跳线帽短接或杜邦线连接)，最后，将 PA4 引脚连接到示波器探头。可以通过计算机上的串口助手和示波器，观察到与第 16 章实验相同的现象。

本章任务

修改波形数据，使 DAC 输出三角波或方波。并通过 GD32F3 苹果派开发板上的 KEY_1 按键切换输出波形类型。

本章习题

1. 简述本实验中的 DAC 工作原理。
2. 计算本实验中 DAC 输出的正弦波的周期。
3. 本实验中的 DAC 模块配置为 12 位电压输出数/模转换器，这里的“12 位”代表什么？如果将 DAC 输出数据设置为 4095，则引脚输出的电压是多少？如果将 DAC 配置为 8 位模式，如何让引脚输出 3.3V 电压？两种模式有什么区别？

参考文献

[1] 田辉. 微机原理与接口技术——基于 ARM Cortex-M4[M]. 北京：高等教育出版社，2020.

[2] 钟世达，等. GD32F3 开发基础教程——基于 GD32F303ZET6[M]. 北京：电子工业出版社，2022.

[3] 姚文祥. ARM Cortex-M3 与 Cortex-M4 权威指南[M]. 北京：清华大学出版社，2015.

[4] 谈文蓉. 汇编语言基础教程[M]. 成都：西南交通大学出版社，2016

[5] 杜荔. 微机原理及其接口[M]. 北京：清华大学出版社，2015.

[6] Joseph Yiu. ARM Cortex-M3 权威指南[M]. 宋岩，译. 北京：北京航空航天大学出版社，2009.

[7] 刘慧婷，等. 汇编语言程序设计[M]. 北京：人民邮电出版社，2017.

[8] 李崇维，等. 微机原理与接口技术实验教程[M]. 成都：西南交通大学出版社，2019.

[9] 陈启军，等. 嵌入式系统及其应用[M]. 上海：同济大学出版社，2011.

[10] 程启明，等. 微机原理及应用[M]. 北京：中国电力出版社，2016.